高等学校设计类专业教材

家具结构技术

张仲凤　张继娟　编著

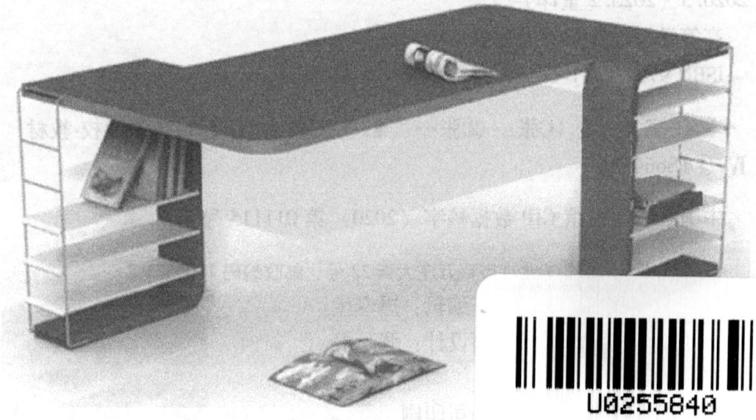

机 械 工 业 出 版 社

本书结合现代家具设计的要求及功能的需要、材料的多样性，全面介绍了以主要材质为分类基础的各类家具结构技术的有关知识，包括木家具结构技术、软体家具结构技术、金属家具结构技术和竹藤家具结构技术等。

本书理论联系实际，内容全面，图文并茂，通俗易懂，可作为高等院校家具与室内设计专业、环境艺术设计专业、木材科学与工程专业、工业设计专业以及高职高专院校相关专业的教材，同时也可供家具企业的工程技术人员与业余家具设计爱好者参考。

图书在版编目（CIP）数据

家具结构技术/张仲凤，张继娟编著. —北京：机械工业出版社，2020.3（2025.2 重印）
高等学校设计类专业教材
ISBN 978-7-111-64522-1

Ⅰ.①家… Ⅱ.①张… ②张… Ⅲ.①家具-结构设计-高等学校-教材 Ⅳ.①TS664.01

中国版本图书馆 CIP 数据核字（2020）第 011115 号

机械工业出版社（北京市百万庄大街 22 号 邮政编码 100037）
策划编辑：冯春生 责任编辑：冯春生
责任校对：聂美琴 封面设计：张 静
责任印制：邓 博
北京盛通数码印刷有限公司印刷
2025 年 2 月第 1 版第 3 次印刷
184mm×260mm · 13.25 印张 · 321 千字
标准书号：ISBN 978-7-111-64522-1
定价：35.00 元

电话服务	网络服务
客服电话：010-88361066	机 工 官 网：www.cmpbook.com
010-88379833	机 工 官 博：weibo.com/cmp1952
010-68326294	金 书 网：www.golden-book.com
封底无防伪标均为盗版	机工教育服务网：www.cmpedu.com

前　言

我国家具产业在过去的几十年中，特别是在改革开放和工业化进程中，经历了一个高速发展的时期，初步建立起了门类齐全、与国际接轨的完整的工业体系，并使我国成为家具生产大国和家具出口大国。

家具是由各种材料通过一定的结构技术制造而成的，所以家具设计除了考虑人体使用的基本功能要求外，还必须考虑运用什么材料、采用什么样的结构技术。结构设计就是在制作产品前，预先规划、确定或选择连接方式、构成形式，并用适当的方式表达出来的全过程。家具产品通常都是由若干个零部件按照功能与构图要求，通过一定的接合方式组装构成的。家具产品的接合方式多种多样，且各有优势和缺点。零部件的接合方式合理与否，将直接影响产品的强度和稳定性，实现产品的难易程度（加工工艺），以及产品的外在形式（造型），所以结构设计是产品造型和工艺的联系纽带，它既是产品外形的内在骨架，又是产品工艺生产的灵魂所在。

家具结构技术作为家具设计的关键内容之一，也是家具设计与制造专业本科教学的核心课程。然而目前市场上家具设计类图书主要偏重造型设计，对于结构技术的内容讲述很少或者比较零散，针对家具结构技术的正式出版物或可作为教材使用的更是屈指可数。我校中南林业科技大学是开设家具设计与制造专业最早的高等院校之一，依靠工业设计国家级特色专业，总结多年来教学经验并结合行业最新发展需要，较为全面地汇集了家具结构技术的相关内容，编写了《家具结构技术》这本教材，以改变长期以来没有固定教材的现状，既紧跟时代发展的需要，又填补了学科空白，完善了教学内容体系。本书首先介绍了家具设计的相关内容，进而根据人体尺寸讲述家具功能设计，基于人机因素、材料性能的家具结构设计，并对木家具、软体家具、金属家具和竹藤家具等各类家具的结构技术进行了详细讲解。全书理论联系实际，内容全面，图文并茂，通俗易懂，可作为高等院校本科家具与室内设计专业、环境艺术设计专业、木材科学与工程专业、工业设计专业以及高职高专院校相关专业的教材，同时也可供家具企业的工程技术人员与业余家具设计爱好者参考。

由于家具结构技术所涉及的内容广泛，限于编者的水平，书中不妥之处在所难免，恳请广大读者批评指正。

编著者

目 录

Chapter 1

第 1 章 家具设计概述

1.1 家具概述

1.1.1 家具的定义

家具是一种批量生产的工业产品，又是一种室内装饰的功能性艺术作品，还是一种市场流通的商品。同时家具是一种文化形态，是居室文化的重要组成部分。可以说，设计家具就是设计人的生活方式、工作方式或休闲方式。

广义地说，家具是指人类维持正常生活、从事生产实践和开展社会活动必不可少的一类器具。狭义地说，家具是日常生活、工作和社会交往活动中供人们坐、卧或支承与贮存物品的一类器具。

家具的使用几乎涵盖了所有的家庭空间、公共空间甚至室外空间。伴随着文明与科技的进步，家具从木器时代演变到金属时代、塑料时代、生态时代，为满足人们不断变化的功能需求，不断创造着更美好、更舒适、更健康的生活、工作、娱乐和休闲方式。人类社会和生活方式在不断地变革，新的家具形态也将不断产生。

1.1.2 家具的特性

1. 家具使用的普遍性

家具在古代已得到了广泛的应用，在现代社会中家具更是无所不在，无处不有。家具以其独特的功能贯穿于现代生活的各个方面，如工作、学习、教学、科研、交往、旅游以及娱乐、休息等衣食住行的有关活动中。随着社会的发展和科学技术的进步，以及生活方式的变化，家具也处在发展变化之中，如我国改革开放以来发展的宾馆家具、商业家具、现代办公家具，以及民用家具中的音像柜、首饰柜、酒吧、厨房家具、儿童家具等，特别是信息时代的 SOHO 办公家具，更是现代家具发展过程中产生的新门类，它们以不同的功能特性，不同的文化语汇，满足了不同使用群体的不同的心理和生理需求。

2. 家具功能的双重性

家具不仅是一种简单的功能物质产品，而且是一种广为普及的大众艺术，它既要满足某些特定的直接用途，又要满足供人们观赏、使人在接触和使用过程中产生某种审美快感和引发丰富联想的精神需求。家具既涉及材料、工艺、设备、化工、电器、五金、塑料等技术领域，又与社会学、行为学、美学、心理学等社会学科以及造型艺术理论密切相关。所以说，家具既是物质产品，又是艺术创作，这便是家具的双重性特点。

3. 家具的社会性

家具的类型、数量、功能、形式、风格和制作水平，以及社会对家具的占有情况，还反映了一个国家和地区在某一历史时期的社会生活方式、社会物质文明水平以及历史文化特征。家具是某一国家或地域在某一历史时期社会生产力发展水平的标志，是某种生活方式的缩影，是某种文化形态的显现。因而，家具凝聚了丰富而深刻的社会性。

1.1.3 家具工业的发展概况

家具的历史可以说同人类的历史一样悠久，它随着社会的进步而不断发展，反映了不同时代人们的生活和生产力水平，融科学、技术、材料、文化和艺术于一体。所以，家具的发展进程不仅反映了人类物质文明的发展，也显示了人类精神文明的进步。

和整个人类文化的发展过程一样，家具的发展也有其阶段性。最初，家具表现为作坊式手工制作，或精雕细琢，或简洁质朴，均留下了明显的手工痕迹。19 世纪至 20 世纪初期，在西方，家具作为一种工业化产品进入市场，在经历了 100 多年的发展以后，家具产业已跻身现代产业之林。在中国，自 1840 年鸦片战争至 1949 年是中国近代家具与现代家具的过渡时期，1949 年中华人民共和国成立以后才进入中国现代家具的形成期与发展期。实际上，由于历史的原因，真正意义上的中国现代家具始于 20 世纪 80 年代，在 90 年代获得了迅猛发展并在国际市场上占有一席之地。

近年来，随着现代科学技术的突飞猛进，许多国家和地区家具的生产技术已达到了高度机械化和自动化水平，家具工业向高技术型方向发展已成为现实，世界家具工业发展迅速，国际家具市场呈日益扩大之势。中国的家具工业随着科学技术的不断进步和人造板工业的兴起，经过几十年来的发展，取得了显著的进步，形成了一定的产业规模。就综合实力而言，我国家具工业已具相当规模，初步形成了体系，出现了一些具有国际先进水平的家具企业和家具产品配套产业。无论从产品种类、结构形式、加工方法、机械化程度、新材料应用方面，还是从科学管理、产量和经济效益等方面都有了明显提高，已经形成了生产、科研、标准、情报、检测、教育和配套产品相结合的一个比较完善的工业体系。

1.1.4 家具工业未来的发展趋势

未来的家具工业，将真正实现大规模的工业化生产，专业分工会越来越细，配套产业的发展将更有利于分工协作，家具行业将持续稳定、健康快速发展，具体体现在以下几方面：

1）家具生产方式趋于高度机械化、自动化和协作化。

2）家具用材追求多样化、天然化和实木化。

3）家具零部件采用标准化、规格化和拆装化。

4）家具设计注重人性化、系统化和合理化。

5）家具款式着眼自然化、个性化和高档化。

6）家具产品力求绿色化、环保化和友好化。

1.2 家具设计的概念、内容、原则和程序

1.2.1 家具设计的概念

家具设计是为满足人们使用、心理和视觉的需要，在投产前所进行的创造性构思与规划，并通过图样、模型或样品表达出来的全过程。

现代家具是一类利用现代工业化原材料，通过高效率、高精度的工业设备批量生产出来的工业产品，因此从其性质来讲，家具设计属于工业设计的范畴。

1.2.2 家具设计的内容

家具设计和一般工业产品设计一样，是对产品的功能、材料、构造、艺术、形态、色彩、表面处理、装饰形式等要素从社会的、经济的、技术的、艺术的角度进行综合处理，使之既满足人们的物质功能需求，又能满足人们对环境功能与审美功能的需求。具体到其内容应为：造型及功能设计、结构设计、材料计算和工艺设计。

(1) 造型及功能设计 造型及功能设计是根据其用途和功能要求，确定家具产品的外形、基本尺寸、形状特征尺寸、材料质感、色彩以及产品应达到的性能，并得出造型设计图，修改定型。

(2) 结构设计 结构设计主要是根据造型设计图，确定零件合理的加工形状与尺寸、材料的合理选择与计算、制订零部件之间的结合方式及加工工艺、确定局部与整体构造的相互关系，并画出结构设计图。科学合理的结构设计，可增强产品的强度，降低材料消耗，提高生产效率，因此必须加以重视。

(3) 材料计算 材料计算是根据结构设计图，确定需用原辅材料的种类、规格、数量，编制材料计算明细表，以此作为备料依据。

(4) 工艺设计 工艺设计是根据产品的结构和技术条件，制订相应的加工方法、工艺流程、操作规范、质量控制指标，并选择合适的加工设备。

1.2.3 家具设计的原则

家具作为一种人们生活、学习、工作和社会活动中的必需品，其产品设计既要满足工作或生活的需要，同时还需要满足人们一定的审美要求，它既不同于机床、工具等纯功能物体，又有异于绘画等纯艺术品。所以，家具的产品设计要遵循一定的原则，按照相应的步骤进行。

人们对家具产品的一般要求是：产品结构稳定、性能满足要求、外形美观、有益于人们的身心健康，此外还必须便于加工。要达到上述要求，其产品设计必须遵循如下原则：

1. 具有实用性

任何一件家具的存在都具有特定的使用功能要求。实用性即要求所设计的家具产品首先必须符合它的直接用途，满足使用者某种特定的需要。家具设计与纯艺术创作的差异之处就是要有实用与审美的统一。使用功能是家具在生活中依存的灵魂和生命，是家具造型设计的前提。如支承人体的木质家具必须符合人体的形态特征，适合人的生理条件，设计其形状或

尺寸时应给予足够的考虑；厨房用的整体橱柜，除满足贮物要求外，还应耐水、耐高温及耐化学腐蚀，设计时应选择一些特殊的材料和特殊的产品结构。又如乒乓球桌面设计应考虑材料的弹性；宾馆中的床头柜设计应考虑安装电器开关板等。这些都是为了满足不同的用途，适应不同的需要。另外，家具产品的实用性，还必须保证产品结构稳定和具有足够的强度。实用性原则也是“以人为本”的设计原则。

2. 具有装饰性

所谓装饰性，就是指家具产品的外观设计必须符合形式美的一般规律。具体而言，是通过设计者的巧妙构思，给产品以不同的线面组合，产生符合几何规律的形体、合理的材料质感、与环境相适宜的色彩，使家具产品在造型上符合艺术造型的美学规律和形式美法则。

家具产品大多为室内陈设用品，所以对于家具产品，特别是木质家具来说，除了满足使用要求外，还应尽量做到外观漂亮，给人以美的享受。美观相对于实用虽然是从属的，但绝非是无关紧要、可有可无的。

3. 具有工艺性

家具产品设计还必须具有工艺性。所谓工艺性，应分为两个方面：一是材料本身的加工工艺性；二是零件及部件外形的加工工艺性。一个优秀的家具设计不能光靠画出来或计算机三维效果图渲染出来，关键的是要能够制造出来，成为批量生产的实物产品，并符合材料、结构、工艺的要求。要做到工艺性，就必须根据使用要求选择适宜加工的材料，尽量做到形体线条简洁，表面平整，制作方便，有利于减少手工操作，有利于降低成本，便于产品包装、贮存、运输。所以在设计中一定要与家具材料、结构、工艺密切结合，将设计建立在物质技术条件的基础上，尽量做到材料多样化、产品标准化、零部件通用化，使所设计的产品与现有的技术装备及工艺水平相适应，避免设计与生产实际脱节。

4. 具有经济性

家具产品作为一种商品还必须体现价廉物美的原则，以适应人们的消费水平。而对于家具生产厂家来说，应尽量达到高产低耗，取得相应的经济效益。

据统计，产品结构设计阶段可以决定一个产品寿命周期中60%的累积成本。家具产品设计的经济性不仅仅局限于低的成本，而是一个关系到家具设计全局的系统工程的问题。如合理的功能设计，能给消费者带来更高的使用价值；同时在家具产品设计的过程中，在充分体现家具造型艺术性的条件下尽可能采用简洁大方的造型，降低制造过程中的难度，可以降低成本；选择合适的产品及部件结构可有效地节约成本；再者可供制造家具的材料种类繁多，而且不同的材料有不同的加工工艺、不同的接口方式和不同的装饰方法，最终必然有不同的成本构成。所以设计的家具产品，除了要便于机械化生产外，还要合理用料，根据具体情况搭配使用高、中、低各档次原材料。同时应使设计的零件尺寸尽量与原材料尺寸相适应，以求用最优化、最简洁的结构体现造型，使产品在同等美学功能上实现商业价值的最大化。

5. 具有环保性

设计家具产品时必须考虑环保功能。一是家具产品本身对环境无影响，这就要求在选择原材料、表面材料及涂料时避免使用产生挥发性气体及具有放射性的物质（如游离甲醛、苯等）；二是应考虑资源的持续利用，因为家具产品大量采用木质材料为基本原料，由于需求量与资源生长量的尖锐矛盾，使森林资源日显珍贵，为此设计家具产品时，应尽量利用各种人造板材为原料，以人造材料代替天然材料，使森林资源得以保护，生态环境不至于恶化。

1.2.4 家具设计的程序

家具设计是分阶段按顺序进行的。设计程序是指对产品设计工作步骤、顺序和内容的规定。家具设计本身是建立在工业化生产方式的基础上，综合材料、功能、经济和美观等诸方面的要求，以图样形式表示的设想和意图。一项产品设计工作从开始到完成必然地表现着一定的进程，依照程序层层递进，并在序列性进程中体现和提高设计效率。因此，结合家具产品设计特点，制订科学的产品设计开发流程，并对其进行有效的管理，有利于合理安排设计周期、控制设计进度，从而使设计质量得到保证。

每个企业都有各自不同的产品设计开发程序，这与企业的经营管理模式、产品类型、设计开发能力、设计人力资源、企业的经济实力等因素有关。但总的来说，家具产品设计开发一般都要经历以下几个阶段，如图 1-1 所示。

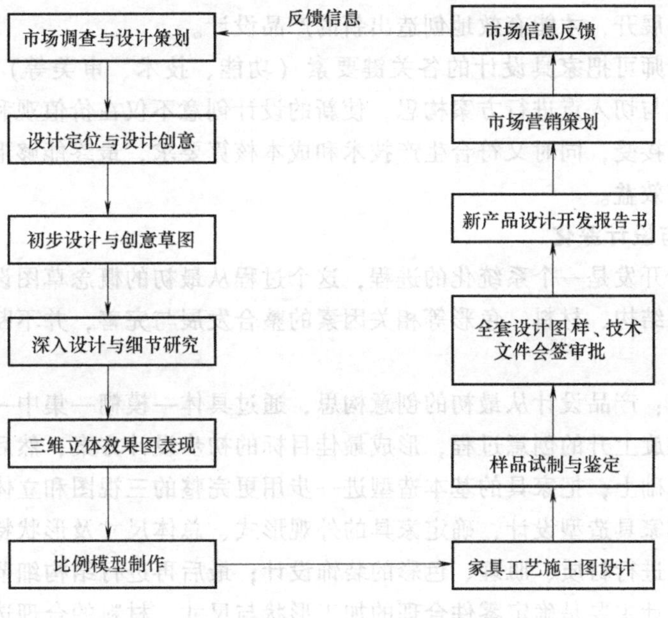

图 1-1 家具产品设计开发流程图

1. 市场调查与设计策划

家具产品设计与开发是以市场为导向的创造性活动，它要求创造消费市场满足大众需求，同时又能批量生产，便于制造，更重要的是为企业创造效益。为此，家具产品设计开发的首要前提就是要开展市场调查，进行信息的搜集与整理，以便全面掌握资料。只有在此基础上进行纵向与横向的对比，对市场与信息进行准确的分析与定位，才能保证设计的成功。目前一些家具企业的新产品开发力度不够，多数是由于缺乏市场调查和科学分析，盲目性大，针对性小，从而导致了产品设计开发成功率低，增加了企业风险。

家具产品的设计策划就是在市场调查的基础上，通过需求分析和市场预测，确立设计目标。针对将要开发的产品确定其进入市场的时间、地点和条件，并制订策划方案与实施计划，确保设计活动正常有序地进行。

2. 设计定位与设计创意

设计定位是指在设计前期对资料进行收集、整理、分析的基础上，综合一个具体产品的使用功能、材料、工艺、结构、尺度和造型、风格而形成的设计目标或设计方向。设计定位是着手进行造型设计的前提和基础，所以要先确定。设计定位通常以《设计任务书》的形式来表达。通过编制《设计任务书》，提出所设计产品的整体造型风格、颜色搭配、材料选择、功能配置以及产品的技术性能、质量指标、经济指标、人机性能、环境性能等方面的要求。在实际的设计工作中设计定位也是在不断变化的，这种变化是设计进程中创意深化的结果。所以，设计目标设定的本身就是一个不断追求最佳点的过程。在家具产品开发设计中确定设计定位犹如在航海中确定航标，定位准确，会取得事半功倍的效果，稍有差错，则会导致整个开发设计走入歧途而失败。

设计创意主要是考虑设计什么样的产品；为什么人所使用；已有的产品形态和功能，用什么样的形态和功能满足人们的新需求；怎样应用新技术与新材料；怎样突破陈旧的造型模式，表现最新的创意。新产品开发设计的创造性规律告诉我们，只有从全新的视点出发，从产品开发的关键点展开，才能有效地创造出新的产品设计。

家具产品设计师可把家具设计的各关键要素（功能、技术、审美等）协调起来，在其中寻找全新的视点与切入点进行方案构思，使新的设计创意不仅在价值观和审美观方面能够被人理解并被客户接受，同时又符合生产技术和成本核算要求，最终能够形成实物产品并推向市场，创造经济效益。

3. 设计表达与设计深化

家具产品设计开发是一个系统化的进程，这个过程从最初的概念草图设计开始，逐步地深入到产品的形态结构、材料、色彩等相关因素的整合发展与完善，并不断地用视觉化的图形语言表达出来。

其具体过程为：产品设计从最初的创意构思，通过具体—模糊—集中—扩展—再集中—再扩展这种反复螺旋上升的创意过程，形成最佳目标的初步设计方案；然后在初步设计提炼出来确定的草图基础上，把家具的基本造型进一步用更完整的三视图和立体透视图的形式绘制出来，初步完成家具造型设计，确定家具的外观形式、总体尺寸及形状特征；接着在家具造型设计的基础上进行材质、肌理、色彩的装饰设计；最后再进行结构细节设计。

其中，结构设计主要是确定零件合理的加工形状与尺寸、材料的合理选择与计算、制订零部件之间的结合方式及加工工艺、确定局部与整体构造的相互关系。科学合理的结构设计，可增强产品的强度，降低材料消耗，提高生产效率，因此必须加以重视。同时，在家具深化设计与细节研究的设计阶段应加强与生产制造部门的沟通，并进行必要的成本核算与分析，使家具深化设计进一步完善。

结构细节设计对产品的最终质量非常重要，并影响到产品的成本，如果不按正常工序设计，一个工艺过程的节省可能会导致产品售后服务费用的成倍增长。所以，要注重细节设计，不管是内部结构或外部式样，细节往往可能是影响产品质量的决定因素。

4. 三维立体效果图表现与模型制作

在完成了初步设计与深化设计后，要把设计的阶段性结果和成熟的创意表达出来，作为设计评判的依据，送交有关方面审查，这就是三维立体效果图和比例模型制作。效果图和模型要求能准确、真实、充分地反映家具新产品的造型、材质、肌理、色彩，并解决与造型、结构有关的制造工艺问题。

三维立体效果图是将家具的形象用空间投影透视的方法，运用彩色立体形式表达出具有真实观感的产品形象，在充分表达出设计创意内涵的基础上，从结构、透视、材质、光影、色彩等诸多元素上加强表现力，以达到视觉上的立体真实效果。

模型制作也是设计程序的一个重要环节，是进一步深化设计，推敲造型比例，确定结构细部、材质肌理与色彩搭配的设计手段。家具产品设计是立体的物质实体性设计，单纯依靠平面的设计效果图检验不出实际造型产品的空间体量关系和材质肌理效果，模型制作就成了家具由设计向生产转化的重要一环。最终产品的形象和品质感，尤其是家具造型中的微妙曲线、材质肌理的感觉，必须辅以各种立体模型制作手法来对平面设计方案进行检测和修改。模型制作完成后可配以一定的仿真环境背景拍成照片和幻灯片，进一步为设计评估和设计展示用，也利于编制设计报告书。模型制作要通过设计评估才能确定进一步转入制造工艺环节。

5. 家具制造工艺施工图绘制

在家具效果图和模型制作确定之后，整个设计进程便转入制造工艺环节。家具施工图是家具新产品设计开发的重要工作程序，是新产品投入批量生产的基本工程技术文件和重要依据。家具施工图必须按照国家制图标准绘制，包括总装配图、零部件图、大样图、开料图等生产用图样。

同时还必须提供家具工艺技术文件，包括零部件加工流程表（包括工艺流程、加工说明与要求）、材料计划表（板材、五金件清单）等，并设计产品包装图，编制技术说明、包装说明、运输规则及说明、使用说明书等。

家具制造工艺图样是整个设计文件的重要组成部分，是生产技术部门的制造依据，其准确性与规范化程度直接影响后续生产阶段的管理工作，对产品最终质量的形成也是至关重要的。家具制造工艺图样要严格按照工程技术文件进行档案管理，图样图号编目要清晰，底图一定要归档留存，以便以后复制和检索。

6. 样品试制与鉴定

在完成家具施工图样和工艺设计后，要通过试制来检验产品的造型效果、结构工艺性，审查其主要加工工艺能否适应批量生产和本企业的现行生产技术条件，以及原材料的供应和经济效益方面有无问题等，以便进一步修正设计图样，使产品设计最后定型。

样品试制可以设立试制车间或试制小组，以保证新产品的试制工作有保证。在样品试制前，设计人员应向试制人员进行详细的技术交底，提出在制作中应注意的事项，以及具体的质量要求。样品所用材料应按照一般标准的要求选用，以免正式投产后出现不必要的矛盾。在整个试制过程中，设计人员应负责技术监督和技术指导，并要求试制人员做好试制过程中的原始记录，将设计、工艺和质量上存在的问题、缺陷、解决措施和经验，以及原辅材料、外协件、五金配件等的质量情况和工时消耗定额等详细记录下来，然后对记录进行整理分析，以供样品鉴定和批量生产时参考。

样品试制成功后，还必须组织企业各相关部门或专业主管部门的有关人员对其进行严格的鉴定，从技术上、经济上对它做出全面的评价，以确定能否进入下一阶段的批量生产，这是从设计到制造的一个关键性的环节。通过鉴定，以判定样品是否已达到预定的质量目标和成本目标。鉴定后要提交鉴定结论报告，并正式肯定经过修改的各项技术文件，使之成为指导生产和保证产品质量的依据。

样品的试制与鉴定是新产品从设计到正式投产必经的步骤，缺少这一环节就会给生产带来很多隐患。

7. 全套设计图样、技术文件会签审批

设计部门在新产品得到全方位鉴定确认后，要全面整理完善设计图样及文件，内容包括：产品效果图、结构装配图、零部件图、零部件清单、开料图、材料计划表（板材明细表、五金配件明细表、涂料用量）、包装材料清单、包装说明、产品安装说明等。设计图样与相关技术文件必须通过校对和审核才能生效。必要时，设计人员还要进行批量生产跟踪，以了解批量生产过程中的实际情况，记录因设计带来的产品质量、工艺、成本等方面的问题，为进一步完善设计积累经验。

8. 新产品设计开发报告书

家具新产品设计开发是一项系统工程，当产品设计工作完成后，为了全面记录设计过程，更系统地对设计工作进行理性总结，全面地介绍推广新产品设计开发成果，为下一步产品生产做准备，编写新产品设计开发报告则显得非常重要，它既是设计工作最终成果的形象记录，又是进一步提升和完善设计水平的总结性报告。

9. 市场营销策划

每一项新产品设计开发完成后，都需要尽快地推向市场。要保证新产品获得广泛的社会认可，占领市场份额，扩大销售，需要制订完备的产品营销策划。新产品营销策划是现代市场经济中产品设计开发整体工作的延续和产品价值最终实现的可行性保障，有人称之为市场开发设计。

新产品向商品化的转变，必须基于市场经济规律建立起一整套的营销策划方案：

1）确立目标市场，制订营销计划。

2）确定新产品品牌形象、标志识别系统、广告策划设计。

3）确定新产品的展示设计、商店布置、陈列设计。

4）完善新产品的售后服务。

这样，就可以将产品设计与企业品牌形象、广告宣传统一起来，使传达给用户的信息具有连续性和一致性，有利于树立良好的企业形象。

10. 市场信息反馈

新产品最终目标价值的实现，不能仅靠自身设计构成和一个好的营销策划方案，还必须在实际运作过程中不断跟进，不断完善设计，及时发现问题，准确地采取对策和措施，从而保证新产品的设计开发能创造出更高的社会效益和经济价值。产品从设计、生产到商品、消费，整个过程是按照严密的次序逐步进行的，已形成了一个循环系统。这个过程有时会前后颠倒，相互交错，出现回头现象，这正是为了不断检验和改进设计，最终实现设计的目的和要求。

1.3 家具的类型

家具形式多样、用途各异，所用的原辅材料和生产工艺也各有不同。其类型从不同的角度有不同的划分方式。

1.3.1　按时代风格分类

（1）西方古典家具　该类家具如英国传统式家具、法国哥特式家具、巴洛克式家具（路易十四）、洛可可式家具（路易十五）、新古典主义式家具（路易十六）、美国殖民地式家具、西班牙式家具等（图1-2）。

图1-2　西方古典家具

（2）中国传统家具　该类家具如明式家具、清式家具等（图1-3）。

图1-3　中国传统家具

（3）现代家具　该类家具是指19世纪后期以来，利用机器工业化和现代先进技术生产的一切家具［从1850年索尼特（M. Thonet）在奥地利维也纳生产的弯曲木椅起，图1-4］。由于新技术、新材料、新工艺的不断涌现，家具产品的设计和生产有了长足的进步和质的飞跃。其中包豪斯式家具、北欧现代式家具、美国现代式家具、意大利现代式家具等各富特色，构成了现代家具的几种典型风格（图1-5）。

1.3.2　按基本功能分类

（1）支承类家具　该类家具又称坐卧类家具，是与人体接触面最多、使用时间最长、使用功能最多最广的基本家具类型，造型式样也最多最丰富。按照使用功能的不同可分为椅凳类、沙发类、床榻类三大类（图 1-6~图 1-8）。

图 1-4　索尼特弯曲木椅

图 1-5　潘顿椅

图 1-6　椅子

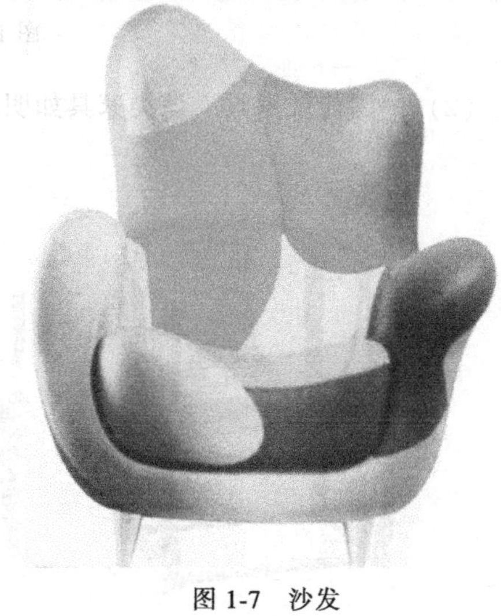

图 1-7　沙发

（2）贮存类家具　该类家具包括各种橱柜及早期的箱类家具（图 1-9）。贮存类家具虽然不与人体发生直接关系，但在设计上必须在适应人体活动的一定范围内来制订尺寸和造型。贮存类家具在使用上分为橱柜和屏架两大类，在造型上分为封闭式、开放式、综合式三种形式，在类型上分为固定式和移动式两种基本类型。橱柜家具有衣柜、书柜、五屉柜、餐具柜、床头柜、电视柜、高柜、吊柜等。屏架类有衣帽架、书架、花架、博古陈列架、隔断架、屏风等。在现代建筑室内空间设计中，逐渐地把橱柜类家具与分隔墙壁结合成一个整体。

图 1-8　床榻

图 1-9 贮存类家具

（3）凭倚类家具 该类家具是与人类工作、学习、生活发生直接关系的家具（图 1-10），在尺寸和造型上必须与坐卧类家具配套设计，具有一定的尺寸要求。凭倚类家具在使用上可分为桌与几两类，桌类较高、几类较矮。桌类有写字台、抽屉桌、会议桌、课桌、餐台、试验台、计算机桌、游戏桌等；几类有茶几、条几、花几、炕几等。

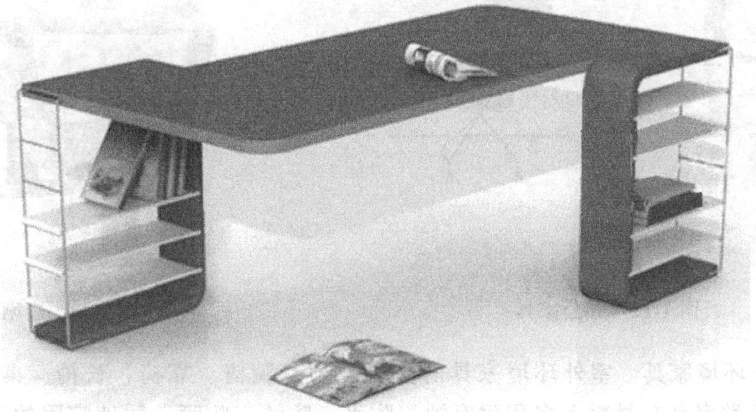

图 1-10 凭倚类家具

1.3.3 按建筑环境分类

（1）住宅建筑家具 该类家具是指民用家具，是人类日常基本生活离不开的家具，也是类型最多、品种复杂、式样丰富的基本家具类型（图 1-11）。按照现代住宅建筑的不同空间划分，住宅建筑家具可分为客厅与起居室、门厅与玄关、书房与工作室、儿童房与卧室、厨房与餐厅、卫生间与浴室家具等。

（2）公共建筑家具 根据建筑的功能和社会活动内容而定的公共建筑的家具设计具有专业性强、类型较少、数量较大的特点。公共建筑家具在类型上主要有办公家具（图 1-12）、酒店家具、商业展示家具、学校家具、医疗家具、影剧院家具（图 1-13）、交通家具等。

图 1-11　住宅建筑家具

图 1-12　办公家具

图 1-13　影剧院家具

(3) 室外环境家具　室外环境家具的主要类型有躺椅、靠椅、长椅、桌、几台、架等(图 1-14)。该类家具在材料上多用耐腐蚀、防水、防锈、防晒、质地牢固的不锈钢、铝材、

图 1-14　室外环境家具

铸铁、硬木、竹藤、石材、陶瓷、成形塑料等；在造型上注重艺术设计与环境的协调；在色彩上多用鲜明的颜色。许多优秀的室外环境家具设计几乎就是一件抽象的户外雕塑，具有观赏和实用两大功能。

1.3.4 按材料与工艺分类

(1) 木家具　木材不仅具有独特美丽的纹理，并且易于加工、造型与雕刻，所以一直为古今中外家具设计与创造的首选材料（图 1-15）。按照一件家具的主要材料与工艺来分，又有实木家具、曲木家具、模压胶合板家具等。

(2) 软体家具　软体家具传统工艺上是指以弹簧、填充料为主，在现代工艺上还有泡沫塑料成形以及充气成形的具有柔软舒适性能的家具，主要应用在与人体直接接触并使之合乎人体尺度以增加舒适度的沙发、座椅、坐垫、床垫、床榻等，是一种应用很广的普及型家具（图 1-16）。随着科技的发展、新材料的出现，软体家具从结构、框架、成形工艺等方面都有了很大的发展。软体家具从传统的固定木框架正逐步转向调节活动的金属结构框架，填充料从原来的天然纤维如山棕、棉花、麻布转变为一次成形的发泡橡胶或乳胶海绵；外套面料从原来的固定真皮转变为经过防水防污处理并可拆换的时尚布艺。

图 1-15　松木家具

图 1-16　软体家具

(3) 金属家具　将金属材料广泛应用于家具设计是从 20 世纪 20 年代的德国包豪斯学院开始的，第一把钢管椅是包豪斯的建筑师与家具师布鲁耶于 1925 年设计的，随后又由包豪斯的建筑大师密斯·凡·德·罗设计出了著名的 MR 椅，充分利用了钢管的弹性与强度，并与皮革、藤条、帆布材料相结合，开创了现代家具设计的新方向。如今，越来越多的现代家具采用金属构造的部件和零件，再结合木材、塑料、玻璃等组合成灵巧优美、坚固耐用、便于拆装、安全防火的现代家具（图 1-17）。应用于金属家具制造的金属材料主要有铸铁、钢材、铝合金等。

(4) 竹藤家具　用竹、藤、草、柳等天然纤维编织工艺家具等生活用品是一项具有悠久历史的传统手工艺。如今，与现代家具的工艺技术和现代材料结合在一起，竹藤家具已成为绿色家具的典范（图 1-18）。天然纤维编织家具具有造型轻巧而又独具材料肌理、编织纹理的天然美，很受人喜爱，尤其是迎合了现代社会“返璞归真”的国际潮流，拥有广阔的市场。

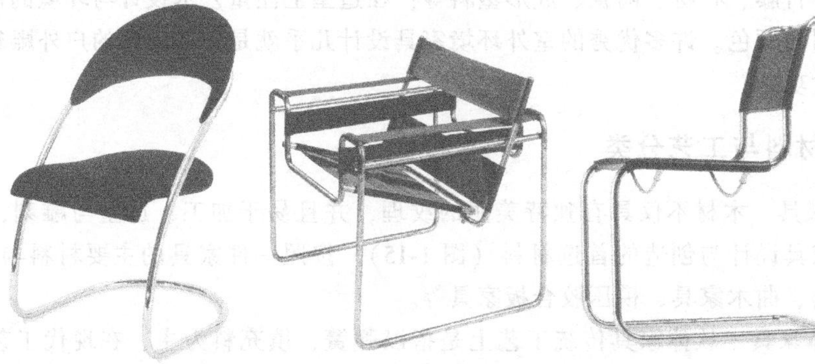

图 1-17　金属家具

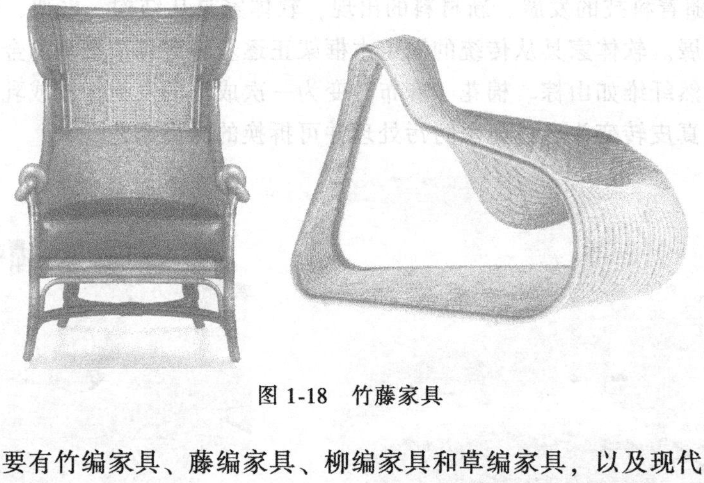

图 1-18　竹藤家具

竹藤家具主要有竹编家具、藤编家具、柳编家具和草编家具，以及现代化学工业生产的仿真纤维材料编织家具，在品种上多以椅子、沙发、茶几、书报架、席子、屏风为主。近年来开始与金属钢管、现代布艺与纤维编织相结合，使竹藤家具更为轻巧、牢固，同时也更具现代美感。

（5）塑料家具　塑料是对 20 世纪的家具设计和造型影响最大的材料，也是当今世界上唯一真正的生态材料，可回收利用和再生。塑料制成的家具具有天然材料家具无法代替的优点，尤其是整体成形自成一体，色彩丰富，防水防锈，成了公共建筑、室外家具的首选材料（图 1-19）。塑料家具除了整体成形外，更多的是制成家具部件与金属材料、玻璃配合组装成家具。

（6）玻璃家具　玻璃是一种晶莹剔透的人造材料，具有平滑、光洁、透明的独特材质美感。现代家具的一个流行趋势就是把木材、铝合金、不锈钢与玻璃相结合，极大地增强了家具的装饰观赏价值。随着玻璃加工技术的提高，具有各种不同装饰效果的玻璃大量应用于现代家具上，尤其是在陈列性、展示性家具以及承重不大的餐桌、茶几等家具上，玻璃更是成为主要的家具用材（图 1-20）。

（7）石材家具　石材是一种具有不同天然色彩、石纹肌理、质地坚硬的天然材料，给人高档、厚实、粗犷、自然、耐久的感觉（图 1-21）。天然石材的种类很多，在家具中主要使用花岗石和大理石两大类。在家具的设计与制造中天然大理石材多用于桌、台案、几的面

图 1-19 塑料家具

板，发挥石材的坚硬、耐磨和天然石材肌理的独特装饰作用。同时，也有不少的室外庭园家具和室内的茶几、花台是全部用石材制作的。

图 1-20 玻璃家具

图 1-21 石材家具

（8）其他材料家具　其他材料家具包括纸质家具、陶瓷家具等。

1.3.5 按设置形式分类

（1）自由式（移动式）　可根据需要任意搬动或推移和交换位置放置的家具。

（2）嵌固式　嵌入或紧固于建筑物或交通工具且不可再换位的家具，又称墙体式家具。

（3）悬挂式　用连接件挂靠或安放在墙面上或顶棚上的家具。

1.3.6 按结构类型分类

（1）框式家具　该类家具是以榫结合为主要特征，木方通过榫结合构成承重框架，围合的板件附设于框架之上的木质家具。框式家具一般是不可拆的。

（2）板式家具　该类家具是以木质人造板为基材，应用专用的五金连接件或圆榫将各板式部件连接起来装配而成的家具。根据部件不同的连接形式，板式家具可分为可拆装式和非拆装式。

Chapter 2

第2章

家具功能尺寸设计

家具的服务对象是人，设计和生产的每一件家具都要给人使用。因此，家具设计的首要因素是符合人的生理机能和满足人的心理情感需求。为了更好地满足人的需求，家具设计师必须了解人体与家具的关系。在家具设计的过程中，要以科学的观点来研究家具与人体的心理情感和生理机能的相互关系，在对人体的构造、尺度、体感、动作、心理等人体机能特征有充分理解和研究的基础上来进行家具系统化设计。

2.1 人体尺度

2.1.1 人体生理机能与家具的关系

人体是由骨骼系统、肌肉系统、消化系统、血液循环系统、呼吸系统、泌尿系统、内分泌系统、神经系统、感觉系统等组成的。这些系统像一台机器那样互相配合、相互制约地共同维持着人的生命和完成人体的活动。在这些组织系统中，与家具设计有密切关联的是骨骼系统、肌肉系统、神经系统和感觉系统。

(1) 骨骼系统　骨骼是人体的支架，是家具设计测定人体比例、人体尺度的基本依据。骨骼中骨与骨的连接处产生关节，人体通过不同类型和形状的关节进行着屈伸、回旋等各种不同的动作，由这些局部的动作的组合形成人体各种姿态。家具要适应人体活动及承托人体动作的姿态，就必须研究人体各种姿态下的骨关节运动与家具的关系。

(2) 肌肉系统　肌肉的收缩和舒展支配着骨骼和关节的运动。在人体保持一种姿态不变的情况下，肌肉则处于长期的紧张状态而极易产生疲劳，因此人们需要经常变换活动的姿态，使各部分的肌肉得以轮换休息；另外肌肉的营养是靠血液循环来维持的，如果血液循环受到压迫而阻断，则肌肉的活动就将产生障碍。因此，在家具特别是坐卧类家具设计中，要研究家具与人体肌肉承压面的关系。

(3) 神经系统　人体各器官系统的活动都是在神经系统的支配下，通过神经体液调节而实现的。神经系统的主要部分是脑和脊髓，它和人体的各个部分发生紧密的联系，以反射为基本活动的方式，调节人体的各种活动。

(4) 感觉系统　激发神经系统起支配人体活动的机构是人的感觉系统。人们通过视觉、听觉、触觉、嗅觉和味觉等感觉系统所接受到的各种信息，刺激传达到大脑，然后由大脑发出指令，由神经系统传递到肌肉系统，产生反射式的行为活动，如晚间在床上睡眠仰卧时间久后，肌肉受压通过触觉传递信息后做出反射性的行为活动，人体翻身呈侧卧姿态。

2.1.2 人体基本动作

人体的动作形态是相当复杂而又变化万千的，坐、卧、立、蹲、跳、旋转、行走等都会显示出不同形态所具有的不同尺度和不同的空间需求。从家具设计的角度来看，合理地依据人体一定姿态下的肌肉、骨骼的结构来设计家具，能调整人的体力损耗、减少肌肉的疲劳，从而极大地提高工作效率。因此，在家具设计中对人体动作的研究显得十分必要。与家具设计密切相关的人体动作主要是立、坐、卧。

(1) 立 人体站立是一种最基本的自然姿态，由骨骼和无数关节支撑而成。当人直立进行各种活动时，由于人体的骨骼结构和肌肉运动时时处在变换和调节状态中，所以人们可以进行较大幅度的活动和较长时间的工作。如果人体活动长期处于一种单一的行为和动作时，他的一部分关节和肌肉长时间处于紧张状态，就极易感到疲劳。人体在站立活动中，活动变化最少的应属腰椎及其附属的肌肉部分，因此人的腰部最易感到疲劳，这就需要人们经常活动腰部和改变站立姿态。

(2) 坐 当人体站立过久时，就需要坐下来休息，另外人们的活动和工作也有相当长的时间是坐着进行的，因此需要更多地研究人坐着活动时骨骼和肌肉的关系。

人体躯干结构的作用是支撑上部身体重量和保护内脏不受压迫。当人坐下时，由于骨盆与脊椎的关系推动了原有直立姿态时的腿骨支撑关系，人体的躯干结构就不能保持平衡，人体必须依靠适当的座平面和靠背倾斜面来得到支撑和保持躯干的平衡，使人体骨骼、肌肉在人坐下来时能获得合理的松弛形态。为此，人们设计了各类坐具以满足坐姿状态下的各种使用活动。

(3) 卧 卧的姿态是人希望得到最好的休息状态。不管站立和坐，人的脊椎骨骼和肌肉总是受到压迫和处于一定的收缩状态，只有卧的姿态才能使脊椎骨骼的受压状态得到真正的松弛，从而得到最好的休息。因此从人体骨骼肌肉结构的观点来看，卧不能看作站立姿态的横倒，其所处动作姿态的腰椎形态位置是完全不一样的，只有把“卧”作为特殊的动作形态来认识，才能理解“卧”的意义和把握好卧具（床）的设计。

2.1.3 人体尺寸

人体尺寸是一门通过测量各个部分的尺寸来确定个人之间和群体之间在尺寸上差别的学科。公元前 1 世纪罗马建筑师维特鲁威从建筑学的角度对人体尺寸进行了较完整的论述。比利时数学家奎特莱特于 1870 年发表了《人体测量学》一书，创建了人体测量学这一学科。按照维特鲁威的描述，文艺复兴时期的达·芬奇创作了著名的人体比例图，如图 2-1 所示。继他们之后，又有许多的哲学家、数学家、艺术家对人体尺寸的研究陆陆续续进行了许多世纪，他们大多是从美学的角度研究人体比例关系，在漫长的进程中积累了大量的数据。

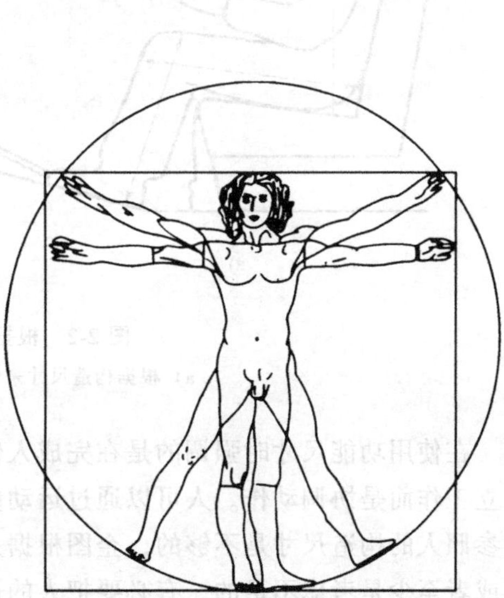

图 2-1 达·芬奇的人体比例图

家具设计最主要的依据是人体尺度，如人

体站立的基本高度及伸手最大的活动范围，坐姿时的下腿高度和上腿的长度及上身的活动范围，睡姿时的人体宽度、长度及翻身的范围等，这些都与家具尺寸有着密切的关系。因此学习家具设计，必须首先了解人体各部位固有的基本尺度。

由于诸多原因，只能采用平均值作为设计时的相对尺度依据，而且也不可能依此作为绝对标准尺度，因为一个家具服务的对象是多元的，一张座椅可能被个子较高的男人使用，也可能被个子较矮的女人使用。因此，对尺度的理解要有辩证的观点，它具有一定的灵活性。

1. 人体尺寸的分类

（1）构造尺寸　构造尺寸指静态的人体尺寸，是在人体处于固定的标准状态下测量的，如身高、坐高、手臂长度、腿长度、臀宽、大腿厚度、坐时两肘之间的宽度等，如图 2-2a 所示。

构造尺寸适合于直接与人体结构相关的产品设计，如家具、服装和手动工具等，主要为人体各种装置、设备、用具提供数据。构造尺寸可以作为分析人员动态作业的基础，通过适当的修正后获得人体动态下的尺寸。

（2）功能尺寸　功能尺寸指动态的人体尺寸，是人在进行某种功能活动时肢体所能达到的空间范围。它是在动态的人体状态下测得的，是由关节的活动、转动所产生的角度与肢体的长度协调产生的范围尺寸。功能尺寸对于解决许多带有空间范围、位置的问题很有用，如图 2-2b 所示。

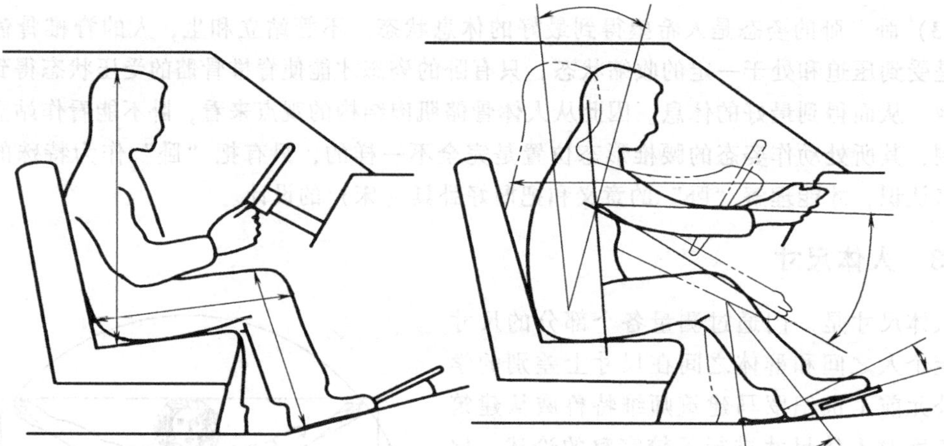

a)　　　　b)

图 2-2　根据不同人体尺寸的设计

a）根据构造尺寸来设计　b）根据功能尺寸来设计

在使用功能尺寸时强调的是在完成人体的活动时，人体各个部分是不可分的，它们不是独立工作而是协调动作。人可以通过运动能力扩大自己的活动范围，所以在考虑人体尺寸时只参照人的构造尺寸是不够的，企图根据人体结构去解决一切有关空间和尺寸的问题将很困难或者至少是考虑不足的，有必要把人的运动能力也考虑进去。图 2-3 所示是人体基本动作尺寸。

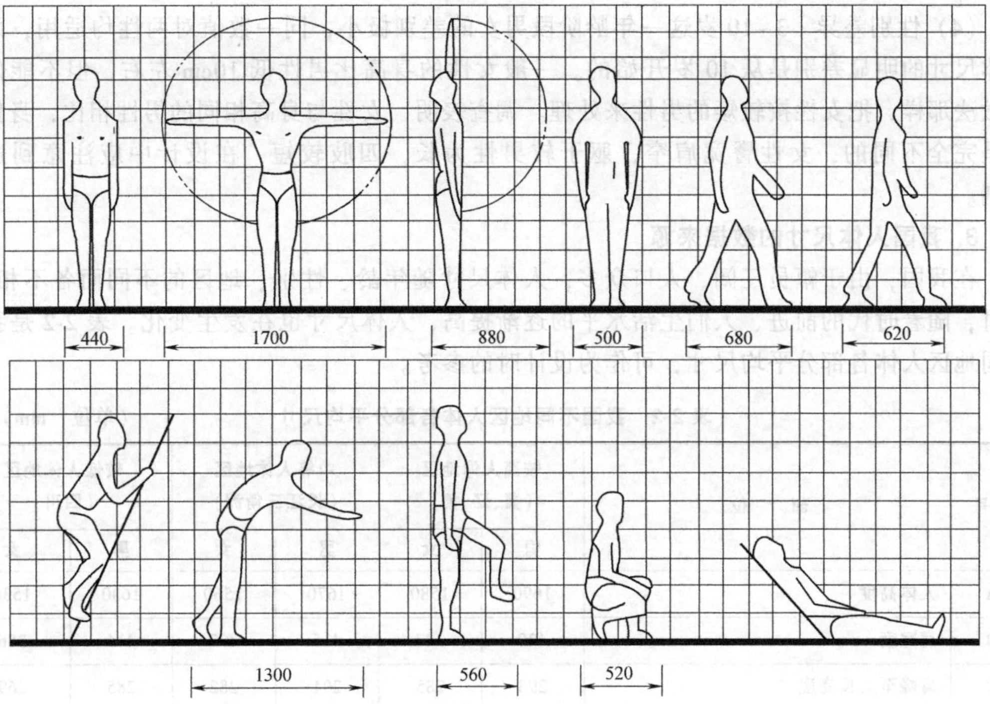

图 2-3 人体基本动作尺寸

2. 人体尺寸的差异

(1) 种族差异 不同的国家、不同的种族，由于地理环境、生活习惯、遗传特质的不同，从而导致了人体尺寸的差异十分明显。身高从越南人的 160.5cm 到比利时人的 179.9cm，高差竟达 19.4cm。表 2-1 列出了一些国家人体尺寸的对比。

表 2-1 各国人体尺寸对照表 (单位：mm)

人体尺寸(均值)	德国	法国	英国	美国	瑞士	亚洲
身高(立姿)	1720	1700	1710	1730	1690	1680
身高(坐姿)	900	880	850	860	—	—
肘高	1060	1050	1070	1060	1040	1040
膝高	550	540	—	550	520	—
肩宽	450	—	460	450	440	440
臀宽	350	350	—	350	340	—

(2) 世代差异 在过去 100 年中观察到的生长加快（加速度）是一个特别的问题，子女们一般比父母长得高，这个问题在总人口的身高平均值上也可以得到证实。欧洲的居民预计每 10 年身高增加 10~14mm。因此，若使用三四十年前的数据会导致相应的错误。

(3) 年龄的差异 年龄造成的差异也很重要，体形随着年龄变化最为明显的时期是青少年期。一般来说，青年人比老年人身高高一些，老年人比青年人体重重一些。在进行某项设计时必须经常判断与年龄的关系，是否适用于不同的年龄。

（4）性别差异 3~10 岁这一年龄阶段男女的差别极小，同一数值对两性均适用，两性身体尺寸的明显差别是从 10 岁开始的。一般女性的身高比男性低 10cm 左右，但不能像习惯做法那样，把女性按较矮的男性来处理。调查表明，女性与身高相同的男性相比，身体比例是完全不同的，女性臀宽肩窄，躯干较男性为长，四肢较短，在设计中应注意到这些差别。

3. 我国人体尺寸的数据来源

在我国，由于幅员辽阔、人口众多，人体尺寸随年龄、性别、地区的不同而各不相同。同时，随着时代的前进、人们生活水平的逐渐提高，人体尺寸也在发生变化。表 2-2 是我国不同地区人体各部分平均尺寸，可作为设计时的参考。

表 2-2 我国不同地区人体各部分平均尺寸 （单位：mm）

编号	部位	较高人体地区（冀、辽、鲁）		中等人体地区（长江三角洲）		较低人体地区（四川）	
		男	女	男	女	男	女
A	人体高度	1690	1580	1670	1560	1630	1530
B	肩宽度	420	387	415	397	414	386
C	肩峰至头顶高度	293	285	291	282	285	269
D	正立时眼的高度	1573	1474	1547	1443	1512	1420
E	正坐时眼的高度	1203	1140	1181	1110	1144	1078
F	胸廓前后径	200	200	201	203	205	220
G	上臂长度	308	291	310	293	307	289
H	前臂长度	238	220	238	220	245	220
I	手长度	196	184	192	178	190	178
J	肩峰高度	1397	1295	1379	1278	1345	1261
K	1/2(上肢展开全长)	867	705	843	787	848	791
L	上身高度	600	561	586	546	565	524
M	臀部宽度	307	307	309	319	311	320
N	肚脐高度	992	948	983	925	980	920
O	指尖至地面高度	633	612	616	590	606	575
P	上腿长度	415	395	409	379	403	378
Q	下腿长度	397	373	392	369	301	365
R	脚高度	68	63	68	67	67	65
S	坐高、头顶高	893	846	877	825	850	793
T	腓骨头的高度	414	390	409	382	402	382
U	大腿水平长度	450	435	445	425	443	422
V	肘下尺寸	243	240	239	230	220	216

2.2 家具的功能尺寸设计

家具设计是一种创作活动，它必须依据人体尺寸及使用要求，将技术与艺术诸要素加以完美的综合。根据人体活动及相关的姿态，人们设计生产了相应的家具，可以将其分为坐具类家具、卧具类家具、凭倚类家具及收纳类家具四类。

坐具类家具、卧具类家具是与人体直接接触，支承人体活动的家具，如椅、凳、沙发、床榻等。凭倚类家具是与人体活动有着密切关系，辅助人体活动、承托物体的家具，如桌台、几、案、柜台等。收纳类家具是与人体产生间接关系，起着收纳贮存物品作用的家具，如橱、柜、架、箱等。这几大类家具基本上囊括了人们生活及从事各项活动所需的家具。

2.2.1 坐具类家具的功能尺寸设计

原始人只会蹲、跪、伏，并不会坐，那么座椅是怎么产生的呢？经过人类学家的研究，人类最早使用座椅完全是权力地位的象征，坐的功能是次要的。以后座椅又逐步发展成一种礼仪工具，不同地位的人座椅大小不同。座椅的地位象征意义至今仍然存在。

如今，不论在工作时、在家中、在公共汽车或在其他的任何地方，每个人一生中很大的一部分时间是坐着的。坐具类家具功能尺寸的设计对人们是否坐得舒服、是否能提高工作效率有直接关系，所以其设计要符合人的生理和心理特点，使骨骼肌肉结构保持合理状态，血液循环和神经组织不过分受压，尽量设法减少和消除产生疲劳的各种条件，从而使人的疲劳降到最低限度。

座椅设计必须考虑的因素很多，可以概括出如下一些基本原则：

1）座椅的形式与尺寸和它的用途有关，即不同用途的座椅应有不同的座椅形式和尺寸。

2）座椅的尺寸必须参照人体测量学数据设计，如图 2-4 所示。

3）座椅的设计必须能提供坐在其上的人体有足够的支撑与稳定作用。

4）腰椎下部应提供支撑，设置适当的靠背以降低背部紧张度。

5）座椅应能方便地变换姿势，但必须防止滑脱。

6）身体的主要重量应由臀部坐骨结节承担，坐垫必须有充分的衬垫和适当的硬度，使之有助于将人体重量的压力分布于坐骨结节区域。休息时腰背部也应承担重量。

1. 座椅设计的关键功能尺寸

座椅设计的关键包括座高、座深、座宽、座面倾角、扶手、靠背、椅垫、侧面轮廓等。

（1）座高　通常以座面中轴线前部最高点至地面的距离作为座椅座高，即座面前缘高度。座高是影响坐姿舒适程度的主要因素之一，座高不合理会导致坐姿的不正确，容易使人体腰部产生疲劳。舒服的坐姿应使就座者大腿近似呈水平的状态，小腿自然垂直，脚掌平放在地上。座面过高，则两腿悬空碰不到地面，体压有一部分分散在大腿部分，使大腿血管受到压迫，妨碍血液循环，容易产生疲劳。座面过低，使膝盖拱起，体压过于集中在坐骨上，时间久了会产生疼痛感。另外，重心过低也会造成起身时的不便，尤其对老年人来说更为明显。图 2-5 所示为座面高度示意图。

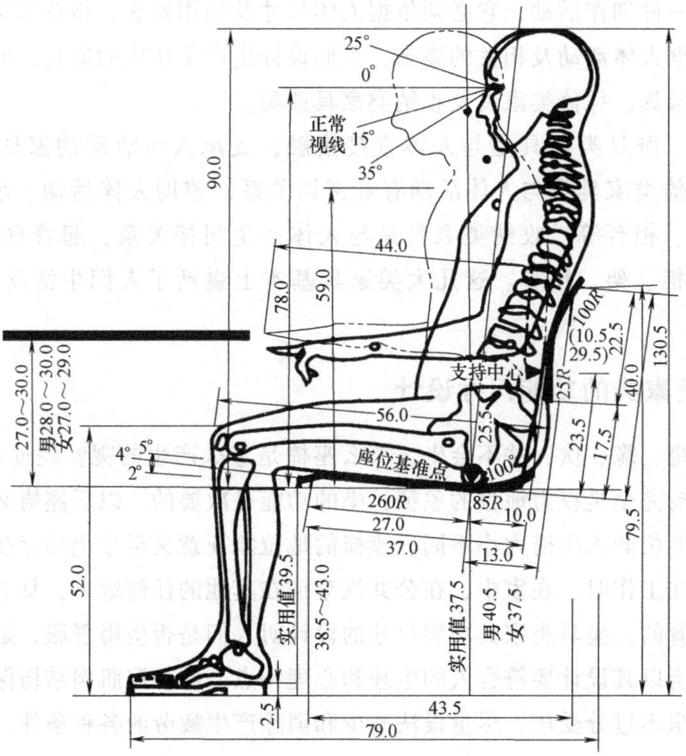

图 2-4　座椅的几何尺寸（单位：cm）

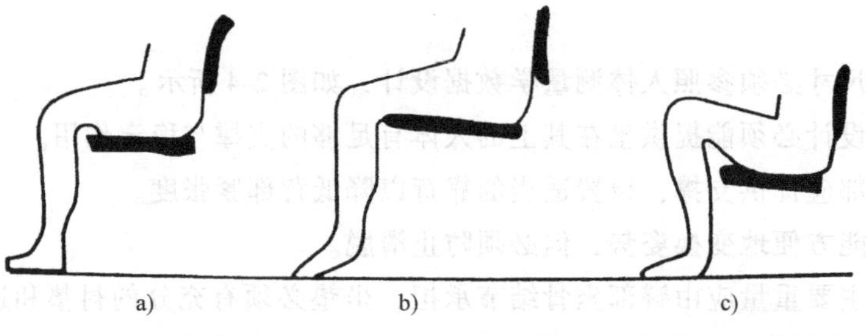

图 2-5　座面高度示意图

a）座面高度适中　b）座面高度过高　c）座面高度过低

图 2-6 给出了不同的座板高度，图 2-7 给出了座面的体压分布与座板高度的关系。由图可以看出，当座高低于膝盖高度时，体压集中在坐骨骨节部分；当座高与膝盖同样高时，体压主要分布在坐骨骨节部分，但稍向臀部分散；当座高高于膝盖高度时，由于两腿悬空，则体压有一部分分散在大腿部分，使大腿内侧受压，妨碍血液循环而引起腿部疲劳。由于人的臀部能承受较大的压力，因此前两种情况与人体构造及生理现象较符合。

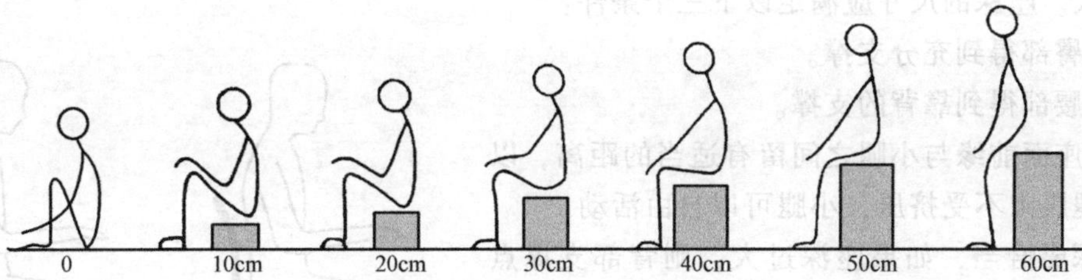

图 2-6 不同的座板高度

为了避免大腿下有过高的压力（一般发生在大腿的前部），座位前沿到地面或脚踏的高度不应大于脚底到大腿弯的距离。据研究，合适的座高应等于小腿加足高加上 25～35mm 的鞋跟厚再减去 10～20mm 的活动余地，即

椅子座高=小腿加足高+鞋跟厚−适当空间

国家标准 GB/T 3326—2016 规定：座高=400～440mm。

就工作用椅而言，其座高宜比休息用椅稍高，且座高宜设定为可调整式的，以适应多数人使用，可确定工作用椅高度为 400～440mm。如果能够使座高在 380～480mm 之间进行调节，则可以适应各种高度人的需要。沙发座前高可以降低一些，使腿向前伸，靠背后倾，有利于脊椎处于自然状态。沙发的座高一般规定为 360～420mm，过高，就像坐在椅子上，感觉不舒服；过低，坐下去站起来就会感觉困难。

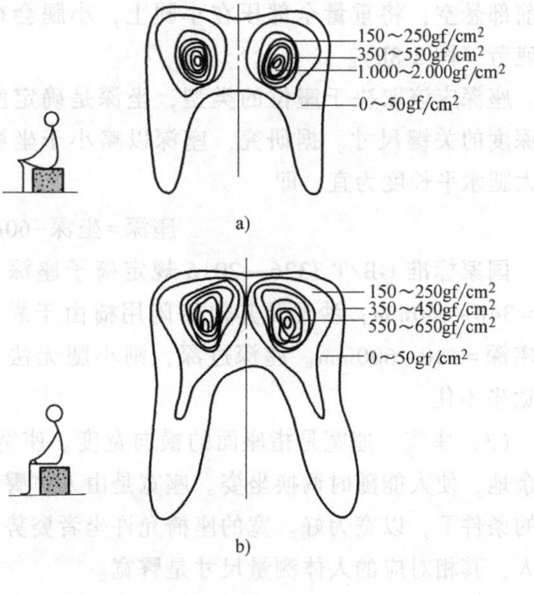

注：$1gf/cm^2 = 98.0665Pa$。

图 2-7 座面体压分布与座板高度关系

a）座面比膝盖低 5cm b）座面与膝盖几乎同样高

c）座面高于膝盖 5cm

在很多情况下，座椅与餐桌、书桌、柜台或各种各样的工作面有直接关系，因此，座椅高度的设计除了要考虑小腿加足高外，还要考虑工作面高度。如餐桌较高而餐椅不配套，就会令人坐得不舒服；写字桌过高，椅子过低，就会使人形成趴伏的姿势，缩短了视距，久而久之容易造成脊椎弯曲变形和眼睛近视。决定座椅高度最重要的因素是椅凳面和工作面之间的距离，即桌椅高差，国家标准 GB/T 3326—2016 规定了桌椅类配套使用标准尺寸，桌椅高差应控制在 250～320mm。在桌椅高差这个距离内，大腿的厚度占据了一定高度。

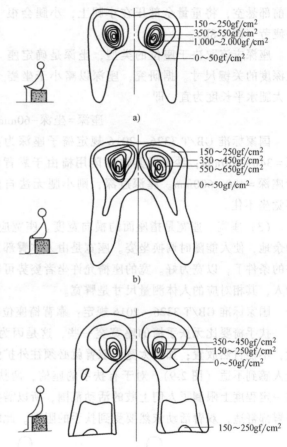

（2）座深 座深是指座面前沿中点至座面与背面相交线的距离。座深对人体舒适感的

影响很大。座深的尺寸应满足以下三个条件：

1）臀部得到充分支撑。

2）腰部得到靠背的支撑。

3）座面前缘与小腿之间留有适当的距离，以保证大腿肌肉不受挤压，小腿可以自由活动。

座深要恰当，如果座深过大，则背部支撑点悬空，使靠背失去作用，同时膝窝处会受到压迫，使小腿产生麻木感（图 2-8a）；如果座深过小，大腿前部悬空，将重量全部压在小腿上，小腿会很快疲劳（图 2-8b）。

座深应该取决于座位的类型，坐深是确定座位深度的关键尺寸。据研究，座深以略小于坐姿时大腿水平长度为宜，即

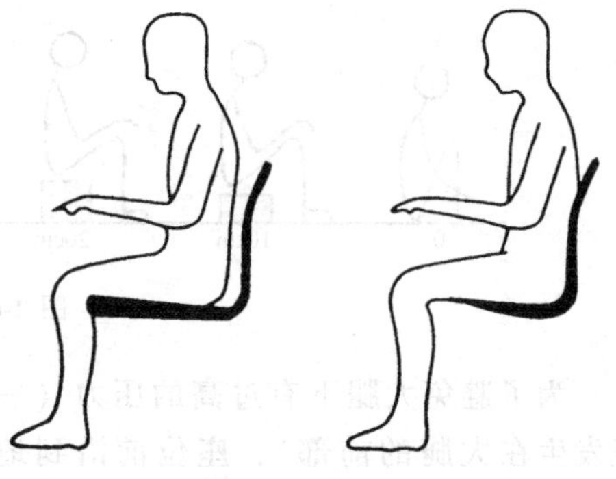

a)　　b)

图 2-8　座深示意图

a）座深过大　b）座深过小

座深＝坐深－60mm（间隙）

国家标准 GB/T 3326—2016 规定椅子座深为：扶手椅座深＝400～480mm；靠背椅座深＝340～460mm；沙发及其他休闲用椅由于靠背倾斜较大，故座深可设计得稍大些，一般座深＝480～600mm。座深过深，则小腿无法自然下垂，腿肚将受到压迫；过浅，就会感觉坐不住。

（3）座宽　座宽是指座面的横向宽度。座宽应使人体臀部得到全部支撑并有一定的活动余地，使人能随时调换坐姿。座宽是由人体臀部尺寸加适当的活动范围而定的。在空间允许的条件下，以宽为好。宽的座椅允许坐者姿势可以变化。座宽的设定必须适合于身材高大的人，其相对应的人体测量尺寸是臀宽。

国家标准 GB/T 3326—2016 规定：靠背椅座位前沿宽≥400mm。

扶手椅要比无扶手椅的座宽宽一些，这是因为如果太窄，在扶扶手时两臂必须往里收紧，不能自然放置；如果太宽，双臂就必须往外扩张，同样不能自然放置，时间稍久，都会让人感到不适（图 2-9）。对于有扶手的座椅，两扶手之间的距离即为座宽。因为扶手的存在一定程度上限制了人们上肢的活动范围，所以需要留出更大的活动空间，否则即使能够保持臀部舒适，双臂活动依然要受到扶手的阻挡。此时座宽应该以能够满足人体双臂的自由运

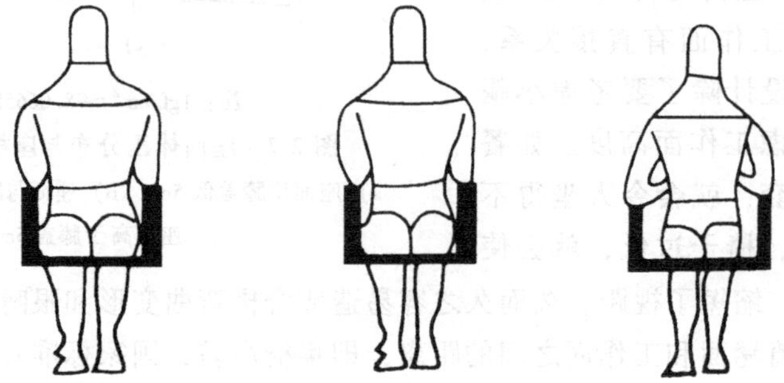

a)　　b)　　c)

图 2-9　扶手椅座宽

a）座宽适中　b）座宽过窄　c）座宽过宽

动为宜，数值上是人体的肩宽加上适当余量。

国家标准 GB/T 3326—2016 规定扶手椅内宽≥480mm，这样不会妨碍手臂的运动。

如果是排成一排的椅子，如观众席座椅还必须考虑肘与肘的宽度。如果穿着特殊的服装，应增加适当的空隙。

我国国家标准规定单人沙发座前宽不应小于 480mm，小于这个尺寸，人即使能勉强坐进去，也会感觉狭窄，一般为 520~560mm。

（4）座面倾角　座椅设计应有助于保持身躯的稳定性，这一点，座面倾角（指座面与水平面的夹角）起着重要的作用，当然，与座位靠背的曲线和座位的功能亦有很大的关系。

通常椅子座面稍向后倾，座面向后倾有两种作用：首先在长期的坐姿下，座面向后倾以防止臀部逐渐滑出座面而造成坐姿稳定性差；其次由于重心力，躯干会向靠背后移，使背部有所支撑，减轻坐骨结节处的压力，使整个上身重量由下肢承担的局面得到改善，下肢肌肉受力减少，疲劳度减小。一般情况下，座面倾角越大，靠背分担座面的压力比例就越高。

椅凳类家具的座面倾角决定使用者在使用时的身体姿势，从而影响使用者的身体疲劳度，因而不同类型的椅凳类家具的座面角度不同。如某些椅凳类家具的座面前倾，如学习椅等。这类椅凳类家具在使用时使用者上身需要前倾，若座面倾斜向后，人的上身前曲的幅度会增大，这样就会导致脊椎骨过度弯曲，造成脊椎骨局部劳损，易于引发脊椎疾病（图 2-10）。餐椅的座面倾角也比较特殊，通常是水平的，因为虽然餐椅使用时间不长，但是人在进餐时胸腔和腹腔要保证正常状态，前倾或者后倾的座面都会影响腹腔内各器官在消化时的功能。

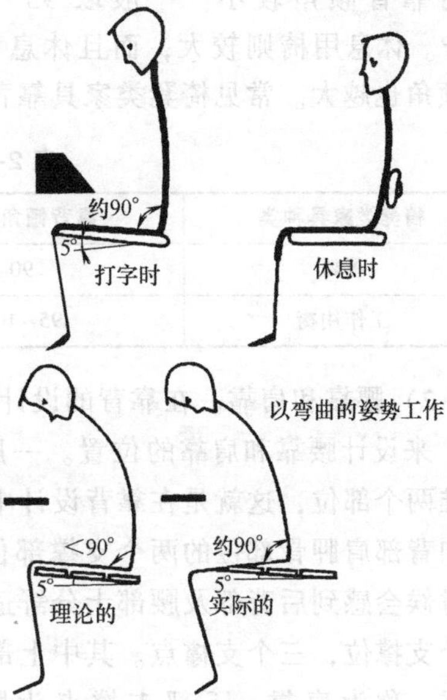

图 2-10　工作中形成的弯曲的姿势

据研究，工作用椅座面倾角应为 0°~5°，推荐的工作用椅的座面倾角为 3°，此时人感到比较舒适。当人们处于休息和阅读状态时，应用较大的倾角，因此休息用椅座面倾角为 5°~23°为宜（依休息程度的不同）。表 2-3 所列为根据舒适度决定的不同椅凳类家具的座面倾角的建议值。

表 2-3　不同椅凳类家具座面倾角

椅凳类家具种类	座面倾角/(°)	椅凳类家具种类	座面倾角/(°)
餐椅	0	休息用椅	5~23
工作用椅	0~5	躺椅	≥24

（5）扶手　休息用椅和部分工作用椅还需设扶手，扶手的功能是使人坐在椅子上时手臂自然放在其上，以减轻两臂负担，有助于上肢肌肉的休息，增加了舒适感；在就座起身站立或变换姿势时，可利用扶手支撑身体；在摇摆颠簸状态下，扶手还可帮助身体稳定。

扶手的高度应合适，扶手过高时，两臂不能自然下垂，过低时，两肘不能自然落靠（图 2-11），这两种情况均容易引起上臂疲劳。一般扶手与座面的距离以 200~250mm 为宜，同时扶手前端略高些，随着座面倾角与靠背斜度而倾斜。

（6）靠背　椅子的靠背能够缓解体重对臀部的压力，减轻腰部、背部和颈部肌肉的紧张程度。椅子的靠背是决定椅类家具是否舒服的根本要素。

1）靠背倾角。靠背倾角是指靠背与座位之间的夹角。在椅子的使用过程中，靠背倾角的增加能增强人体的舒适感。因为身体向后仰时，身体的负荷移向背部的下半部和大腿部分，所以一般来讲，靠背倾角越大，人体所获得的休息程度越高。当靠背倾角达到110°时，人体的肌电图的波动明显减少，被试者有舒服的感觉。越躺下，越感觉到舒服，完全躺下就是床的设计了。工作用椅靠背倾角较小，一般取95°~105°，常用100°。休息用椅则较大，而且休息程度越高其靠背倾角也越大。常见椅凳类家具靠背倾角见表2-4。

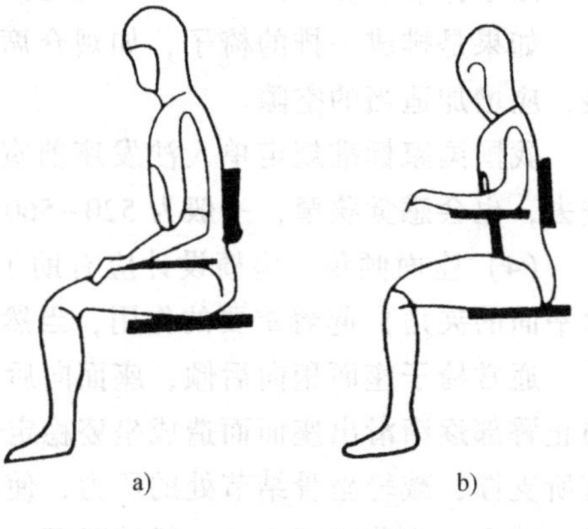

图2-11　扶手高度

a）过低　b）过高

表2-4　常见椅凳类家具靠背倾角

椅凳类家具种类	靠背倾角/(°)	椅凳类家具种类	靠背倾角/(°)
餐椅	90	休息用椅	110~130
工作用椅	95~105	躺椅	115~135

2）腰靠和肩靠。在靠背的设计中，除了注意靠背倾角外，还要注意能够提供“两个支撑”来设计腰靠和肩靠的位置。一般来说，靠背的压力分布不均匀，相对集中在肩胛骨和腰椎两个部位，这就是在靠背设计中所强调的两个支撑的原因。“两个支撑”指的是腰椎部分和背部肩胛骨部位的两个支撑部位，如图2-12所示。当座位有两个支撑时，人们在坐着的时候会感到后背部及腰部十分舒适。因为人的肩胛骨分左右两块，所以两个支撑实际上是两个支撑位，三个支撑点。其中上部支撑点为肩胛骨部位提供凭靠，称为肩靠；下部支撑点为腰曲部分提供凭靠，称为腰靠。

腰部支撑点是椅类家具靠背设计中必需的也是最重要的一个支撑点，它为使用者提供了腰曲部分的凭靠。在家具的设计中，应有腰靠的凸缘，用以支撑腰部。如果座椅不设计腰靠，坐时人的腰骶部基本处于悬空状态，坐久了会有不适感。

腰部支撑点过高或过低，都容易引起支撑点的前凸顶在脊椎的胸曲或者骶曲的某一位置上，不仅起不到增加椅类家具舒适性的作用，反而会增大脊椎变形的可能性。靠背的腰靠要符合人体脊柱自然弯曲的曲线。凸缘的顶点应在第三腰椎骨与第四腰椎骨之间的部位，即顶点高于座面后缘10~18cm。腰部支撑点的高度是指腰部支撑点到座位基准点的高度。腰靠的凸缘有保持腰椎柱自然曲线的作用。图2-13a所示为良好座席，由

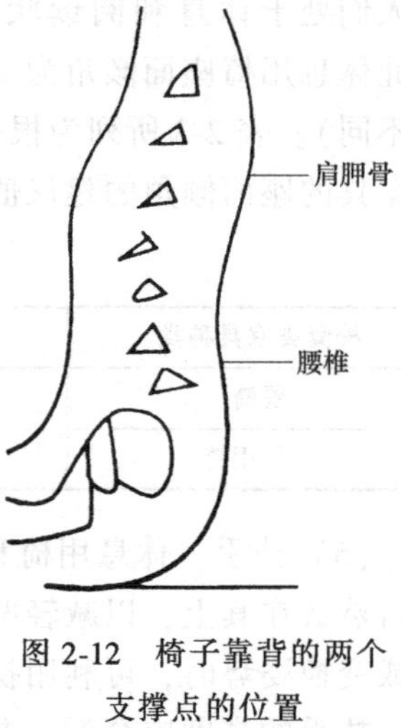

图2-12　椅子靠背的两个支撑点的位置

于对腰椎支撑的高度适当，使脊柱近似于自然状态，伸直脊柱，腹部不受压；而图 2-13b 所示为不良座席，由于没有支撑腰椎，脊柱呈拱形弯曲，腹部受压。

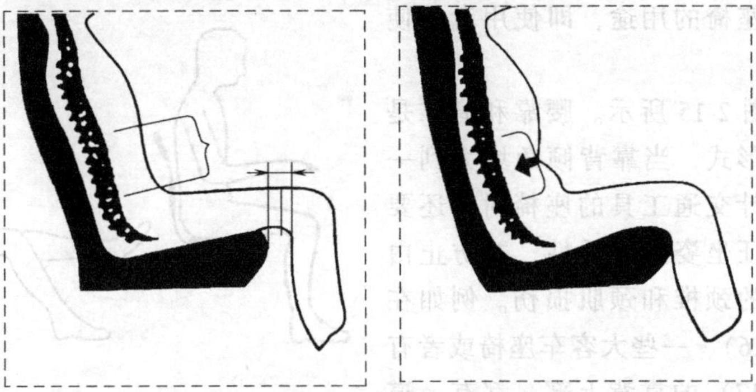

图 2-13　腰部支撑点对腰椎柱曲线的影响

a）良好座席　b）不良座席

有的座椅靠背能支撑人的肩部以及腰部，具有高度合成凹面形状，可以给整个背部较大面积的支撑。靠背倾角直接影响支撑点的高度，良好的背部支撑位置与角度列于表 2-5 中。研究表明的最佳支撑条件如图 2-14 所示。

表 2-5　良好的背部支撑位置与角度

支撑点＼条件		上体角度/(°)	上部		下部	
			支撑点高/cm	支撑面角度/(°)	支撑点高/cm	支撑面角度/(°)
一个	A	90	25	90	—	—
	B	100	31	98	—	—
	C	105	31	104	—	—
	D	110	31	105	—	—
两个	E	100	40	95	19	100
	F	100	40	98	25	94
	G	100	31	105	19	94
	H	100	40	110	25	104
	I	100	40	104	19	105
	J	100	50	94	25	129

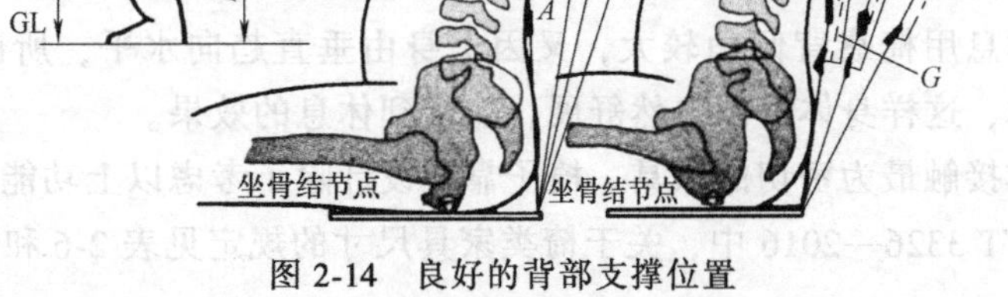

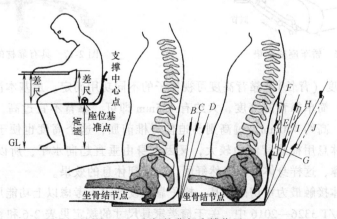

图 2-14　良好的背部支撑位置

“一个支撑”和“两个支撑”的区别在于是否有背部支撑点，有些对舒适度要求不高的工作用椅等椅类家具常选择使用“一个支撑”。选择“一个支撑”或“两个支撑”以及支撑的位置应根据座椅的用途，即使用者的使用目的来确定。

靠背支撑如图 2-15 所示。腰靠和肩靠是靠背较为简易的形式，当靠背倾角增大到一定程度或者在设计交通工具的座椅时，还要增加靠枕，以保证坐姿的舒适性，并防止由于运动冲击引起的颈椎和颈肌损伤。例如在轿车座椅（图 2-16）、一些大客车座椅或者有些老板椅（图 2-17）的靠背上部，都有一道鼓起来的凸包，这道凸包是用来垫靠颈部的凹处，使人的头颈更舒服些。但要注意的问题是，一定要根据人体测量尺寸，正确设计靠枕的位置，否则垫颈的凸包就顶住了后脑勺，令人很不舒服。

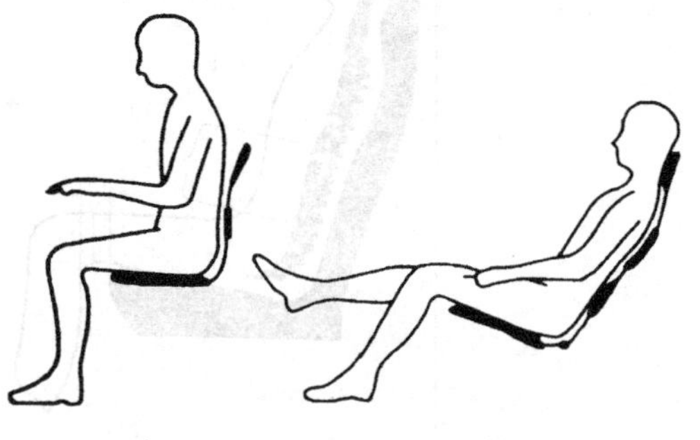

a)　　b)

图 2-15　靠背支撑

a）腰靠、肩靠　b）腰靠、肩靠、靠枕

3）靠背的尺寸。主要指靠背的宽度和高度。

① 靠背的宽度。对于工作用椅，人的肘部会经常碰到靠背，所以靠背宽度以不大于 375mm 为宜。

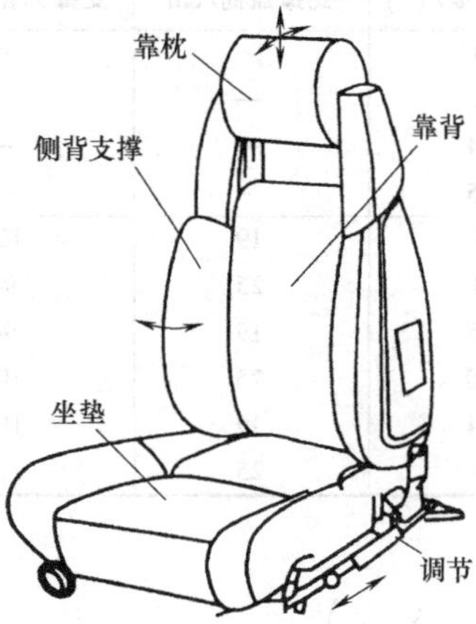

图 2-16　轿车座椅靠垫

图 2-17　具有靠枕的老板椅

② 靠背的高度（背长）。靠背高度可视椅子的不同功用而定。最基本活动姿态所用的椅子可以不设靠背；简单靠背的高度，大约有 125mm 即可。靠背不宜过高，通常设置的肩靠低于肩胛骨下沿，高约 460mm。过高则易迫使脊椎前屈，这个高度也便于转体时舒适地将靠背夹置腋下。休息用椅靠背倾角较大，又因上身由垂直趋向水平，所以靠背必须超出肩高，使背部有支撑，这样身体可以自然舒展，能达到休息的效果。

椅子是与人体接触最为密切的家具。椅子靠背设计除了考虑以上功能尺寸外，还需考虑其舒适度。在 GB/T 3326—2016 中，关于椅类家具尺寸的规定见表 2-6 和表 2-7。

表 2-6　扶手椅尺寸

扶手内宽 B_2/mm	座深 T_1/mm	扶手高 H_2/mm	背长 L_2/mm	靠背倾角 β/(°)	座面倾角 α/(°)
≥480	400~480	200~250	≥350	95~100	1~4

表 2-7　靠背椅尺寸

座前宽 B_2/mm	座深 T_1/mm	背长 L_2/mm	靠背倾角 β/(°)	座面倾角 α/(°)
≥400	340~460	≥350	95~100	1~4

(7) 椅垫　椅垫是起支撑作用的与人体接触的垫层。椅垫具有两种重要的功能。

1) 椅垫可使体重在坐骨隆起部分和臀部产生的压力分布比较均匀，不致产生疲劳感。人坐着时，人体重量的75%左右由约 25cm^2 的坐骨结节周围的部位来支撑，这样久坐会产生压力疲劳，导致臀部痛楚麻木。若在上面加上软硬适度的坐垫，则可以使臀部压力值大为降低，压力分散。

2) 椅垫可使身体坐姿稳定。座面需要具有一定的缓冲性，因为它可以增加臀部与座面的接触表面，从而减小压力分布的不均匀性。但坐垫的软硬度要适中，不是越软越好。

若坐垫过软，人体坐在柔软的椅垫上时，很容易使整个身体无法得到应有的支撑，从而产生坐姿不稳定的感觉。如在柔软材质的休闲椅上就座时，只有双脚倚靠在坚实的地面上才有稳定感，因此，弹力太大的座椅非但无法使人体获得倚靠，甚至由于需要维持一种特定的姿势，使肌肉内应力增加导致疲劳产生。再有，人体坐在柔软的椅垫上时，臀部和大腿会深深地凹陷入坐垫内，全身会受到坐垫的接触压力（图 2-18），想保持正确的坐姿和改变坐姿都很困难，容易使人疲劳。因此，太软太高的坐垫反而不好。若坐垫过硬，使人的体重集中于坐骨隆起部分而得不到均匀的分布，易引起坐骨部分的压迫疼痛感。一般坐垫的高度为25mm。另外，一般简易沙发的座面下沉量以 70mm 为宜，大中型沙发座面下沉量可达 80~120mm。背部下沉量为 30~45mm，腰部下沉量以 35mm 为宜。

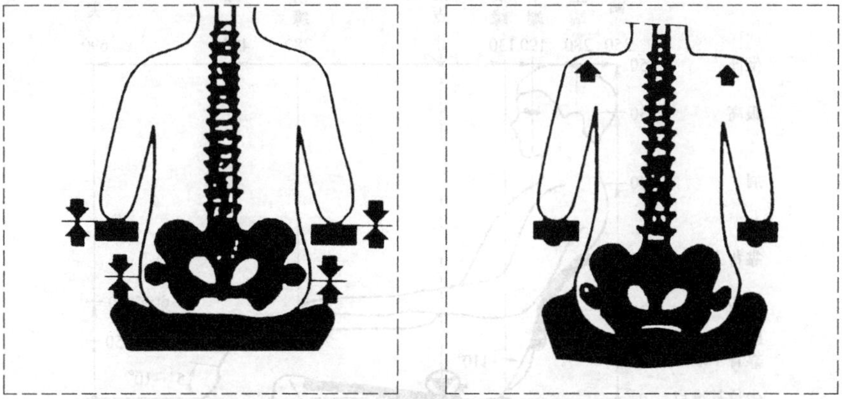

a)　　b)

图 2-18　坐垫的软硬及压力分布的改变

a) 良好坐垫　b) 不良坐垫

总之，理想的座椅，应使就座者体重分布合理，大腿近似呈水平状态，两足自然着地，上臂不负担身体的重量，肌肉放松，这样操作时躯干稳定性好，变换坐姿方便，给人以舒适感。

2. 座椅功能尺寸设计的应用分析

座椅的样式造型复杂，不同用途的座椅设计要求不同。按座椅功能和用途不同，根据人体基本尺寸和要求，运用人体坐姿基本尺寸和表示方法，可归纳为下列六种座椅模式。

（1）作业用椅——Ⅰ型椅　主要用于长时间手工作业场合。如工厂座椅和学生上课座椅。这类座椅的支撑面曲线适用于作业性强的座椅姿势。其典型设计数据是：座位基准点（座面高）为370~400mm，座面倾斜角度为0°~3°，座椅夹角为93°~95°；有一个在作业时能够支撑住腰部的弧形靠背，靠背点高约为230mm，从该点到上下两个靠背边缘的距离都很短，支撑角近似直角。

（2）一般作业用椅——Ⅱ型椅　主要用于较长时间手工作业场合，如办公椅和会议椅。其设计数据是：座面高为370~400mm，座面倾斜角度为2°~5°，座椅夹角约为100°。工作时以靠背为中心，具有与Ⅰ型椅相同的功能。不同之处是靠背点以上的靠背弯曲圆弧在人体后倾稍休息时能起到支撑的作用。

（3）轻度作业用椅——Ⅲ型椅　适用于短时间手工作业场合，如餐厅椅和会议椅等。它利用靠背休息的时间长，故其靠背设计成既能在人体工作时支撑腰部，也能略向后倾斜休息时支撑人体。其设计数据是：座面高为350~380mm，座面倾斜角度为5°左右，座椅夹角约为105°左右。

（4）一般休息用椅——Ⅳ型椅　适用于一般休息场合，如客厅接待用的椅子，具有最适合于休息的倚坐姿势的支撑曲面，其座面比Ⅲ型椅略低，靠背的倾角也较大。其设计数据是：座面高为330~360mm，座面倾斜角度为5°~10°，座椅夹角约为110°（图2-19）。这类座椅的靠背支撑点从腰部延伸到背部。

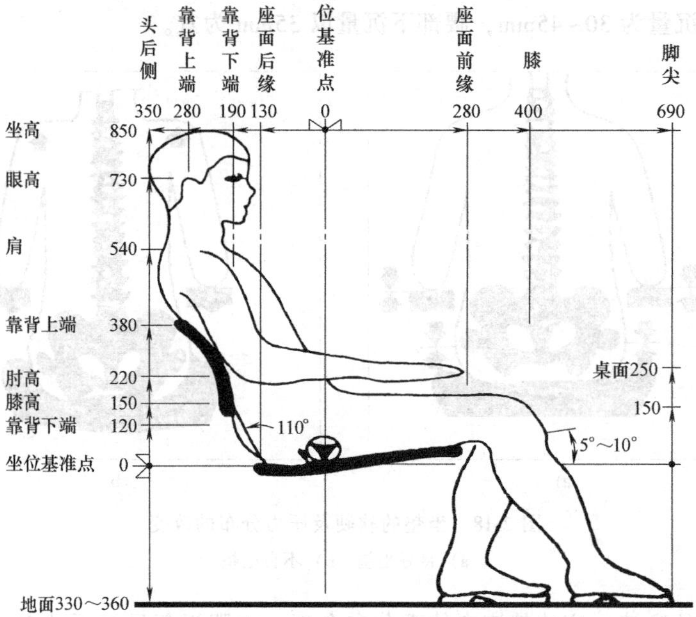

图2-19　Ⅳ型椅设计尺寸

（5）休息用椅——Ⅴ型椅　适用于休息场合，具有半躺性支撑曲线靠背，如在家庭客厅进行休闲、聚会用的椅子等。该种座椅腰部位置较低，适于身体放松，使人久坐也不会感到疲劳。其设计数据是：座面高为 280～340mm，座面倾斜角度为 10°～15°，座椅夹角为 110°～115°，靠背支撑整个腰部和背部（图 2-20）。

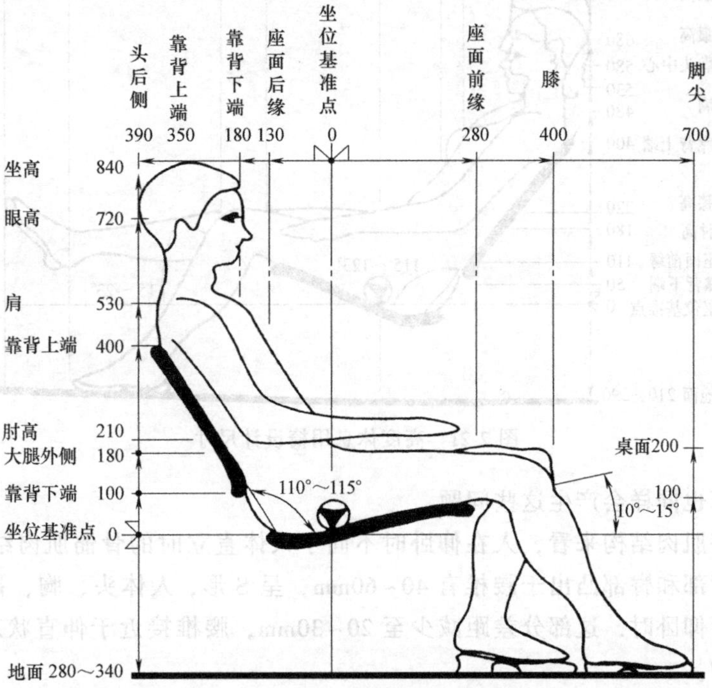

图 2-20　Ⅴ型椅设计尺寸

（6）有靠头和足凳的休息椅——Ⅵ型椅　适用于高度休息场合，类似于现代一些大型客机和电气火车上有靠背的躺椅。椅子靠背倾角通常超过 120°，增设了靠头和足凳，既可躺着休息，也可睡觉。其设计数据是：座面高为 210～290mm，座面倾角为 15°～23°，座椅夹角为 115°～123°（图 2-21）。这类椅子既可设靠头又可在椅子前面增设高度与座面高度大致相等的足凳，能使人体伸展放松。

从以上六种座椅模式休息程度的变化来看，靠背支撑人体的部位越多，支撑面越大，人体重心位置越接近地面，身体从原来的垂直方向越趋于水平，则人的舒适度会随之增加。

2.2.2　卧具类家具的功能尺寸设计

床是供人睡眠休息的主要卧具，也是与人体接触时间最长的家具。床的基本要求是使人躺在床上能舒适地尽快入睡，并且要睡好，以达到消除一天的疲劳、恢复体力和补充工作精力的目的。因此，床的设计必须考虑到床与人体生理机能的关系。

1. 床与人体生理机能的关系

睡眠是每个人每天都进行的一种生理过程。每个人的一生大约有 1/3 的时间在睡眠，而睡眠又是人为了更好地、有更充沛的精力去进行人类活动的基本休息方式。因而与睡眠直接相关的卧具设计则显得尤为重要。就像椅子的好坏可以影响到人的工作生活质量和健康状况

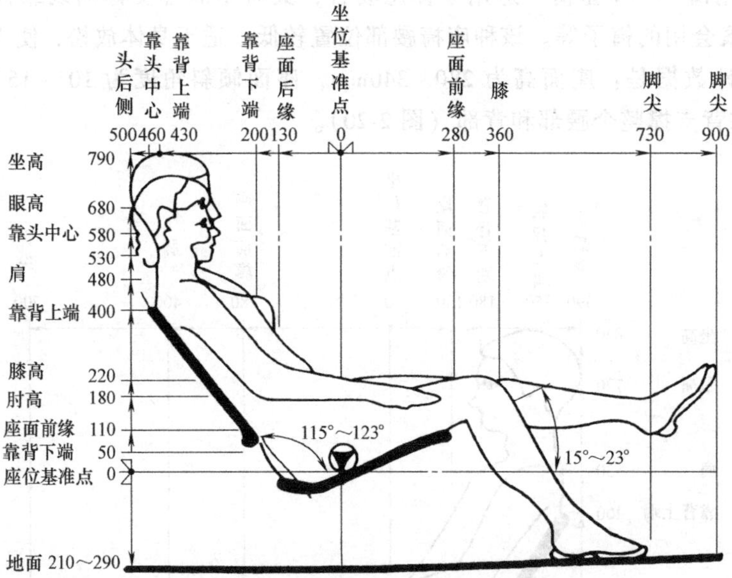

图 2-21　高度休息用椅设计尺寸

一样，床的好坏也同样会产生这些问题。

从人体骨骼肌肉结构来看，人在仰卧时不同于人体直立时的骨骼肌肉结构（图 2-22）。人在直立时，背部和臀部凸出于腰椎有 40～60mm，呈 S 形，人体头、胸、臀三部分重力方向基本重合。而仰卧时，这部分差距减少至 20～30mm，腰椎接近于伸直状态，卧姿时三重力方向是平行的。

人体起立时各部分重量在重力方向相互叠加，垂直向下，但当人躺下时，人体各部分重量相互平行，垂直向下，并且由于各体块的重量不同，其各部位的下沉量也不同。

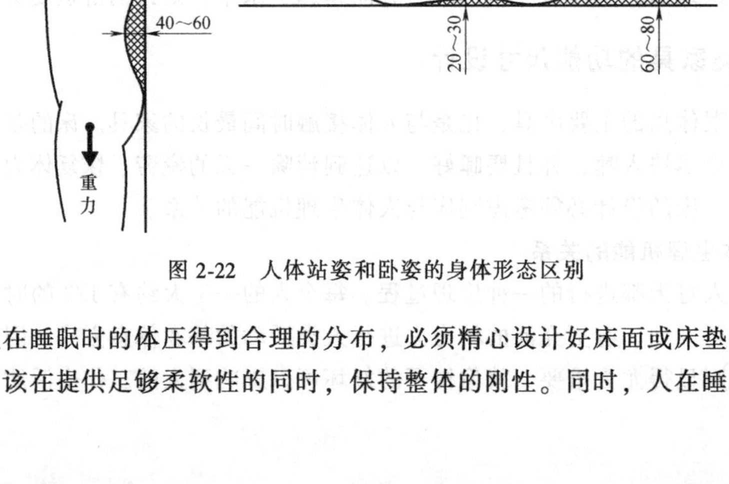

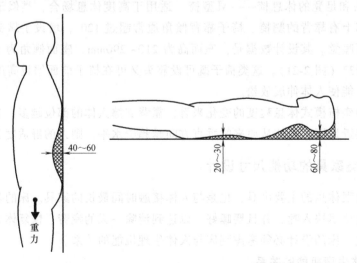

图 2-22　人体站姿和卧姿的身体形态区别

为了使人在睡眠时的体压得到合理的分布，必须精心设计好床面或床垫的弹性材料，要求床面材料应该在提供足够柔软性的同时，保持整体的刚性。同时，人在睡眠时，并不是一直处于一种静止状态，而是经常辗转反侧，人的睡眠质量除了与床垫的软硬有关外，还与床的尺寸有关。

2. 床垫软硬度设计

卧姿状态下，与床垫接触的身体部分受到挤压，其压力分布状况是影响睡眠舒适感的重要因素。因为有的部位感觉灵敏，而有的部位感觉迟钝，迟钝部分的压力应相对大一些，灵敏部位的压力应相对小一些，这样才能使睡眠状态良好。如果床垫比较硬，则背部的接触面积小，压力分布不均匀，集中在几个小区域，会造成局部血液循环不好，肌肉受力不适等，也使人不舒适。因此，床垫的软硬也必须合理。

床的软硬程度对睡眠姿势也有影响。经调查发现，使用过软的床时约有 8% 的时间处于仰卧状态，软硬适中时 45% 的时间仰卧，偏硬时有 30% 的时间仰卧。

床垫软硬的舒适程度与体压的分布直接相关，体压分布均匀的，较好，反之则不好，如图 2-23 所示。

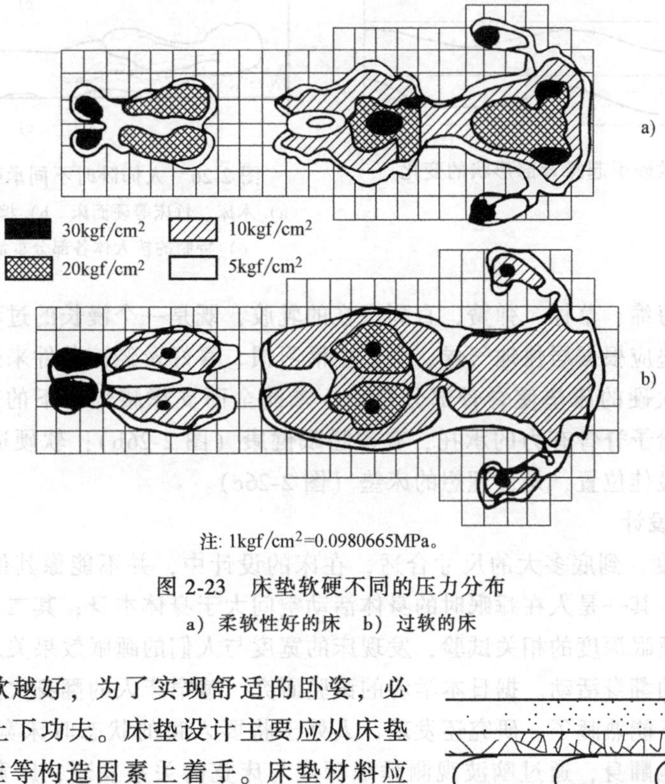

注: $1kgf/cm^2=0.0980665MPa$。

图 2-23 床垫软硬不同的压力分布

a) 柔软性好的床 b) 过软的床

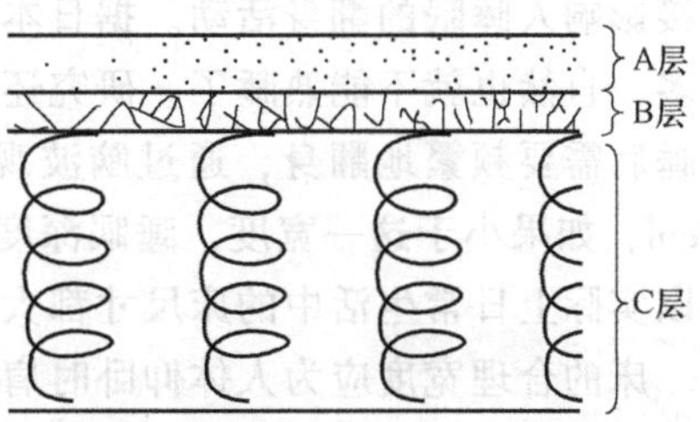

图 2-24 床垫的三层构造

床垫不是越软越好，为了实现舒适的卧姿，必须在床垫的设计上下功夫。床垫设计主要应从床垫的软硬度、缓冲性等构造因素上着手。床垫材料应选用缓冲性能好的，其缓冲性构造以三层构造为好，如图 2-24 所示：最上层 A 层是与身体接触的部分，必须是柔软的，可采用棉质等混合材料来制造；中间 B 层采用较硬的材料，保持身体整体水平上下移动；最下层 C 层要求受到冲击时起吸振和缓冲的作用，可采用弹簧、棕垫等缓冲吸振性较好的材料制造。由这样三层结构组成的具有软中有硬特性的床垫能够使人体得到舒适的休息。

由于人体脊柱结构呈 S 形，因此，人在仰卧时床的结构应使脊柱曲线接近自然状态，并能产生适当的压力分布于椎间盘上，以及均匀的静力负荷作用于所附着的肌肉上。凡是符合此种要求的床，便是符合人体工程学要求的好床。

软硬适度的床最好，也就是说背部与床面呈 2~3cm 空隙的软硬度最好。不同材料的床垫由于软硬程度不同，对背部形状有不同的影响，如图 2-25 所示。其中，图 2-25a、b 所示的是最理想的材料，它的体压分布最为合适，而图 2-25e、f 所示的则是最差的材料，由于它的弹性太大，所以不利于人体压力的合理分布。

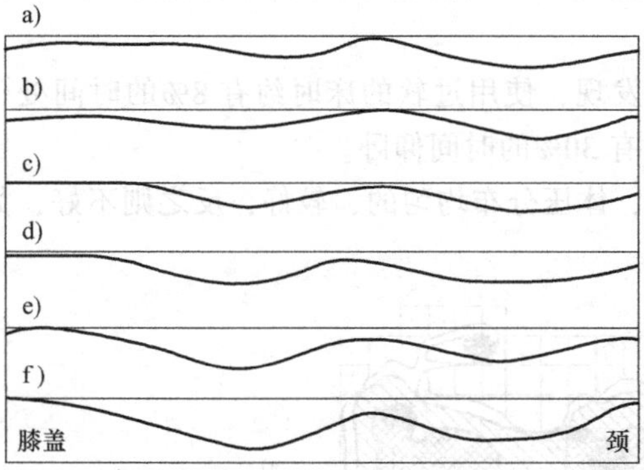

图 2-25　床面软硬引起腰背部形状的变化

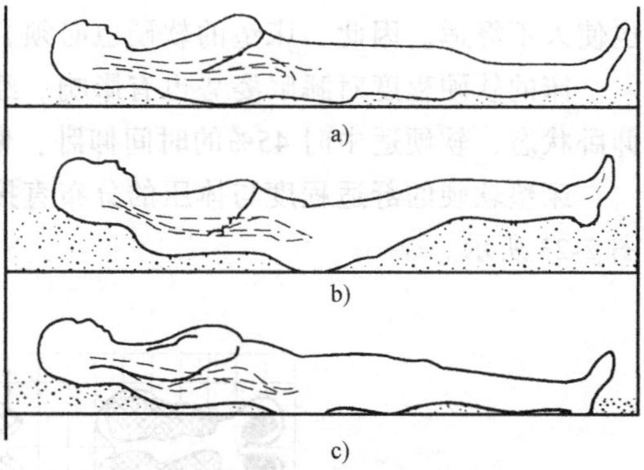

图 2-26　人仰卧时不同承载体对姿势的影响

a）木床、竹床等硬面床　b）棕绷床、弹簧床等软面床

c）特制的按人体各部分重量配置的“席梦思”

床垫经过了海绵、草棕、弹簧，直到现在的乳胶，既是一个漫长的过程，也是一个逐步提高的过程。床垫应根据居住地气候、个人生活习惯、喜好及经济条件来选择，但最基本的是要软硬适中。太硬的床垫使脊骨部分悬空，未能全面支撑腰部以下的部分（图 2-26a）；太软的床垫未能给予脊骨有力的承托，有损睡眠健康（图 2-26b）；软硬适中均匀支撑的床垫，令脊骨处于最佳位置，是最理想的床垫（图 2-26c）。

3. 床的尺寸设计

（1）床的宽度　到底多大的尺寸合适，在床的设计中，并不能像其他家具那样以人体的外廓尺寸为准，其一是人在睡眠时的身体活动空间大于身体本身；其二是科学家们进行了不同尺寸的床与睡眠深度的相关试验，发现床的宽度与人们的睡眠效果关系密切，床的宽窄直接影响人睡眠的翻身活动。据日本学者的试验研究，睡窄床人的翻身次数要比睡宽床的次数多，自然也就不能熟睡了。研究还发现，人处于将要入睡的状态时床宽需要 50cm，由于熟睡后需要频繁地翻身，通过脑波观测睡眠深度与床宽的关系发现，床宽的最小界限应是 70cm，如果小于这一宽度，睡眠深度会明显减小，影响睡眠质量，使人不能进入熟睡状态。所以实际上日常生活中的床尺寸都大于这个尺寸。

床的合理宽度应为人体仰卧时肩宽的 2.5~3 倍，即床宽为

$$B=(2.5\sim3)W$$

式中　W——成年男子平均最大肩宽（我国成年男子的平均最大肩宽为 431cm）。

国家标准 GB/T 3328—2016《家具　床类主要尺寸》规定：

单人床宽度为 700~1200mm；

双人床宽为 1350~2000mm。

(2) 床的长度 在长度上，考虑到人在躺下时肢体的伸展，所以实际比站立的尺寸要长一点，再加上头顶（如放枕头的地方）和脚下（脚端折被的余量）要留出部分空间，所以床的长度比人体的最大高度要多一些。床长为

$$L=1.05h+\alpha+\beta$$

式中 L——床长；

α——头部余量，常取10cm；

β——脚后余量，常取5cm；

h——平均身高。

为了使床能适应大部分人的身长需要，床的长度应以较高的人体作为标准进行设计。国家标准 GB/T 3328—2016 规定：单层床的床铺面长为1900~2220mm，双层床的床铺面长为1900~2020mm。从舒适度上考虑，目前床的长度为2000mm 或 2100mm 比较流行。

宾馆的公用床，一般脚部不设床架，便于特高人体的客人可以加接脚凳使用。

(3) 床的高度 床高指床面距地面的垂直高度。床铺以略高于使用者的膝盖为宜，使上、下感到方便。床高不大于 450mm，一般是 420mm。一般床的高度与椅高一致，使之具有坐、卧功能，同时也要考虑就寝、起床、宽衣、穿鞋等动作的需要。民用小卧室的床宜低一些，以减少室内的拥挤感，使居室开阔；医院的床宜高一点，以方便病人起床和卧下；宾馆的床也宜高一点，以便于服务员清扫和整理卧具。

双层床的层间净高必须保证下铺使用者在就寝和起床时有足够的动作空间，但又不能过高，过高了会造成上、下床的不便和上层空间的不足。因此，按国家标准 GB/T 3328—2016 规定：底床铺面离地面高度不大于450mm，不放床垫时，层间净高不小于 980mm，放置床垫时，层间净高不小于 1150mm。

(4) 床屏 床屏是床的视觉中心，是最具有视觉效果表现的部件。在人体工程学上，床屏要考虑到对人体的舒适支撑，涉及头部、颈部、肩部、背部、腰部等身体部位的舒适度和人体工程学的生理方面。床屏的第一支撑点为腰部，腰部到臀部的距离为 230~250mm。第二支撑点是背部，背部到臀部的距离为500~600mm，这是东方人的一般尺寸。第三支撑点是头部。在人体工程学上，当倾角达到 110°时，人体倚靠是最舒适的。于是设计床屏的高度为：420mm（床铺的一般高度）+(500~600mm)=920~1020mm。对于儿童房家具，使用者大部分的尺寸小于以上的成人尺寸，床屏的高度可以适度缩小，取800~1000mm。床屏的弧线倾角取 90°~120°，以符合人体工程学对背部舒适度的要求。儿童房家具要帮助青少年培养良好的生活习惯。躺在床上看书是严重影响青少年视力的一个负面因素，因而可以设计一个直板倾角为 90°的床屏。直板床屏可以防止青少年躺在床上看书，但也将妨碍正常的倚靠休息。因此，可设计一个布艺隐囊作为倚靠时的小靠垫，同时还可以防止好动少年睡觉时因易动而与直板床屏的碰撞。另外，直板床屏还可以减少弧形的加工工序。

2.2.3 凭倚类家具的功能尺寸设计

凭倚类家具主要是指起着辅助人体活动和承放物品作用的桌、几、案等家具。凭倚类家具的基本功能是适应人在坐、立状态下，进行各种操作活动时，获得舒适而方便的辅助条件，并兼作放置和贮存物品之用。这类家具又分为两类：一类为立姿时使用的凭倚类家具，

这类家具以人站立时的脚后跟作为尺寸的基准；另一类为坐姿时使用的凭倚类家具，这类家具的尺寸以人坐下时坐骨结节点作为尺寸的基准。

不论是坐着工作还是站立工作，都存在着一个最佳工作面高度的问题。这里需要强调，工作面高度不等于桌面高度，因为工作物件本身是有高度的，如打字机的键盘高度等。

工作面是指作业时手的活动面。工作面的高度是决定人工作时身体姿势的重要因素，不正确的工作面高度将影响人的姿势，引起身体的歪曲，以致腰酸背痛。工作面过高，人不得不抬肩作业，超过其松弛位置，可引起肩、胛、颈部等部位疼痛性肌肉痉挛。工作面太低，迫使人弯腰弯背，会引起腰痛。因此，工作面的高度对于工作效率及肩、颈、背和臂部的疲劳影响很大。

工作面高度的设计应遵从下列原则：应使臂部自然下垂，处于合适的放松状态，前臂一般应接近水平状态或略下斜，任何场合都不应使前臂上举过久，以避免疲劳，提高工作效率；不应使脊柱过度屈曲；若在同一工作面内完成不同性质的作业，则工作面应设计成高度可调节型；如果工作面高度可调节，则必须将高度调节至适合操作者身体尺寸及个人爱好的位置。

总之，工作面的高度主要由人体肘部高度来确定，对于特定的作业，其工作面高度取决于作业的性质、个人的爱好、座椅的高度、工作面的厚度、操作者大腿的厚度等。

1. 站立作业工作面高度的设计

工作面的高度取决于作业时手的活动面的高度。站立工作时，工作面的高度决定了人的作业姿势，一般情况下，前臂以接近水平状态或略下斜的作业面高度为佳。作业性质也可影响工作面高度的设计。图 2-27 所示为三种不同工作面的推荐高度，图中零位线为肘高。

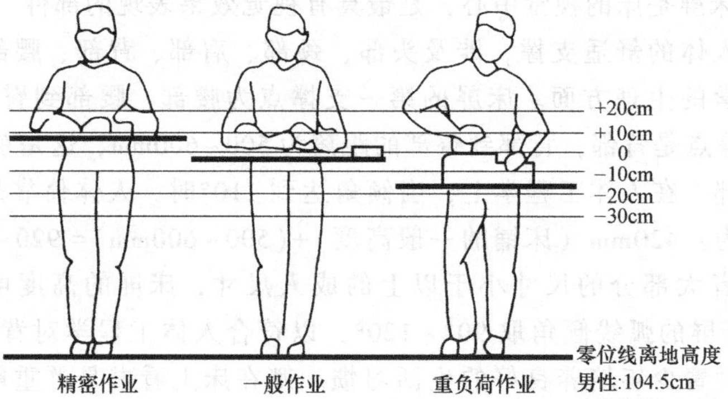

图 2-27　站姿工作面高度与作业性质的关系

对于不同的作业性质，设计者必须具体分析其特点，以确定最佳工作面高度。工作面高度应按身体较高的人设计，身体较矮的人可使用垫脚台。从适应性的角度而言，可调节高度的工作台是理想的人体工程学的设计。图 2-28 所示为在轻负荷作业条件下，工作面与身高的关系。

2. 坐姿作业时桌子的功能尺寸设计

对于一般的坐姿作业，作业面的高度仍在肘高（坐姿）以下 5~10cm 比较合适。

（1）桌子的高度　桌子的高度是最基本的尺寸之一，也是保证桌子使用舒适的首要条

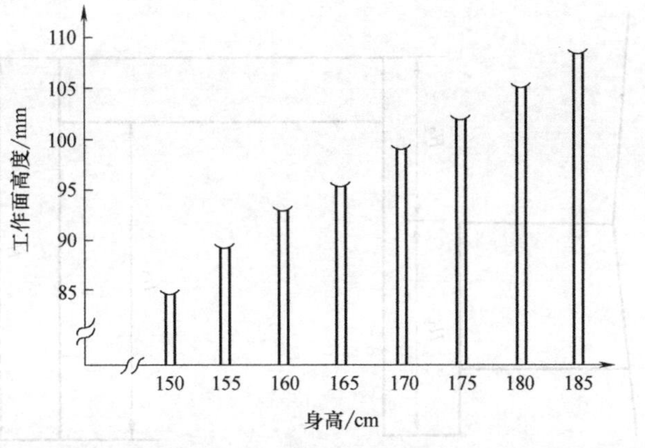

图 2-28 轻负荷作业条件下工作面与身高的关系

件。桌子过高或过低，都会使背部、肩部肌肉紧张而产生疲劳，对于正在成长发育的青少年来说，不合适的桌面高度还会影响他们的身体健康，如造成脊柱不正常弯曲和眼睛近视等。桌子高度应为身体坐正直立，两手撑平放于桌面上时，不必弯腰或弯曲肘关节。使用这一高度的桌子，可以减轻因长时间伏案工作而导致的腰酸背痛。桌子过低或过高都不舒服，桌子的适宜高度如图 2-29 所示。

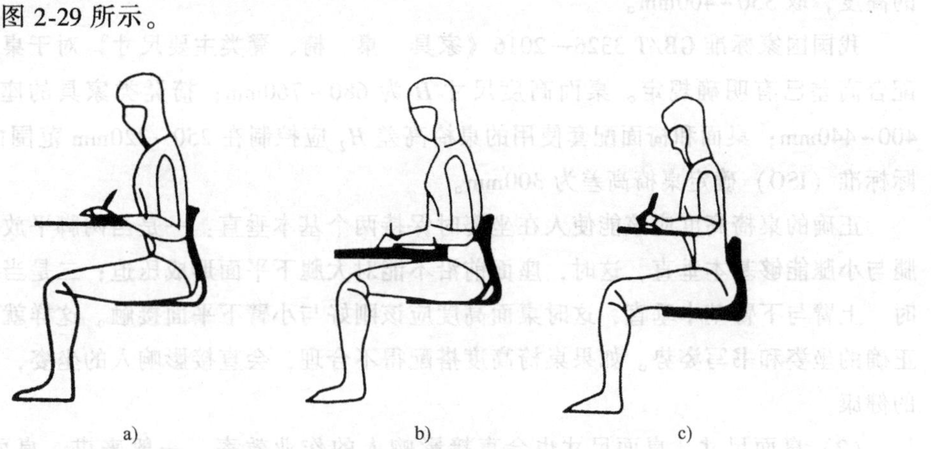

图 2-29 桌子的适宜高度

a) 适中 b) 过低 c) 过高

一般桌子的高度应该是与椅子座高保持一定的比例关系。在实际应用中桌子的高度通常是根据座高来确定的，即是将椅子座面高度尺寸，再加上桌与椅之间的高度差（也有人将坐时桌面与椅子的高度的垂直距离称为差尺）。图 2-30 所示为桌面高、座高和桌椅高差示意。

桌面高度计算公式为

$$H = H_1 + H_2$$

式中 H——桌面高度；

H_1——椅子座面高度；

H_2——桌椅高差（桌椅高差可以通过测量来加以确定，我国一般以 1/3 座高为桌椅高差标准）。

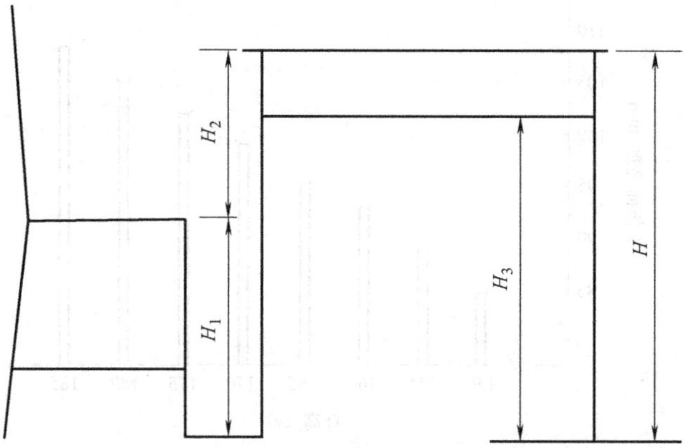

图 2-30 桌面高、座高和桌椅高差示意

H—桌面高度 H_1—椅子座面高度 H_2—桌椅高差 H_3—容腿空间的高度

一般写字台高 740~780mm；餐桌高 700~720mm；茶几也通常划为桌类家具，其高度应视沙发的高度而定，主要应考虑人坐在沙发上取拿物品方便，因此其高度可略低于沙发扶手的高度，取 350~400mm。

我国国家标准 GB/T 3326—2016《家具 桌、椅、凳类主要尺寸》对于桌面高、座高和配合高差已有明确规定。桌面高度尺寸 H 为 680~760mm；椅凳类家具的座面高度 H_1 为 400~440mm；桌面和椅面配套使用的桌椅高差 H_2 应控制在 250~320mm 范围内。1979 年国际标准（ISO）确定桌椅高差为 300mm。

正确的桌椅高度应该能使人在坐姿时保持两个基本垂直：一是当两脚平放在地面时，大腿与小腿能够基本垂直，这时，座面前沿不能对大腿下平面形成压迫；二是当两臂自然下垂时，上臂与下臂基本垂直，这时桌面高度应该刚好与小臂下平面接触。这样就可以使人保持正确的坐姿和书写姿势。如果桌椅高度搭配得不合理，会直接影响人的坐姿，不利于使用者的健康。

（2）桌面尺寸 桌面尺寸也会直接影响人的作业效率。一般来讲，桌面尺寸是以人在坐姿状态下上肢的水平活动范围为依据，如图 2-31 所示。桌面尺寸还要根据功能要求和所放置物品的多少来确定。尤其对于办公桌，太小不能保证足够的面积放置物品，不能保证有效的工作秩序，从而影响工作效率。但太大的桌面尺寸，超过了手所能达到的范围，则造成使用不便。较为适宜的尺寸是长 1200~1800mm，宽 600~750mm，餐桌宽度可达 800~1000mm。

对于两个人面对面使用或并排使用的桌子，则应考虑两个人的活动范围会不会相互产生影响，应将桌面加宽。对于办公桌，为了避免打扰，还可在两人之间设置半高的挡板，以遮挡视线。多人并排使用的桌子，应考虑每个人的动作幅度，而将桌面加长。

国家标准 GB/T 3326—2016 规定：

双柜桌宽 1200~2400mm，深 600~1200mm；

单柜桌宽 900~1500mm，深 500~750mm。

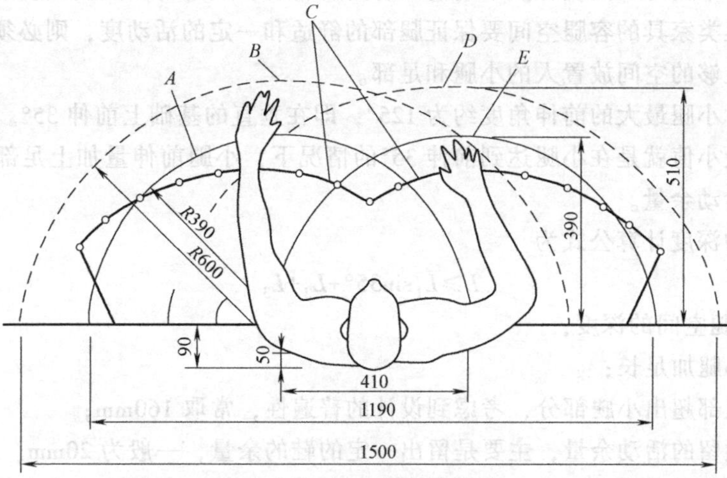

图 2-31　桌面宽深尺寸示意

A—左手通常作业域　*B*—左手最大作业域　*C*—双手联合通常作业域

D—右手最大作业域　*E*—右手通常作业域

餐桌及会议桌桌面尺寸以人均占周边长为准设计，一般人均占桌周边长 550～580mm，舒适长度为 600～750mm。

(3) 容腿空间　桌台类家具台面下方到支撑面有一块空间用于人坐姿时腿部和足部的摆放，称为容腿空间。桌台类家具的容腿空间一般仅指坐姿时使用的桌台类家具。坐姿使用的桌台的下部均应留出容腿空间，以保证办公人员的腿有足够的活动空间，使双腿可伸进桌下自由活动，因为，腿能适当移动或交叉对血液循环是有利的。如果桌下没有提供合适的空间，会导致下肢不自然的姿势，如图 2-32 所示。

图 2-32　桌下没有活动空间

坐姿时容腿空间的高度取决于与桌类家具配套使用的座椅的高度以及使用者的大腿厚度，因为要保证容腿空间能舒适地放下双腿，必须保证坐姿时大腿的最高点在此空间内有足够的区域放置，并留有一定的活动余量。活动余量一般为 20mm，即容腿空间的高度应大于小腿加足高、大腿厚度以及预留活动余量之和。

容腿空间的高度计算公式为

$$H_3 \geqslant H_4+H_5+H_6$$

式中　H_3——容腿空间的高度；

H_4——坐姿时小腿加足高；

H_5——大腿厚度；

H_6——预留的活动余量。

如果容腿空间不合理，会直接影响人的坐姿，不利于使用者的健康。为此，国家标准 GB/T 3326—2016 还规定了写字桌台面下的容腿空间高不小于 580mm。

人在坐姿时小腿可以围绕膝关节向前或者向后转动，足也可以围绕足腕关节转动以保持舒适的姿态。桌类家具的容腿空间要保证腿部的舒适和一定的活动度，则必须保证小腿最大前伸时仍然有足够的空间放置人的小腿和足部。

人在坐姿时小腿最大的前伸角度约为125°，即在垂直的基础上前伸35°。桌台类家具容腿空间的深度最小值就是在小腿达到前伸35°的情况下，小腿前伸量加上足部超出小腿部分再加上预留的活动余量。

容腿空间的深度计算公式为

$$L \geqslant L_1 \sin 35° + L_2 + L_3$$

式中　L——容腿空间的深度；

L_1——小腿加足长；

L_2——足部超出小腿部分，考虑到设计的普遍性，常取160mm；

L_3——预留的活动余量，主要是留出一定的鞋的余量，一般为20mm。

容腿空间宽度的设计不同于高度和深度，不仅要保证腿部空间在人稳定地坐在座椅上时感到舒适，而且还要预留人在坐姿和立姿之间转换时需要的空间。一般容腿空间的宽度不应小于520mm，这是为了保证人在使用时两腿能有足够的活动空间。

桌面下如设置抽屉，则抽屉的底部不应触及膝部，应有一定的空隙，应保证椅面距抽屉底面至少178mm。抽屉应在办公人员两边，而不应在桌子中间，以免影响腿的活动。

2.2.4 收纳类家具的功能尺寸设计

收纳类家具是收藏、整理日常生活中的器物、衣物、消费品、书籍等的家具。根据存放物品的不同，可分为柜类和架类两种不同贮存方式。柜类贮存方式主要有大衣柜、小衣柜、壁柜、被褥柜、书柜、床头柜、陈列柜、酒柜等；而架类贮存方式主要有书架、食品架、陈列架、衣帽架等。

收纳类家具的功能设计必须考虑人与物两方面的关系：一方面要求贮存空间划分合理，方便人们存取，有利于减少人体疲劳；另一方面又要求家具贮存方式合理，贮存数量充分，满足存放条件。

人收藏、整理物品的最佳幅度或极限，一般以站立时手臂上下、左右活动能达到的范围为准。物品的收藏范围可根据繁简、使用频率以及功能来考虑。直观地说，常用的物品放在人容易取拿的范围内，力求做到收藏有序，有条不紊，要充分利用收藏空间，并应了解收藏物品的基本尺寸，以便合理地安排收藏。

一般来讲，收纳类家具的高度可分上、中、下三段（图2-33）。

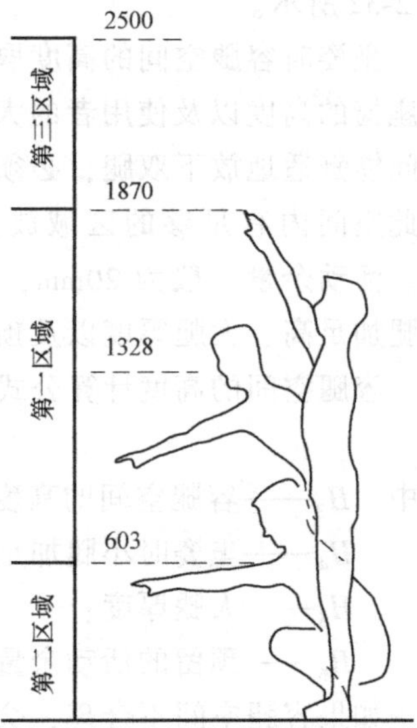

图2-33　收纳空间尺寸划分

第一区域：以肩为轴，上肢半径活动的范围，高度在603~1870mm。该区域是存取物品最方便、使用频率最多的区域，也是人的视线易看到的视域。

第二区域：从地面至人站立时手臂下垂指尖的垂直距离，即603mm以下的区域。该区域存储不便，需蹲下操作，一般存放较重而不常用的物品。

第三区域：若需扩大贮存空间，节约占地面积，可设置此区域，即 1870mm 以上的区域。该区域一般可存放较轻的过季性物品。

1. 衣柜功能尺寸设计

国家标准 GB/T 3327—2016《家具 柜类主要尺寸》对衣柜类的某些尺寸进行了规定，见表 2-8。图 2-34 所示为衣柜空间尺寸。

表 2-8 衣柜的尺寸规定

限制内容	尺寸范围
挂衣空间宽 B_1	≥530mm
挂衣棍上沿至顶板内表面的距离 H_1	≥40mm
挂衣棍上沿至底板内表面的距离 H_2	≥900mm（挂短衣） ≥1400mm（挂长衣）
柜体空间深 T_1	挂衣空间深≥530mm 折叠衣物放置空间深≥450mm
顶层抽屉上沿离地高度	≤1250mm
底层抽屉下沿离地高度	≥50mm

在家具设计中确定家具的外围尺寸时，主要以人体的基本尺寸为依据，同时还应照顾到不同性别及不同高矮的要求。贮存各种物品的家具，如衣柜、书柜、橱柜等，其外围尺寸的确定主要是根据存放物品的尺寸和人体平均高度及活动的尺寸范围而定。衣柜的高度是按照服装长度的上限 1400mm，加挂衣棍距顶的距离、衣架高尺寸和应留空间，再加底座高，一般确定为 1800~2000mm，同时这个尺寸在人们操作中也是比较适宜的。一般不宜超过 2200mm。

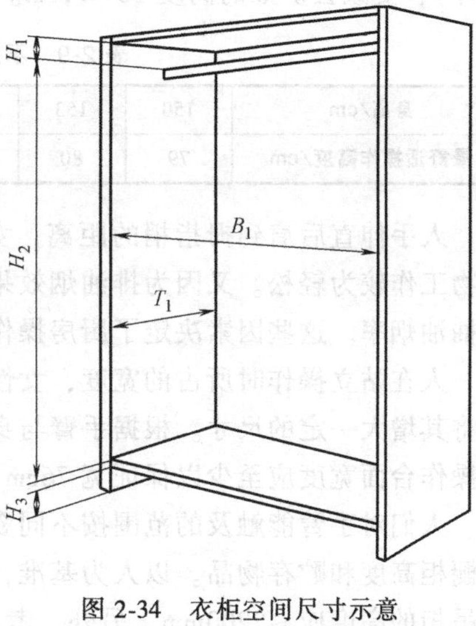

图 2-34 衣柜空间尺寸示意

在设计衣柜时一定要注意衣柜的功能尺寸要合理，柜体的深度要考虑存放物品的尺寸和取放物品的伸够距离。衣柜的深度主要考虑人的肩宽因素，柜体的深度按人体平均肩宽再加上适当的空间而定，但深度最好不超过上臂的长度，国家标准 GB/T 3327—2016 规定为衣柜的深度大于 530mm。衣柜的深度如果太浅，则只有斜挂才能关上柜门。

衣柜类的高度方面，国家标准 GB/T 3327—2016 规定，挂衣棍上沿至柜顶板内表面的距离应大于 40mm，但不能太大，否则会浪费空间；小了，则放不进挂衣架。大衣柜挂衣棍的高度要求与人站立时上肢能方便到达的高度为准。衣柜空间中挂大衣的空间高度不得小于 1400mm；挂短衣的空间高度不得小于 900mm。底层屉面下沿离地面高（H_3）不小于 50mm。

用人体工程学可指导衣物的收存，首先应根据不同衣物合理划分存放区域和存放方式。

在衣柜内最方便存取的地方存放最常用的衣物，衣柜上层或底部存放换季衣物。大衣、风衣和西装等上衣要挂放，衬衫、内衣等可以叠放，下班后更换的工装要有临时挂衣架，或在门厅的柜内存放，以便第二天使用。对要洗的衣物也要设置专用的衣筐，不要胡乱堆放。为了存放日益增多的衣物，可以在室内装修时设置专用的大型封闭的存衣室，内设搁板和落地式的可移动挂衣架，以便大量合理地存放全家人的衣物。

2. 橱柜功能尺寸设计

在橱柜设计中也越来越注重运用人体工程学的原理，使餐具存取自如。厨房上方做一排长长的吊柜，地面靠墙处造一组底柜，中间配置组合式餐边柜，所有管道均被巧妙地暗藏、附设于吊顶及底柜内部。随着人们生活水平的不断提高，厨房用具也越来越多，如冰箱、煤气灶、消毒柜、微波炉、烤箱等，因此在橱柜的尺寸设计中还必须充分考虑各种用具的尺寸。

对于橱柜的高度、宽度和深度的确定，应依据通过实测、统计、分析等得到的人体舒适数据进行，譬如操作台高度的确定，事实上，人在切菜、备餐时如果一直弯腰，极易疲劳，但如果架着胳膊去工作，也不舒服。研究表明，人在切菜时，上臂和前臂应呈一定夹角，这样可以最大限度地调动身体力量，双手也可相互配合地工作。

表 2-9 所示为不同身高的人与最舒适操作高度的关系。由表可知，身高相差 5cm，最舒适操作高度一般相差 2.5cm 左右，在确定放置炉灶的工作台高度时（内藏炉灶的工作台案除外），要减去炉灶的高度 10~11cm。

表 2-9　不同身高的人与最舒适操作高度

身高/cm	150	153	155	158	160	163	165	168	170
最舒适操作高度/cm	79	80	81.5	83	84	85.7	86.5	88	89

人手伸直后肩到拇指梢的距离，女性为 65cm，男性为 74cm，在距身体 53cm 的范围内取物工作较为轻松。又因为排油烟效果较好的深罩式机壳的纵深已达 53cm，台面过窄会影响抽油烟率。这些因素决定了厨房操作台面的深度一般在 60cm 左右。

人在站立操作时所占的宽度，女性为 65cm，男性为 70cm，但从人的心理需要来说，必须将其增大一定的尺寸。根据手臂与身体左右夹角呈 15°时工作较轻松的原则，厨房主要案台操作台面宽度应至少以保证宽 76cm 为宜（图 2-35）。

人们对手臂能触及的范围按不同姿势分成 5 个层次（图 2-36），可以按照这 5 个层次设计橱柜高度和贮存物品。以人为基准，向上伸直手臂，女性的指梢高度为 2200mm，这决定了吊柜的高度应≤2200mm。另外，考虑到老年人的身体需要，老龄化家庭的厨房吊柜高度不宜超过 1800mm。女性肩高约为 1280mm，也决定了在距地面 1300~1500mm 的贮存区间，手平举或稍举于肩上可方便任意取物。一般来讲，厚度为 330mm 时，吊柜安装高度不要低于 1300mm；厚度与操作台一致时，以不低于 1800mm 为宜，而最高的搁板不得超过 1800mm，否则无法站在地面上取物。

吊柜安装在底柜的上方以免碰头。如单独安装吊柜，则柜底距地面高度不能低于人的身高。

厨房家具主要尺寸如下：

底柜高度：800~910mm；

底柜深度：≥450mm，常用深度为 600~660mm；

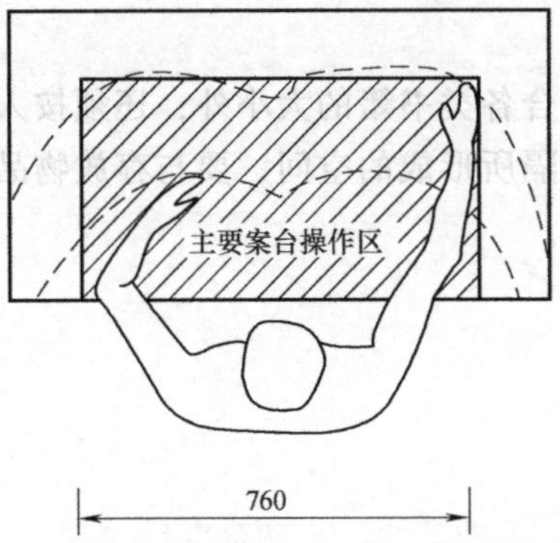

图 2-35 操作台面的适宜深度及宽度

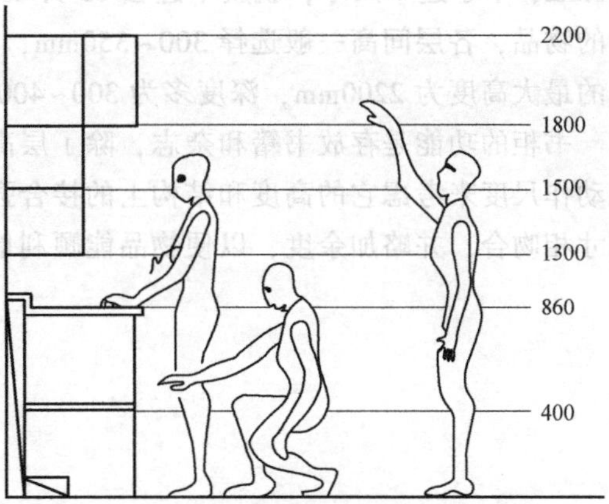

图 2-36 厨房中橱柜的适宜高度

操作台底座高度：≥100mm；

吊柜深度：≤400mm，推荐尺寸为 300~350mm，吊柜的门不应超出操作台前沿，以消除碰头的危险；

地面至吊柜底面间净空距离：1500mm；

抽油烟机与灶的距离：0.6~0.8m。

一般的厨房工作流程会在洗涤后进行加工，然后烹饪，因此最好将水池或灶台设计在同一流程线上，并且二者之间的功能区域用一块直通的台面连接起来作为操作台，这样操作者在烹饪中能避免不必要的转身，也不用走很多冤枉路。水池或灶台之间需要保持 760mm 的距离，1000mm 更好。操作台是厨房的中心点：鱼、肉、蔬菜等都在这里准备好。所需的炊具和调料要放在随手可及的地方。合理安排灶具、水池和配菜台三者之间的相互位置，保证三者之间的距离为最短，以减少人在厨房工作时的劳动强度。

人在双肘弯曲操作时两肘之间的宽度在 55cm 左右，水池或灶台至墙面至少要保留 4cm 的侧面距离，只有这样才能有足够的空间让操作者自如地工作。这段自由空间可以用台面连接起来，成为便利有用的工作平台。

3. 书柜功能尺寸设计

国家标准 GB/T 3327—2016《家具　柜类主要尺寸》对书柜家具的某些尺寸进行了规定，见表 2-10。

表 2-10 书柜家具的尺寸规定

宽	600~900mm
深	300~400mm
高	1200~2200mm
层高	≥250mm

书柜的搁板间距按多数书籍的高度进行分层，层间高通常按书本上限再留 20~30mm 的空隙，以便取书和有利于通风。目前发行的图书尺寸规格一般为 16 开本或 32 开本，因此书柜的层间高通常分为 2 种，即 230mm 和 310mm。国家标准规定调板的层间高度不应小于

230mm，小于这个尺寸，就放不进去32开本的普通书籍。考虑到摆放杂志、影集等规格较大的物品，各层间高一般选择300~350mm，这样能兼顾到不同书籍的存放，较为合理。书柜的最大高度为2200mm，深度多为300~400mm。

书柜的功能是存放书籍和杂志，除了层高和深度应符合各类书籍的大小外，还须按人体的动作尺度来考虑它的高度和结构上的接合强度。柜内分隔所形成的空间，要与存放物品的尺寸相吻合，并略加余度，以便物品能顺利地放进和取出。

第 3 章

木家具结构技术

3.1 木家具结构技术概述

完整的家具设计包括造型及结构设计。要实现家具的工业化生产、降低生产成本，就必须进行合理的、详细的结构设计，同时结构设计也是满足家具造型及使用要求、提升家具品质、提高经济效益的重要保证。

3.1.1 木家具的基本结构形式

木家具主要有框式结构和板式结构两种。目前市场上的木家具，虽然有采用纯板式结构或纯框式结构的，但更多的则是将两种结构形式结合起来。

(1) 框式结构　这种结构以榫接合为主要特征，方材通过榫接合构成框架支撑全部荷重，围合板件附设于框架之上用于分隔和封闭空间。

(2) 板式结构　这种结构以各种人造板为基材，经过机械加工而构成板式部件，再以专门的连接件将板式部件接合装配，板件既是承重构件又起分隔及封闭空间的作用。

3.1.2 家具结构设计的内容和要求

在规范的家具设计中，当家具的造型确定后，就应进行结构设计。家具结构设计的内容主要有：确定家具零部件的材料、尺寸及各零部件间的接合方式，确定零件加工工艺及装配方法，并以相关图样（包括结构装配图、零件图、大样图等）表达出来。

结构设计的要求主要有：合理利用材料，保证使用强度，加工工艺合理，充分表现造型需要等。

(1) 合理利用材料　木家具的零件可用不同的材料制造（实木材、人造板材等），不同的材料其物理、力学性能和加工性能会有较大的差异；同样，任何一种材料的性能都不可能完美，某一方面性能很好，另一方面的性能可能就较差。家具结构设计就是要在充分了解材料性能的基础上合理使用材料，使其能最大限度地发挥材料的优良性能，而避开其性能较差的一面。另外，不同材料的零件，其接合方式也表现出各自的特征，实木家具的零件一般为榫卯接合，其框架都由线型构件构成，这是由于木材的干缩湿胀特性使得实木板状构件难以驾驭的缘故，而木材的组织构造和黏弹性能给榫卯接合方式提供了条件。人造板虽然克服了木材各向异性的缺陷，但由于制造过程中木材的自然结构被破坏，许多力学性能指标大为降低（抗弯强度最为明显），因而无法使用榫卯结构，但人造板幅面大、尺寸稳定的优点为木家具工业化生产开辟了新的途径，而圆形接口则是目前板式零件接合的最佳选择。根据家具材料选择、确定接合方式，是结构设计的重要内容，对木家具而言，实木家具应以榫卯接合为主，板式家具则以圆形接口连接件接合为主。

(2) 保证使用强度　家具结构设计的要求之一就是要保证产品在使用过程中牢固稳定。各种类型的产品在使用过程中都会受到外力的作用，如果产品不能克服外力的干扰保证其强度和稳定性，就会丧失其基本功能。家具结构设计的主要任务就是要根据产品的受力特征，运用力学原理，合理设计产品的支撑结构及零部件尺寸，保证产品的正常使用。

(3) 加工工艺合理　不同材料及尺寸的零部件、不同的接合方式，其加工设备和加工方法也不同，而且直接决定了产品的质量和成本。因此，在进行产品的结构设计时，应根据产品的风格、档次和企业的生产条件合理确定接合方式，合理选择加工工艺及加工设备。

(4) 充分表现造型需要　家具不仅是一种简单的功能性物质产品，而且是一种广为普及的大众艺术品。家具的装饰性不只是由产品的外部形态表现，也与内部结构相关，因为许多家具产品的形态（风格）是由产品的结构和接合方式所赋予的，如榫卯接合的框式家具充分体现了线的装饰艺术，五金连接件接合的板式家具，则在面、体之间变化。另外，各种接合方式（榫、连接件等）本身就是一种装饰。藏式接口（暗铰链、偏心件等）外表不可见，使产品更加简洁；接口外露（合页、明榫等），不仅具有相应的功能，而且可以起到点缀的作用，尤其是明榫能使产品具有自然天成的乡村田野风格。结构设计则要在外部形态一定的状况下，合理利用材料质感和接合方式，充分体现造型风格。

3.1.3　木家具的常见接合方式

家具零部件之间的连接称为接合，所选用的接合方式是否恰当，对家具的连接强度、稳定性及装饰效果有直接影响。木家具常见的接合方式有榫接合、胶接合、钉及木螺钉接合和连接件接合等。

1. 榫接合

榫接合是木家具传统而古老的接合方式。它是通过榫头压入榫孔（或榫槽）接合而成的，其形状和接合方式有多种形式。

2. 胶接合

胶接合是指用胶粘剂通过对零部件的接合面涂胶加压，待胶固化后形成不可拆固定接合的方式。家具加工中常见的短料接长、窄料拼宽、表面装饰材料的贴面等，都采用胶接合。胶接合还广泛用于其他接合方式的辅助接合，如钉接合、榫接合常需施胶加固。这种接合方式施工方便，对操作人员技术素质要求不高，劳动强度低，现已广泛用于家具生产和装饰施工过程。

不同场所、不同材料使用的胶粘剂也不尽相同，家具加工中常用的胶粘剂有乳白胶、即时得胶、脲醛树脂胶及酚醛树脂胶等。

3. 钉及木螺钉接合

钉及木螺钉是一种使用方便的接合方式，一般用于连接非承重结构和受力不大的承重结构。

(1) 钉接合　钉接合在我国传统手工生产的木家具中应用较广，通常有圆钉、气钉两种。由于圆钉接合时容易破坏木材纤维，强度较低，故一般用于木家具的内部接合和要求不高且不影响美观的部位，有时也与胶粘剂配合使用。在各种接合方式中，圆钉接合最为简便，常用于牢固度要求不高且又不影响美观的场合，对于高档家具应该少用或不用圆钉。

气钉需采用气动设备将其钉入。气动设备包括气泵、管道及专用气钉枪等。由于使用方便、生产效率高且钉头很小，所以在板式家具、沙发等制造安装中应用较广。气钉钉接时密度要高，气泵压力一般为1.5~2.5MPa，不同形式的气钉应用不同类型的气钉枪。

（2）木螺钉接合　木螺钉是金属制带螺纹的简单连接件，其接合强度高于普通圆钉，它有一字平（沉）头螺钉、一字半圆头螺钉、十字平（沉）头螺钉和十字半圆头螺钉等多种类型。一般可用一字螺钉旋具或十字螺钉旋具将其旋入工件内形成接合；十字头螺钉还可用电动螺钉旋具或气动螺钉旋具旋入。由于木材本身的纤维结构，用木螺钉接合时不能多次拆装，否则会破坏木材组织，影响制品强度。木螺钉接合常用于拉手、锁、铰链、抽屉导轨、角码等各类配件的安装，也可直接用于木家具中桌面板、椅座板、柜背板、脚架等的固接。

4. 连接件接合

这种接合方式是采用专门的连接件将零部件间连接起来。连接件品种很多，有紧固连接件、活动连接件等多种，绝大多数连接件接合的家具可多次拆装。进行结构设计时，应根据家具的类型、用途、设备能力选择合适的连接件，以保证家具的安装精度及牢固度。连接件接合是木家具结构的发展趋势，它可做到部件化生产，这样有利于实现机械化和自动化，也便于包装、贮存和运输。

3.2 框式家具结构技术

框式结构是中国传统家具的典型结构类型，它有如下特征：

1）零部件接合大都为榫接合，辅以胶、钉等其他接合方式。

2）框架是主要承重和受力部件，形成框架的零件及其他受力零件一般采用实木制造。

3）结构牢固可靠，形式固定，大都不可拆装。

4）生产工艺复杂，难以实现零件先装饰再装配的生产工艺，也不便于实现自动化生产。

3.2.1 榫接合结构技术

榫接合作为中国传统家具的接合方式在现代家具制造中仍具有相当的应用。榫接合的基本形式如图3-1所示，即一零件的榫头插入另一零件的榫孔（或榫槽）中形成接合，一般榫头与榫孔之间大都采用基孔制配合。

1. 榫接合的分类及应用

榫接合根据其形状和接合方式不同有多种形式。

榫接合是由榫头与榫孔（或榫槽）之间形成连接的，其中榫头是最为重要的受力及连接部位。根据榫头形状不同（图3-2），榫接合有直角榫接合、燕尾榫接合、圆棒榫接合、梳齿榫接合四种形式。根据榫头与零件之间是否分离的关系，有整体榫和插入榫之分。一般直角榫、燕尾榫及梳齿榫又称为整体榫，其榫头是由木质零件端部直接加工而成；圆棒榫则

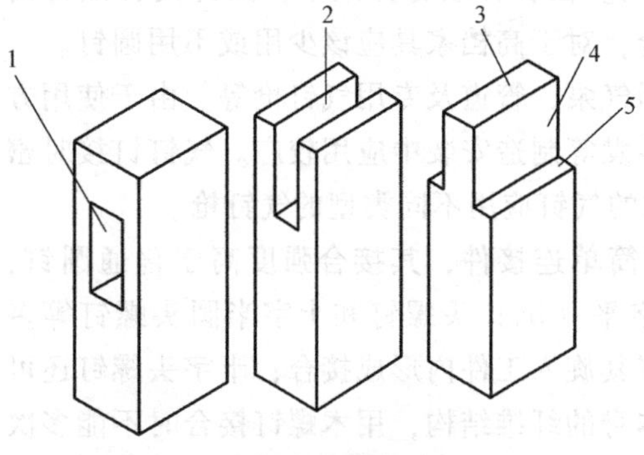

图 3-1 榫接合的基本形式

1—榫孔 2—榫槽 3—榫端 4—榫颊 5—榫肩

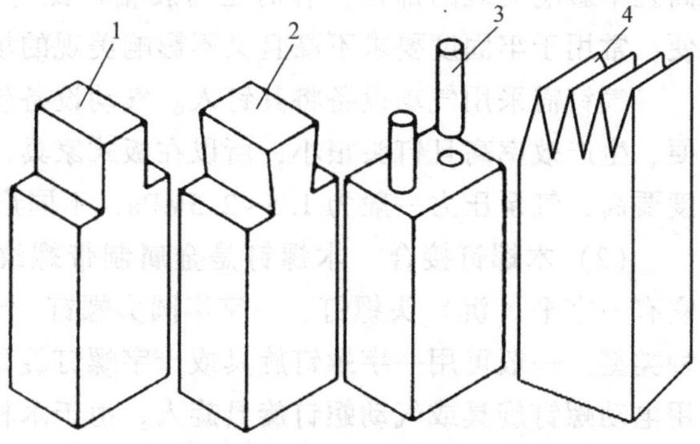

图 3-2 榫头的形状

1—直角榫 2—燕尾榫 3—圆棒榫 4—梳齿榫

大都为插入榫，其榫头与零件分别加工，插入后形成接合。

（1）直角榫接合 凡是榫肩面与榫颊面互相垂直或基本垂直的都属于直角榫。其接合牢固可靠，加工难度相对较低，是应用最广的榫接合形式，木家具结构中的各种框架接合大都采用直角榫。

（2）燕尾榫接合 其榫头呈梯形或半圆锥形，端部大而根部小，接合牢固紧密，但加工及装配难度较大。可用于实木家具中箱框类零件的角接合（如柜体角接合、抽屉角接合等），在高档仿古家具及一些民间家具中也有相当的应用。

（3）圆棒榫接合 圆棒榫是一类插入榫，其形状为圆柱形。它具有简化加工工艺、易于加工和装配、节约材料、适合大批量生产等优点，但接合强度及稳定性相对较差。在框式结构中圆棒可用于框架的连接接合，而在板式结构中常用于板件间的固定接合和定位。

（4）梳齿榫接合 梳齿榫又叫指形榫，其形状类似于梳齿（或指形）。主要用于短料接长，如方材及板件接长、曲线零件的拼接等。

不同零件接合其榫头数量也可不同，增加榫头数量就会增加接合面积，从而提高连接强度。根据榫头数量不同榫接合有单榫接合、双榫接合、多榫接合几种形式，如图 3-3 所示。单榫及双榫常用于方材接合成框架，多榫则常用于板件间接合。

根据榫头与榫孔（或榫槽）的接合状态以及榫头的异常形状，榫接合还有多种形式，如开口榫、半开口榫与闭口榫（图 3-4）；明榫与暗榫（图 3-5）；直角榫中的斜榫、斜肩榫、单肩榫、错肩榫等（图 3-6）。

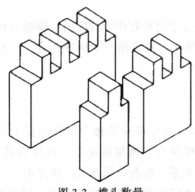

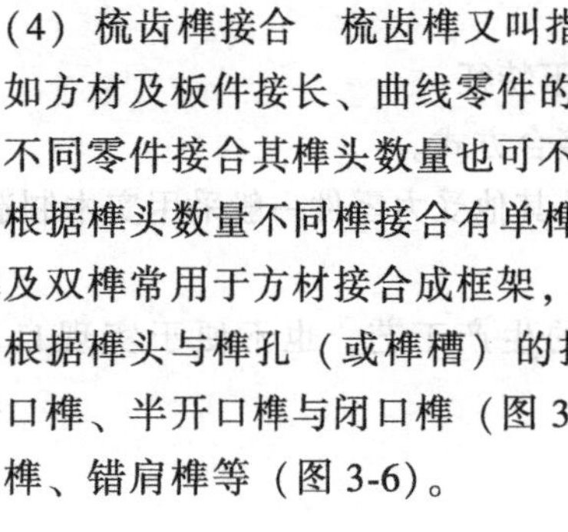

图 3-3 榫头数量

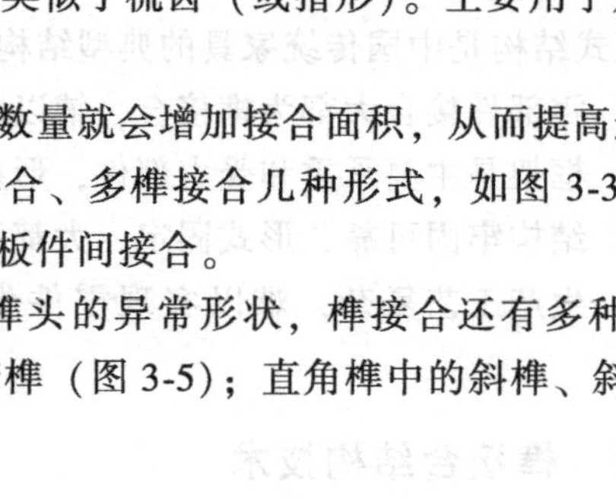

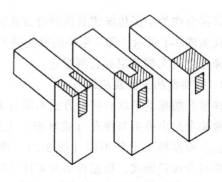

图 3-4 开口榫、半开口榫、闭口榫

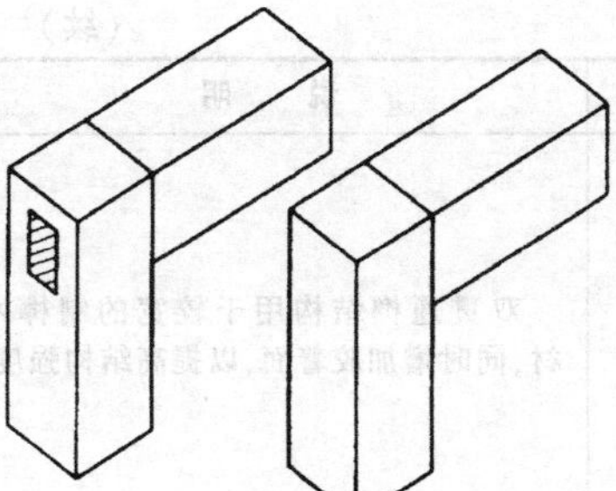

图 3-5　明榫与暗榫

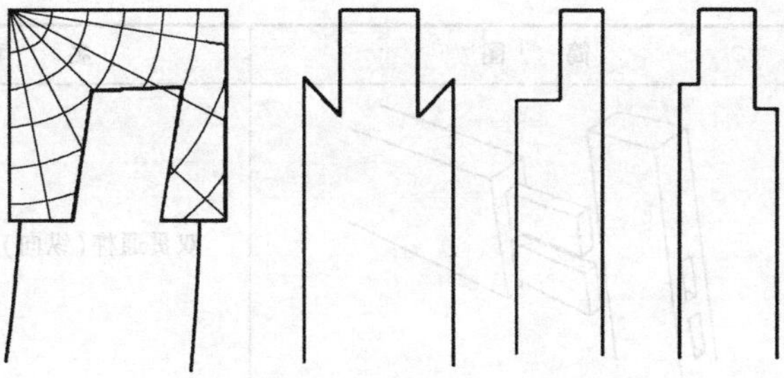

图 3-6　斜榫、斜肩榫、单肩榫、错肩榫

榫结构的形式很多，下面以应用实例加以介绍，见表 3-1～表 3-3。

表 3-1　贯通榫

简　　图	名　　称	说　　明
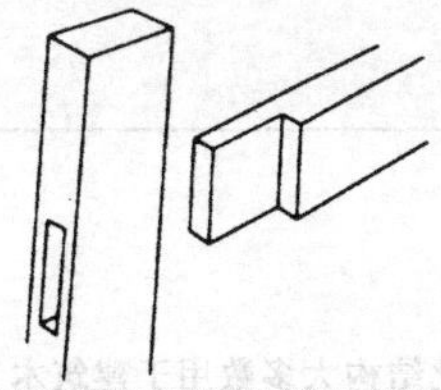	单肩贯通榫	此结构一般在制榫方材较薄时使用
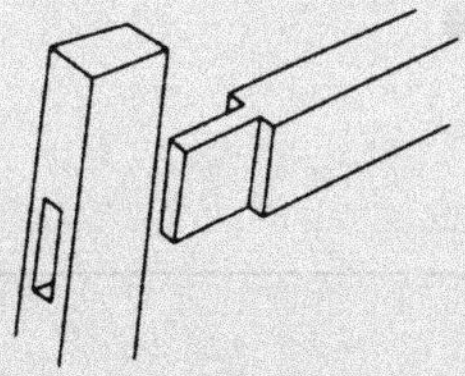	双肩贯通榫	此结构是木家具支架结构中最常用的一种
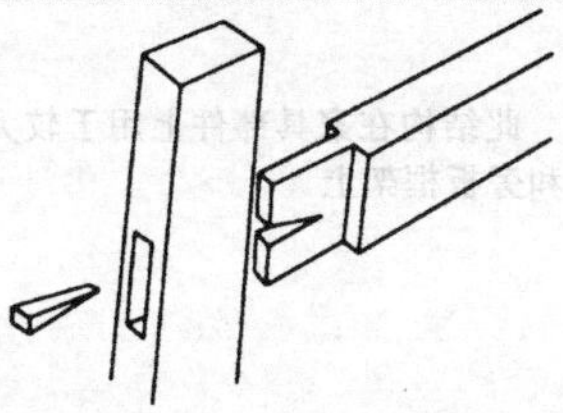	楔钉双肩贯通榫	此结构是双肩贯通榫的加强，常用在椅、凳类家具的支架结构上
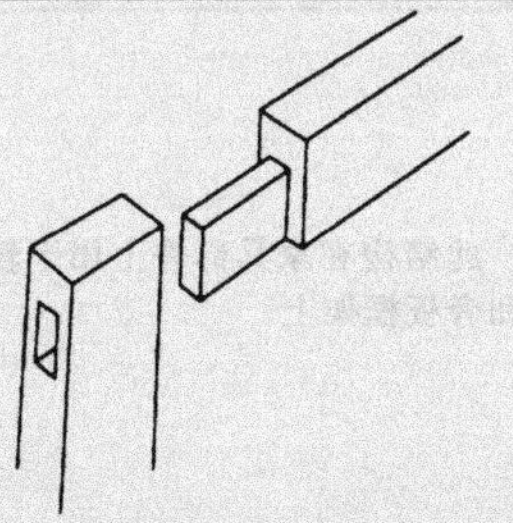	闭口贯通榫	此结构大多用于框架部件上下冒头的榫接合
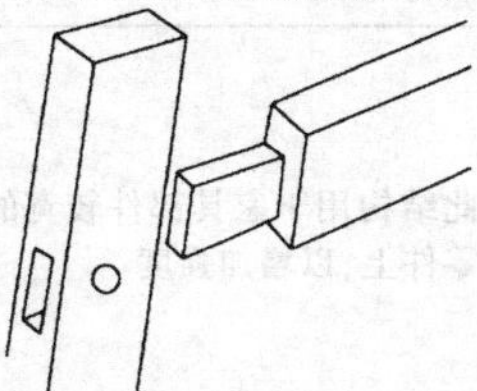	四肩贯通榫	此结构用于框架中的横撑

（续）

简　　图	名　　称	说　　明
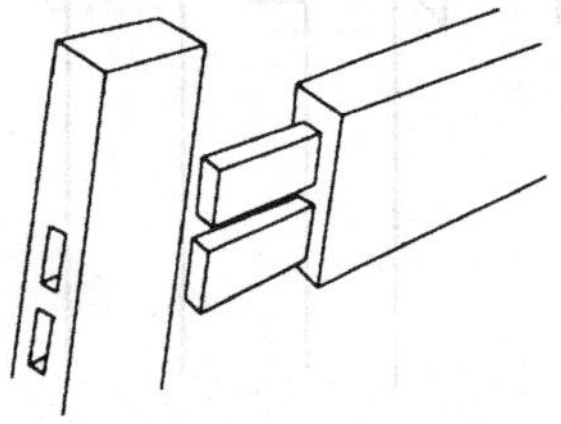	双贯通榫(纵向)	双贯通榫结构用于较宽的制榫木材,同时增加胶着面,以提高结构强度
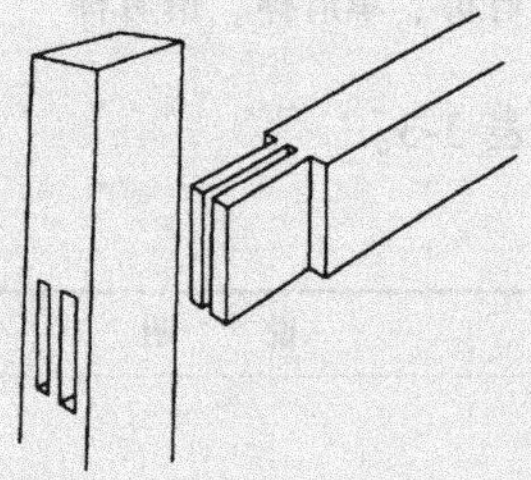	双贯通榫(横向)	此结构用于较厚的制榫木材,如建筑上的门框
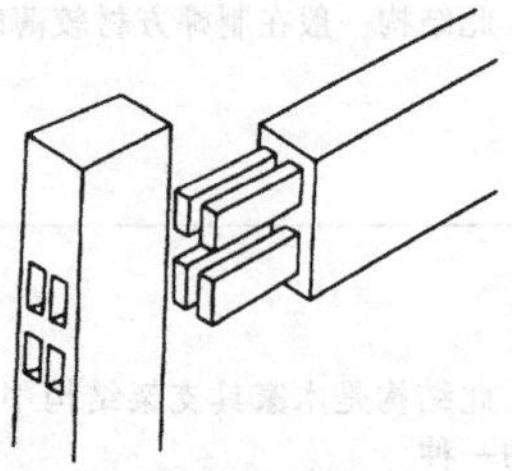	四贯通榫	此结构大多数用于建筑木工及室内装修
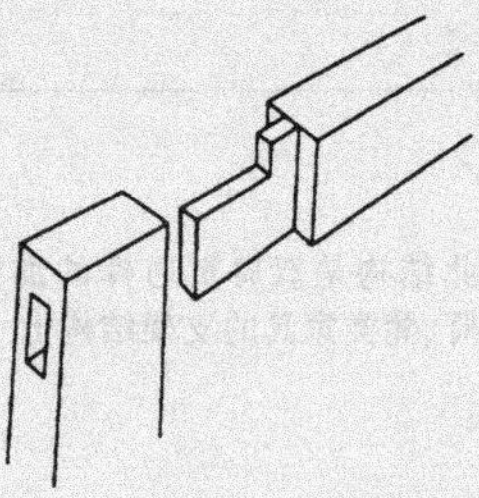	半闭口贯通榫	此结构在家具部件上用于较大的门和旁板框架上
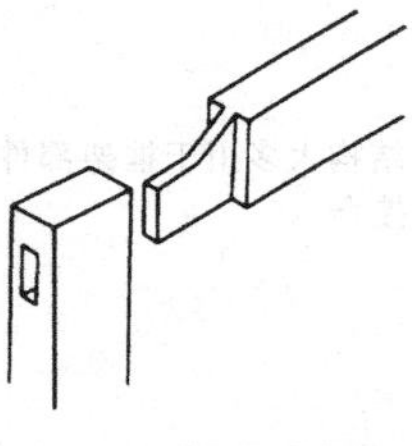	斜角半闭口贯通榫	此结构在家具部件上用于较大的门和旁板框架上
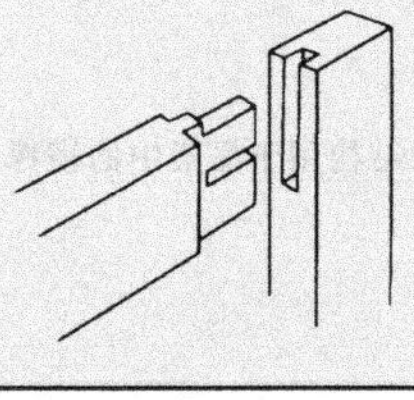	半闭口双贯通榫	此结构用于家具部件较宽的框架冒头零件上,以增加强度

表 3-2　不贯通榫

简　图	名　称	说　明
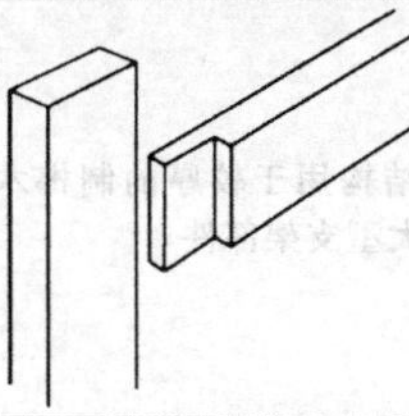	单肩不贯通榫	此结构一般是在制榫方材较薄时使用
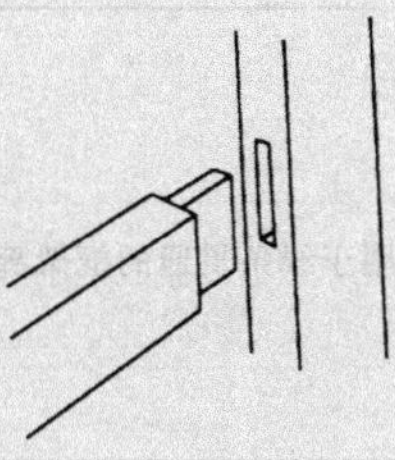	双肩不贯通榫	此结构是木家具框架、支架结构中最常用的一种
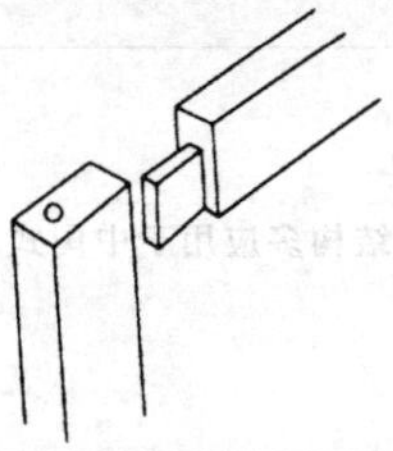	闭口不贯通榫	此结构大多用于框架部件上下冒头的榫接合
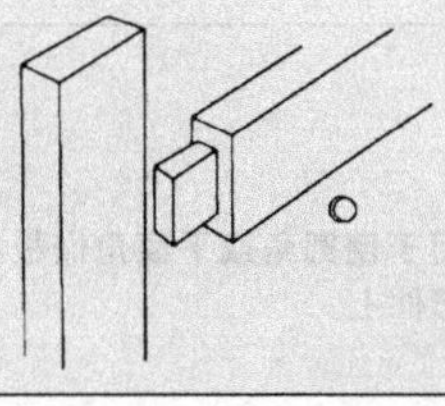	四肩不贯通榫	同于框架结构中的横撑
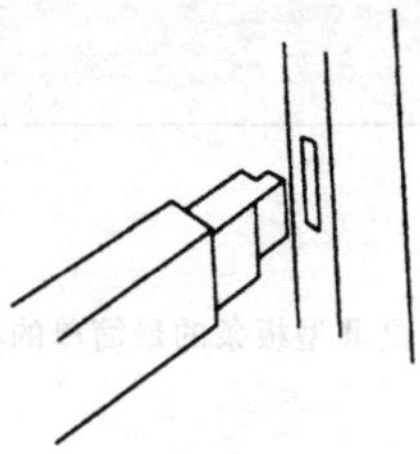	暗楔双肩不贯通榫	此结构只能一次性装配，接合强度高，但配合要准确，否则装配困难
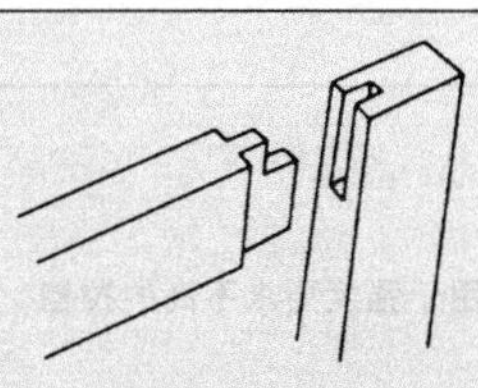	半闭口不贯通榫	此结构用于较大的框架部件上
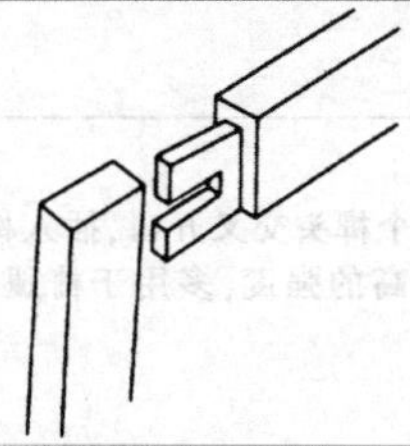	不贯通双榫（纵向）	此结构用于较宽的制榫木材，常用在大衣柜门框下的冒头上

（续）

简　图	名　称	说　明
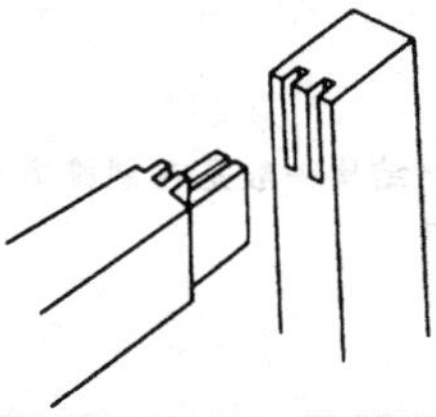	不贯通双榫（横向）	此结构用于较厚的制榫木材，如家具的大型支架部件
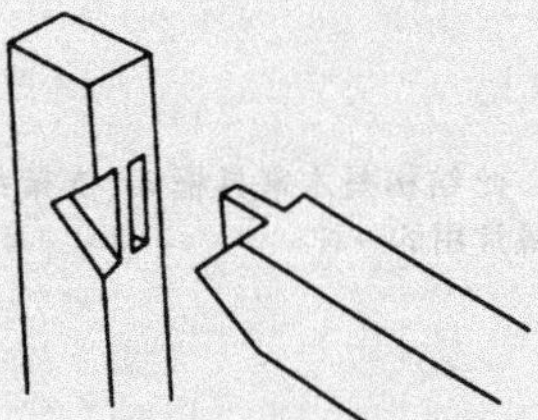	三角插肩不贯通榫	适用于线条贯通的框架部件上
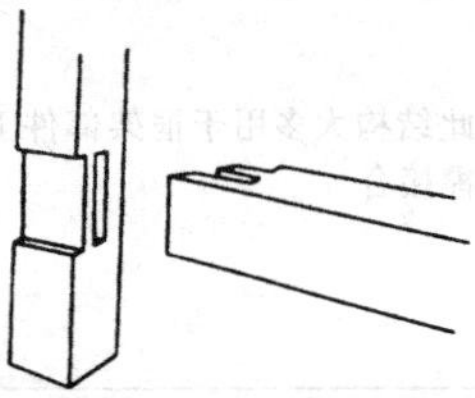	包肩夹角不贯通榫	此结构多应用于中国式、日本式家具中
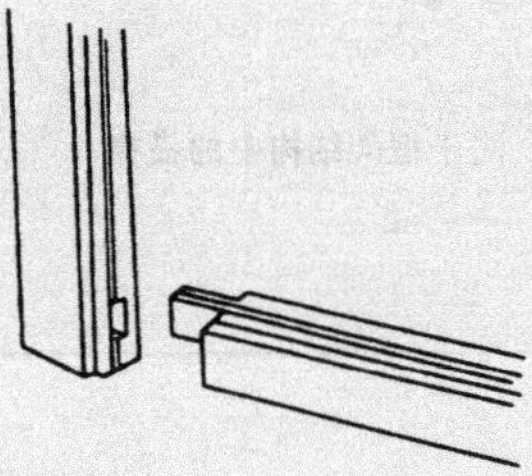	包肩榫	用于倒圆角或平面角嵌板结构的框架部件上
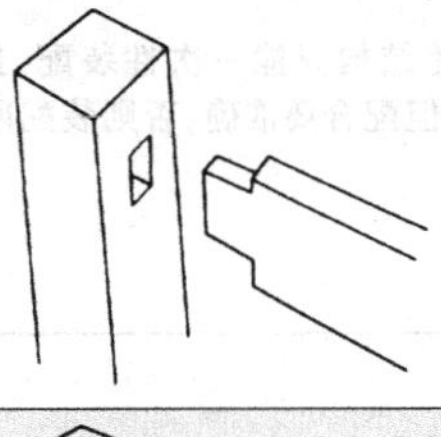	双肩板榫	这是薄型板条的最简单的榫接合
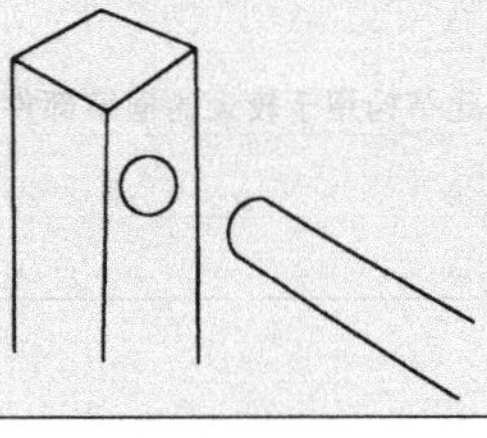	圆棒暗榫	用于强度要求不高的拉档
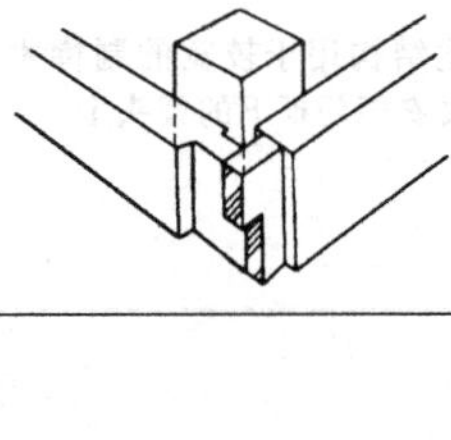	双交叉串榫	两个榫头交叉开口，插入榫孔，能保持较高的强度，多用于椅腿等部件的结构

（续）

简　　图	名　　称	说　　明
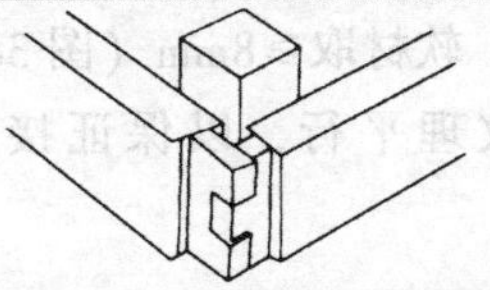	三交叉串榫	两个榫头交叉开口，插入榫孔，能保持较高的强度，多用于椅腿等部件的结构
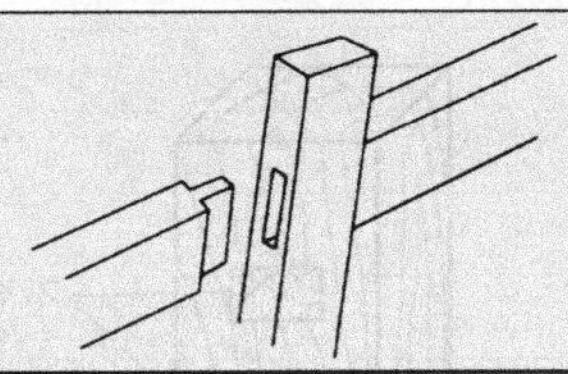	十字双面插榫	适用于多量竖向连接的结构

表 3-3　夹角榫

简　　图	名　　称	说　　明
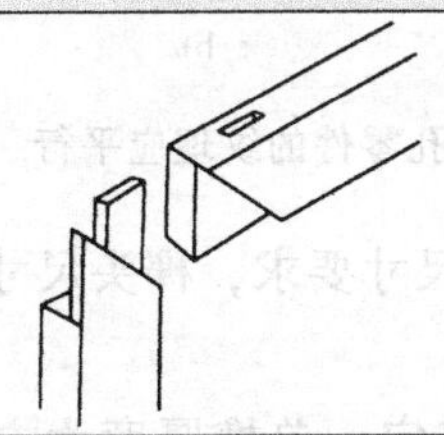	翘皮夹角贯通榫	此结构表面美观，结构牢固，用于门框等框架结构的部件上
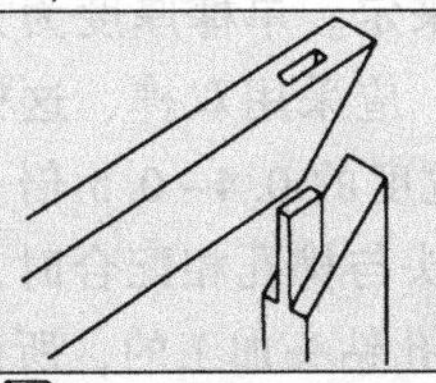	夹角贯通榫	多用于门、面框等框架部件的结构上。在明、清时代的家具中应用较广
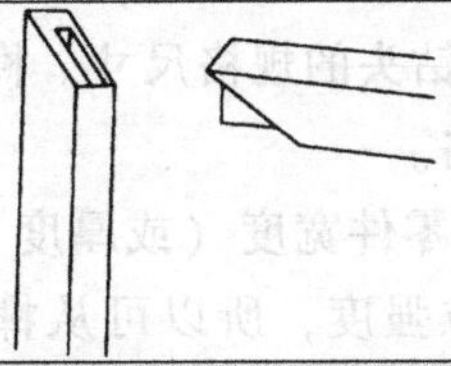	双肩斜角暗榫	适用于家具的框架部件结构
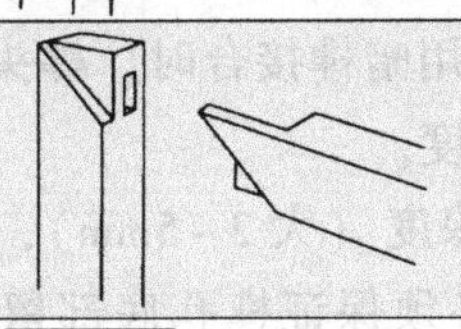	翘皮夹角榫	适用于家具的框架部件结构
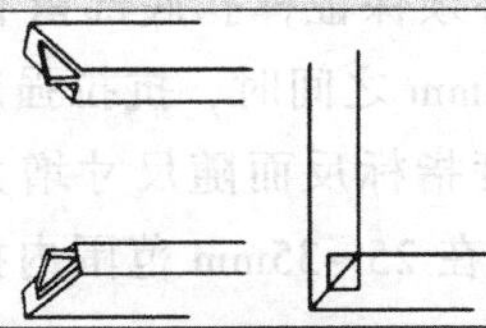	交叉斜角暗榫	适用于家具的框架部件结构
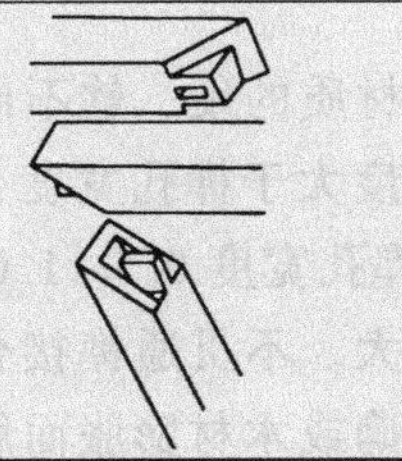	二向斜角暗套榫	用于要求坚固的框架部件上

2. 直角榫接合的技术要求

正常情况下，直角榫榫头位置应处在零件断面中间，使两肩同宽。如使用单肩榫或两肩不同宽的榫，则应保证榫孔距边有足够的厚度，一般硬材取≥6mm、软材取≥8mm（图 3-7）。

对于直角榫而言，装配后榫颊面都必须与榫孔零件的纹理平行，以保证接合强度（图 3-8）。

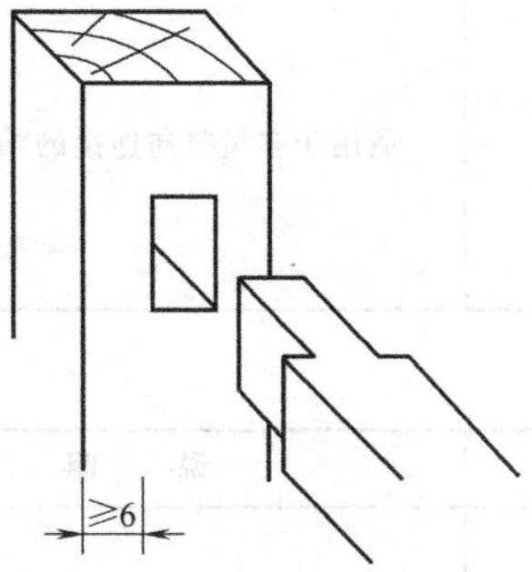

图 3-7 榫孔距边厚度

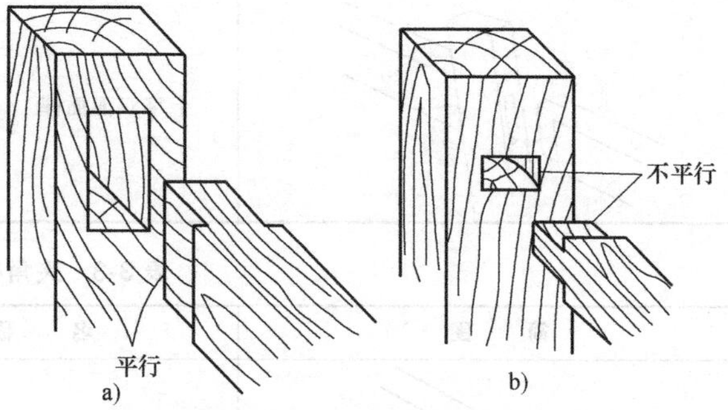

图 3-8 榫颊面与榫孔零件的纹理应平行

另外为保证接合强度，直角榫榫头及榫孔还必须符合一定的尺寸要求，榫头尺寸包括厚度、宽度及长度等。

（1）榫头厚度 一般根据开榫方材的断面尺寸的接合要求来定。单榫厚度为方材厚度或宽度的 0.4~0.5 倍；当零件断面积尺寸大于 40mm×40mm 时，应采用双榫，这样既可增加接合强度又可防止方材扭动。双榫总厚度也应为方材厚度或宽度的 0.4~0.5 倍。为使榫头易于装入榫孔，常将榫头端部的两边或四边削成 30°斜棱。榫头与榫孔相配合时，是以榫孔形状和尺寸为基础的，因为榫孔是用标准规格尺寸的木凿或方孔钻头加工的，所以榫头的厚度根据上述技术要求设计以后，还要圆整为相应的木凿或标准钻头的规格尺寸。榫头厚度常用的有 6mm、8mm、9.5mm、12mm、13mm、15mm 等几种规格。

（2）榫头宽度 榫头宽度应尽量大，以保证强度，一般应与零件宽度（或厚度）相同。但当榫头宽度≥40mm 时，榫头宽度的增加并不能明显提高抗拉强度，所以可从榫中间锯开，分成上下两个榫头，以增大接合面积，提高连接强度。当采用暗榫接合时，榫头宽度尺寸要适当减小，一般减小量为 6~12mm，以兼顾榫头及榫孔的强度。

（3）榫头长度 当采用明榫时，榫头长度一般要大于榫孔深度（大 3~5mm），以便接合后刨平。暗榫的长度应大于榫孔零件宽度或厚度的一半，且必须保证榫孔底部留有 6mm 以上的底层。根据有关生产单位的实践经验，榫头长度在 15~35mm 之间时，抗拉强度、抗剪强度随尺寸增大而增加；当榫头长度超过 35mm 时，上述强度指标反而随尺寸增大而下降，同时材料损耗也大大增加。由此可见，榫头不宜过长，一般在 25~35mm 范围内接合强度最大。

（4）榫头与榫孔的配合关系 实践证明，榫头厚度应根据材质的硬、软不同小于榫孔宽度 0.1~0.2mm，即间隙配合时，接合强度最大。如果榫头厚度大于榫孔宽度，配合时胶液易被挤出，致使接合处缺胶而影响接合强度。榫头厚度大于榫孔宽度 0.5~1.0mm，一般硬材取 0.5mm，软材取 1.0mm，即过盈配合时，接合强度为最大。不贯通榫接合时，榫孔深度应大于榫头长度 2~3mm，这样就不会因榫头端部加工不精确或木材膨胀而触及榫孔底部，同时也可以保证榫肩配合严密。

（5）直角榫的榫头数目　直角榫的榫头数目计算方法见表 3-4。

表 3-4　直角榫的榫头数目

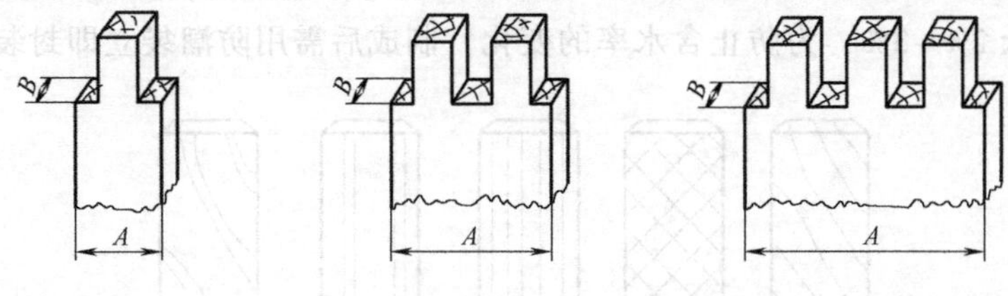

一般要求		榫头数目　$n>\frac{A}{2B}$		
推荐值	零件断面尺寸	$A<2B$	$2B\leqslant A<4B$	$A\geqslant 4B$
	推荐榫头数目	单榫	双榫	多榫

注：遇下列情况之一时，需增加榫头数目：①要求提高接合强度；②按上表确定数目的榫头厚度尺寸太大，一般榫头厚度以 9.5mm 为适度，以 15.9mm 为极限。

（6）直角榫尺寸的设计与计算　常用的直角榫接合形式的相关尺寸设计与计算见表 3-5。

表 3-5　直角榫尺寸的设计与计算

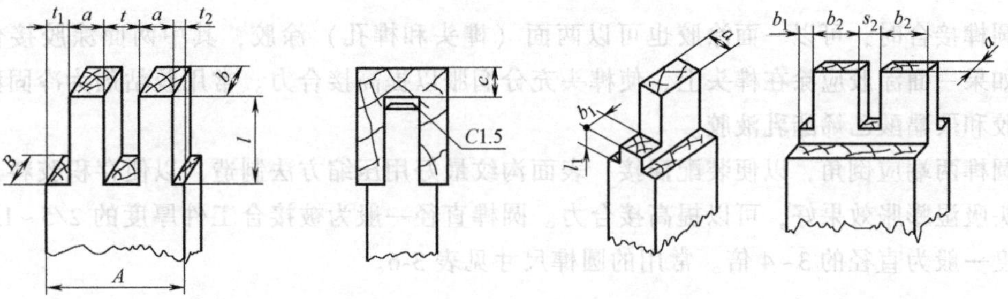

尺寸名称	数值	备　注
榫头厚度	$\sum a\approx\frac{1}{2}A$	
榫头宽度	$b=B$	
榫头长度	$l=3a$	
榫间距离	$t=a$	
榫肩宽	$t_1\geqslant\frac{1}{2}a$	a 值系列有 6.4mm、7.9mm、9.5mm、12.7mm、15.9mm，优先取 9.5mm 当 $B>6a$ 时需改为减榫 优先保证榫孔底至材底距离 $c\geqslant 16$mm 保证榫孔距材边 $f\geqslant 6\sim 8$mm（硬材取小值）
	$t_2=\left(0\sim\frac{1}{2}\right)a$	
榫端四边倒角	C1.5	
减榫短舌宽	$b_1=1.5a$	
减榫短舌长	$l_1=0.5a$	
减榫榫宽	$b_2\approx 3a$	
减榫榫间距离	$s_2=(1\sim 3)a$	

3. 圆榫接合技术要求

圆榫按表面构造的不同有许多种（图 3-9），其技术要求应符合相关国家标准的规定。首先圆榫用的材料应选密度大、纹理通直细密、无节无朽、无虫蛀等缺陷的木材，如柞木、水曲柳、色木、青冈栎等。其次制造圆榫的木材应进行干燥处理，其含水率应低于 7%，或者比被连接件低 2%～3%，为防止含水率的变化，制成后需用防潮袋立即封装备用。

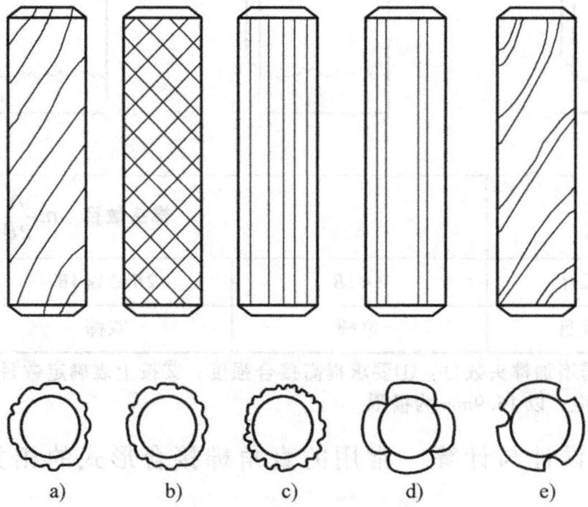

图 3-9 圆榫的形状

a）螺旋压纹 b）网纹状压纹 c）直线压纹 d）沟槽 e）螺旋沟槽

圆榫接合时，可以一面涂胶也可以两面（榫头和榫孔）涂胶，其中两面涂胶接合强度高。如果一面涂胶应涂在榫头上，使榫头充分润胀以提高接合力。常用胶粘剂为冷固型脲醛树脂胶和聚醋酸乙烯酯乳液胶。

圆榫两端应倒角，以便装配插接；表面沟纹最好用压缩方法制造，以便存积胶料，接合后榫头吸湿膨胀效果好，可以提高接合力。圆榫直径一般为被接合工件厚度的 2/5～1/2，圆榫长度一般为直径的 3～4 倍。常用的圆榫尺寸见表 3-6。

表 3-6 圆榫尺寸

零件厚度/mm	圆榫直径/mm	圆榫长度/mm
12～15	6	24
15～20	8	32
20～24	10	30～40
24～30	12	36～48
30～36	14	42～56

现在市场上已经有圆榫成品出售，其直径规格有 6mm、8mm、10mm 等，长度则均为 32mm，这样可以大大简化设计和加工。

常见圆榫接合尺寸的设计与计算见表 3-7。

4. 燕尾榫接合技术要求

燕尾榫榫头呈梯形或半圆锥形，端部大而根部小，榫头长度一般为 15～20mm，其斜度一般为 8°~12°，若斜度过大则斜出部分容易破坏。单榫榫头根部宽度一般为零件宽度的 1/3，榫头厚度则与零件同厚。多榫主要用于板件接合成箱框，其榫头与榫槽可一次铣削加工而成，具体尺寸见表 3-8。燕尾榫接合时，要求榫头端部宽度大于榫槽端部宽度 0.5mm，而榫头根部宽度则应小于榫槽根部宽度 0.5mm，这时接合强度最大。

表 3-7 圆榫接合尺寸的设计与计算

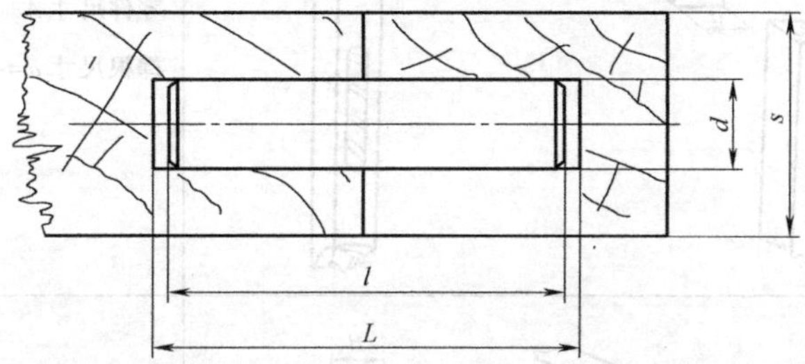

尺 寸 名 称	符号与计算公式
被连接零件的厚度	s
圆榫直径	$d=\left(\frac{2}{5}\sim\frac{1}{2}\right)s$
榫孔直径	$D=d-(0\sim0.2\text{mm})$
圆榫长度	$l=(3\sim4)d$
榫孔总深度	$L=l+3\text{mm}$
榫端倒角	$C1$

圆榫尺寸推荐值（单位：mm）

被连接零件的厚度	圆榫直径	圆榫长度
10~12	4	16
12~15	6	24
15~20	8	32
20~24	10	30~40
24~30	12	36~48
30~36	14	42~56
36~45	16	48~64

表 3-8 燕尾榫接合尺寸的设计与计算

种类	图 形	尺 寸
燕尾单榫	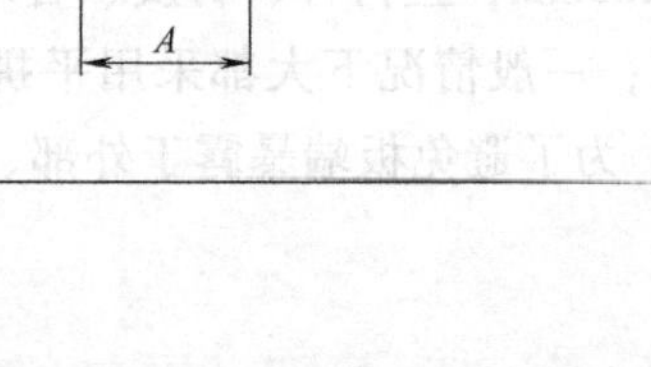	斜角 $\alpha=8°\sim12°$ 零件尺寸 A 榫根尺寸 $a=\frac{1}{3}A$

（续）

种类	图形	尺寸
马牙单榫	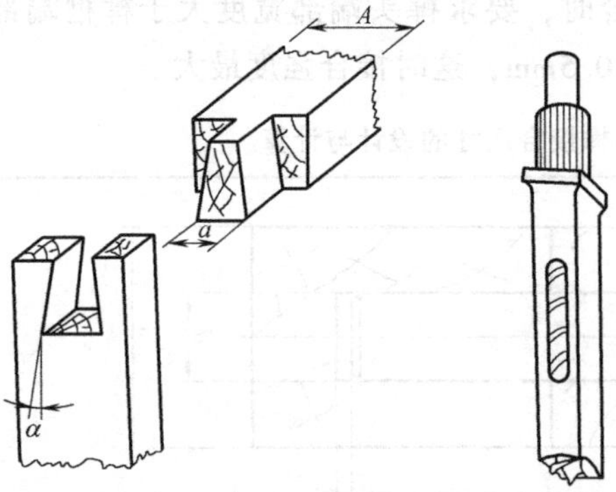	斜角 $\alpha=8^\circ\sim12^\circ$ 零件尺寸 A 榫根尺寸 $a=\frac{1}{2}A$
明燕尾多榫	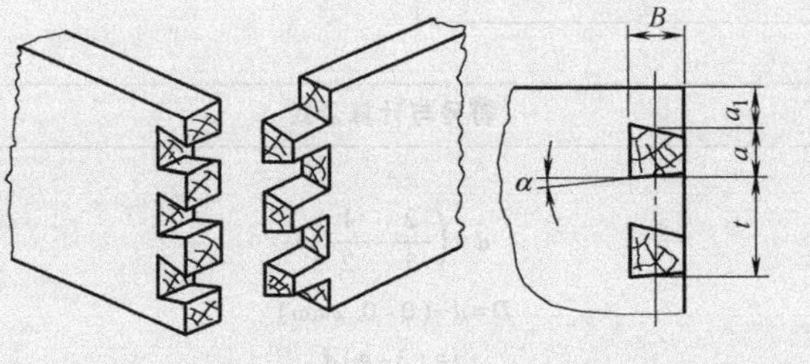	斜角 $\alpha=8^\circ\sim12^\circ$ 板厚 B 榫中腰宽 $a\approx B$ 边榫中腰宽 $a_1=\frac{2}{3}a$ 榫距 $t=(2\sim2.5)a$
全隐燕尾多榫 半隐燕尾多榫	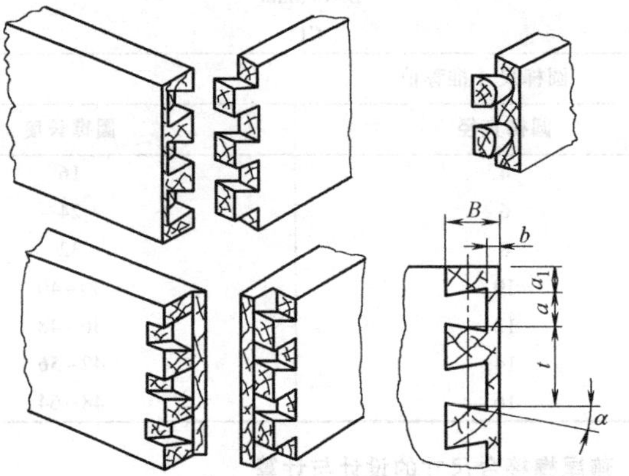	斜角 $\alpha=8^\circ\sim12^\circ$ 板厚 B 留皮厚 $b=\frac{1}{4}B$ 榫中腰宽 $a\approx\frac{3}{4}B$ 边榫中腰宽 $a_1=\frac{2}{3}a$ 榫距 $t=(2\sim2.5)a$

3.2.2 框式家具基本零部件结构形式

不管框式家具结构多么复杂，都是由一些基本零部件构成的，这些零部件主要有各种板件、木框及箱框等，其结构形式有多种。

1. 实木拼板结构

采用特定的接合方式将窄木板拼合成所需幅面的板材称为实木拼板，其常用于各类家具的门板、台面及椅凳座板等实木部件中。拼板的结构应便于加工、接合牢固、形状尺寸稳定，一般要求为：每块窄板宽度一般不超过 200mm，且树种、材质、含水率应尽可能一致。

常见的实木拼板拼接形式见表 3-9。目前，一般情况下大都采用平拼法，其他方法只在一些特殊场合应用。实木拼板作表面部件时，为了避免板端暴露于外部、防止和减少拼接板材发生翘曲等现象，常采用镶端接法加以控制，在镶端接时均需要用胶料配合。常用镶端接形式见表 3-10。

表 3-9 拼板拼接形式

简 图	名 称	说 明
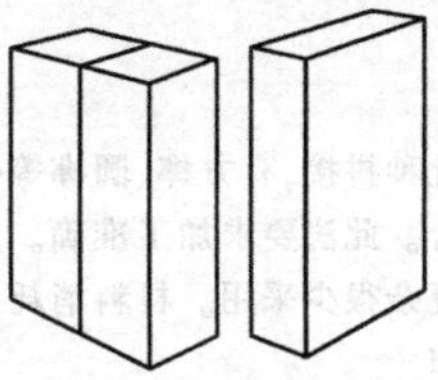	板材侧面拼接	把板材侧面刨平，涂上胶粘剂进行接合。此方法加工简单，应用较广
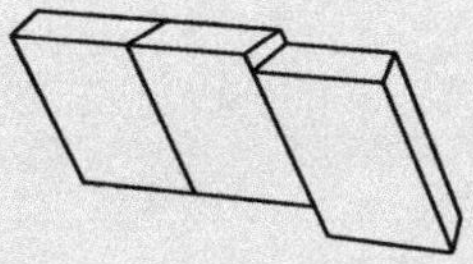	斜面拼接	把板材刨成倾斜面，以增加其胶着面，然后涂上胶粘剂接合。这种接合方法适宜薄型板
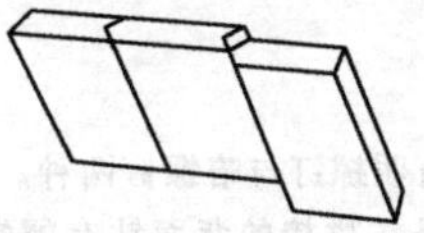	人字槽拼接	这种接合方法可以增加胶着面，以提高拼接强度
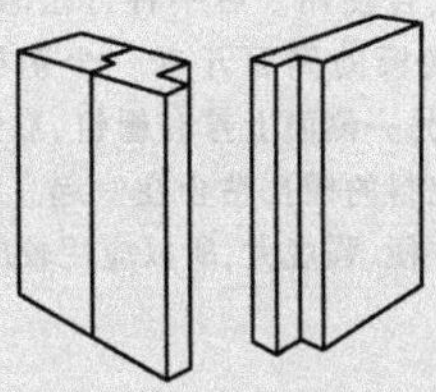	搭口拼接	搭口拼接又称高低缝接合，将板边裁去 1/2，涂上胶粘剂，相互结合。此方法加工略为复杂，耗料也较多
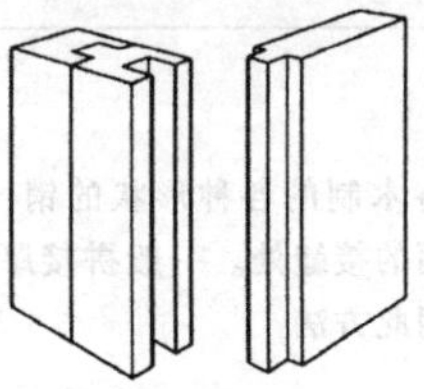	企口拼接	企口拼接也叫凹凸接，此法装配简单，材料消耗与搭口拼接相同。优点是拼接牢固，当胶缝裂开时，仍可掩盖住缝隙
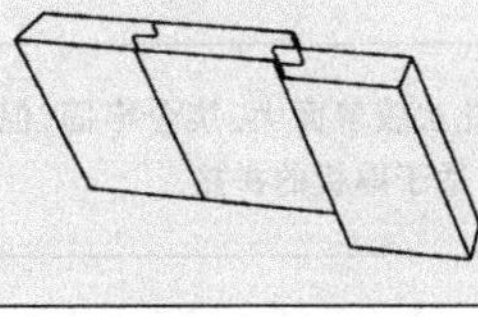	齿形拼接	胶接面上有两个以上的小齿形，以增加胶着面，使拼接牢固。装配方便，拼接平整。 利用长齿形，可以拼接木材端面，将板材接长
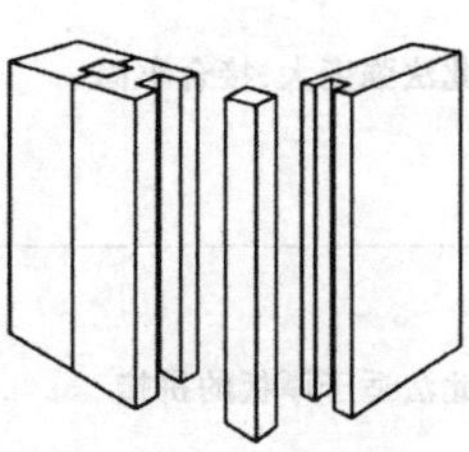	穿条拼接	此拼接加工简单，材料消耗与平接法基本相同，是拼接结构中较好的一种方法。常用胶合板的边条作为穿条嵌于槽中

（续）

简　图	名　称	说　明
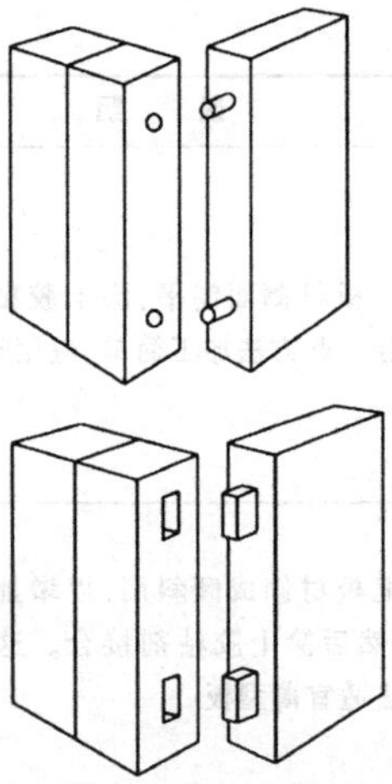	插入榫拼接	此种拼接，有方榫、圆榫等作辅助的接合。此法要求加工准确。方榫因加工复杂很少采用。材料消耗与平接法类似
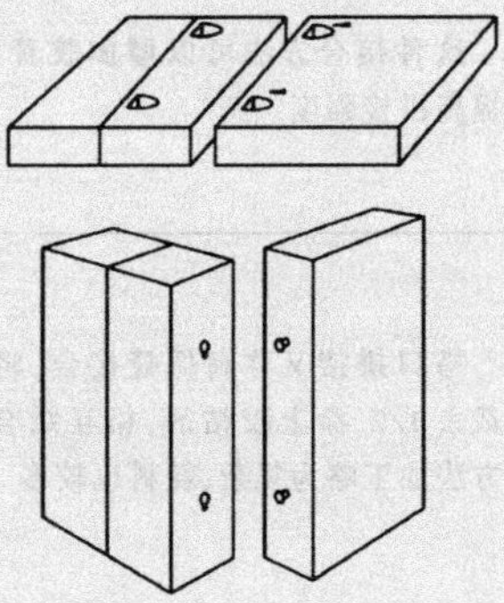	螺钉拼接	有明螺钉与暗螺钉两种。前一种方法是在拼接的背面钻有螺钉孔，与胶料配合使用。后一种方法较复杂，在拼接板的侧面开有一个钥匙形的槽孔，另一侧面上拧有螺钉，靠螺钉头与加胶料的槽孔粘合在一起。明螺钉加工方便、强度大，所以应用较广
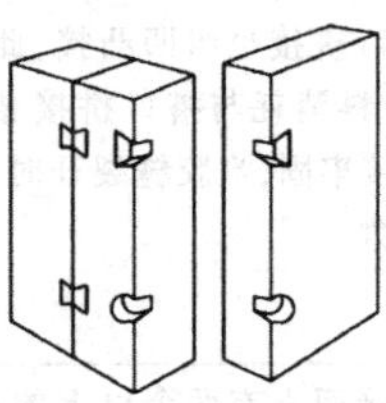	木销拼接	将木制的各种形状的销，嵌入拼板背面的接缝处。一般拼接厚板材时才采用此方法
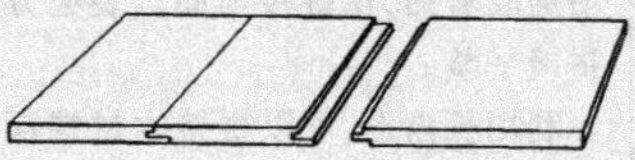	企口长短接	此法胶着面大，接合牢固，但加工复杂，适于厚板的拼接
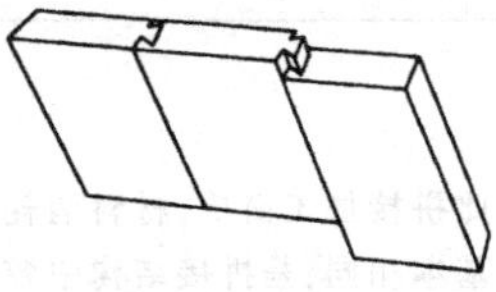	燕尾拼接	此法强度大，接合牢固
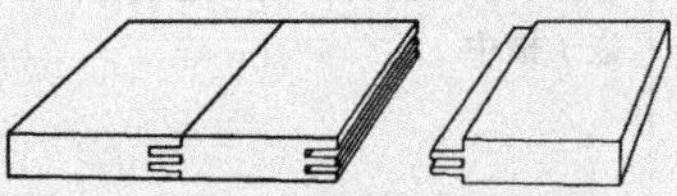	双企口拼接	此法适于厚板的拼接

（续）

简 图	名 称	说 明
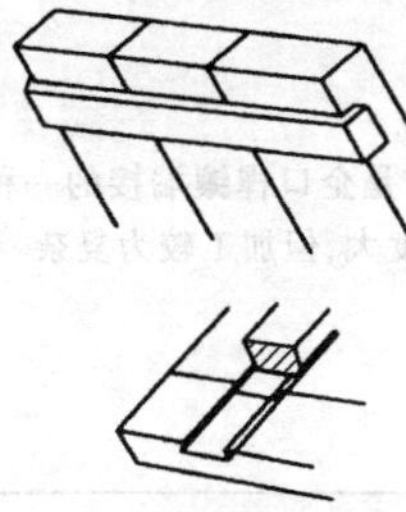	燕尾楔拼接	此法是将方木刨成燕尾形断面，贯穿于木板的燕尾槽中，有穿带接和吸盘形楔接两种。此法可防止拼板的翘曲
	螺栓拼接	这是拼接大型板面较坚固的方法，多用于实验桌、乒乓球桌面板和钳工桌面板等
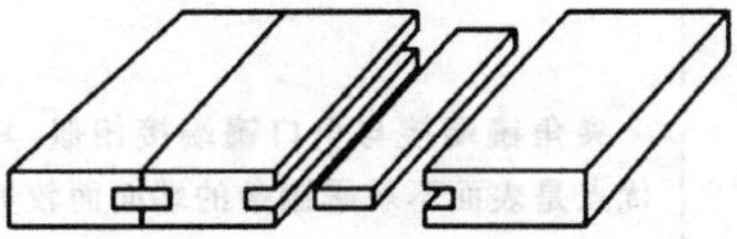	燕尾穿条拼接	把双头燕尾条插入板材拼接面的燕尾槽内而接合。此法耗材与平接相同，而强度比平接大，但加工精度要求较高
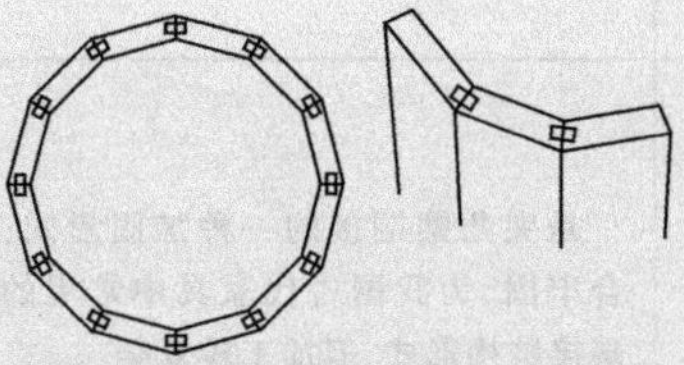	穿条斜接	此法适于各种变形的拼接结构

表 3-10 拼板镶端接形式

简 图	名 称	说 明
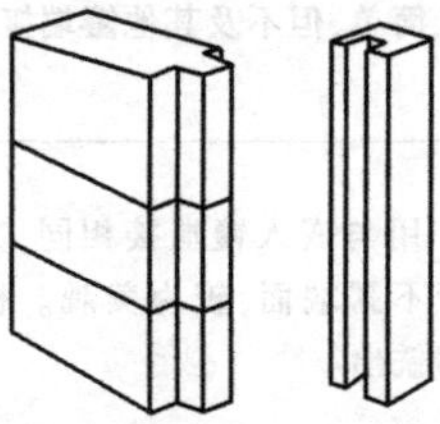	企口镶端接	用直角榫形式与镶端条接合，多用于绘图板、实木门板及工作台面板等
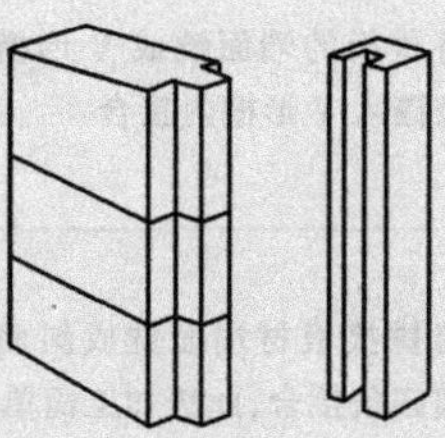	燕尾榫槽镶端接	用燕尾榫槽形式与镶端条接合，此法接合牢固

（续）

简　　图	名　　称	说　　明
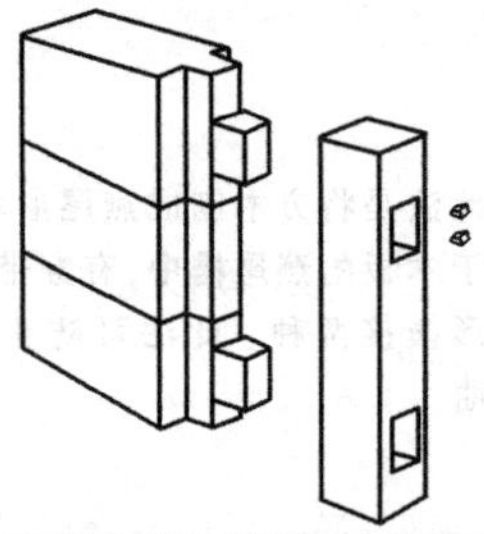	透榫镶端接	此法是企口榫镶端接的一种加固形式，强度大，但加工较为复杂
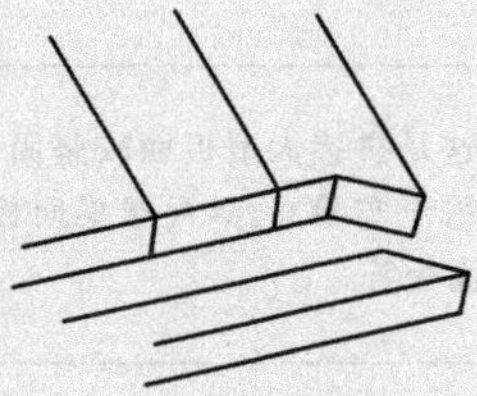	板条镶端接	用板条与胶、钉配合镶接，加工较简单，但防翘曲性不及其他镶端接
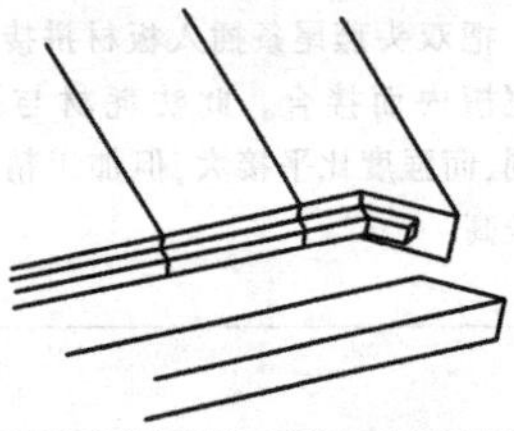	夹角镶端接	夹角镶端接与企口镶端接相似，其优点是表面不暴露镶条的端面而较美观，但加工也复杂
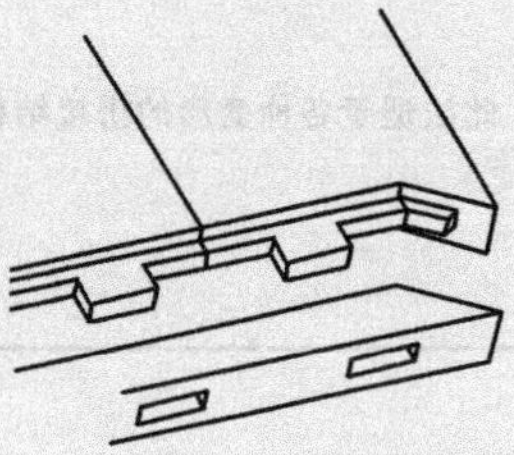	夹角透榫镶端接	是夹角镶端接的一种加固形式，接合牢固，为我国古代家具中常用的镶端接结构形式，但加工较复杂
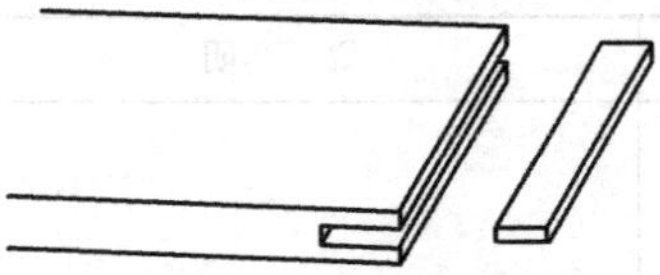	嵌入镶端接	把嵌条镶入拼板端面的槽内，此法加工简单，但不及其他镶端接美观
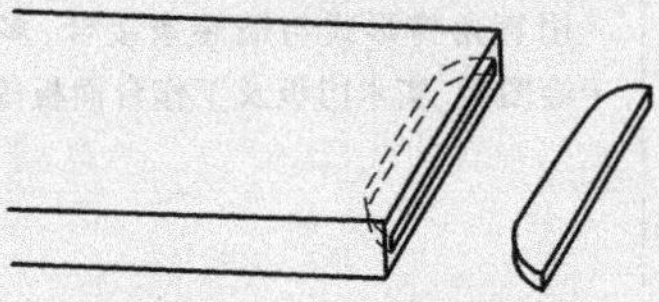	圆弧槽条镶端接	作用与嵌入镶端接相同，其优点是镶板不露端面，较为美观。板槽可用铣刀铣出
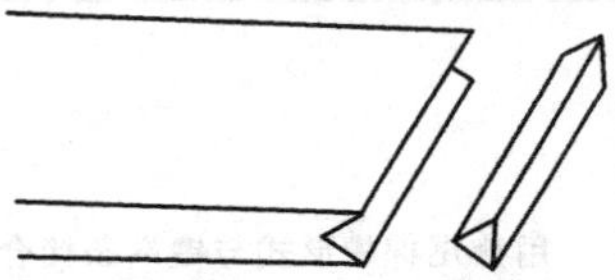	三角板条镶端接	将拼板的端面铣成V形槽，将三角板条镶入V形槽内接合
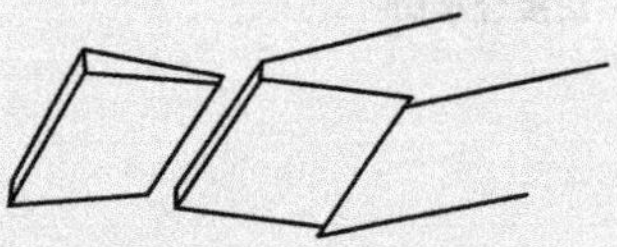	斜楔镶端接	将拼接板材端面铣成斜面形，再用斜楔镶条接合，此法加工简单

（续）

简　图	名　称	说　明
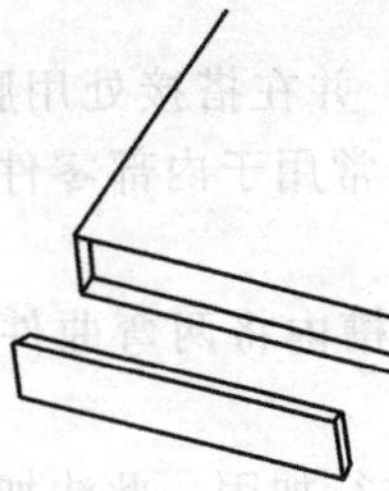	薄板条镶端接	用薄板条镶端接，是防止拼接板翘曲的一种方法，但此法加工复杂

2. 弯曲件结构

根据弯曲部件制造方法的不同，可分为锯制弯曲件、薄板胶压弯曲件等几种。这里主要介绍锯制弯曲件的结构，这种结构在框式家具中也有一定的应用。锯制弯曲件由于接合处木纹为横向及斜向，强度较低，因此往往用于非受力构件，如望板、覆线等，其常见结构如图3-10所示。

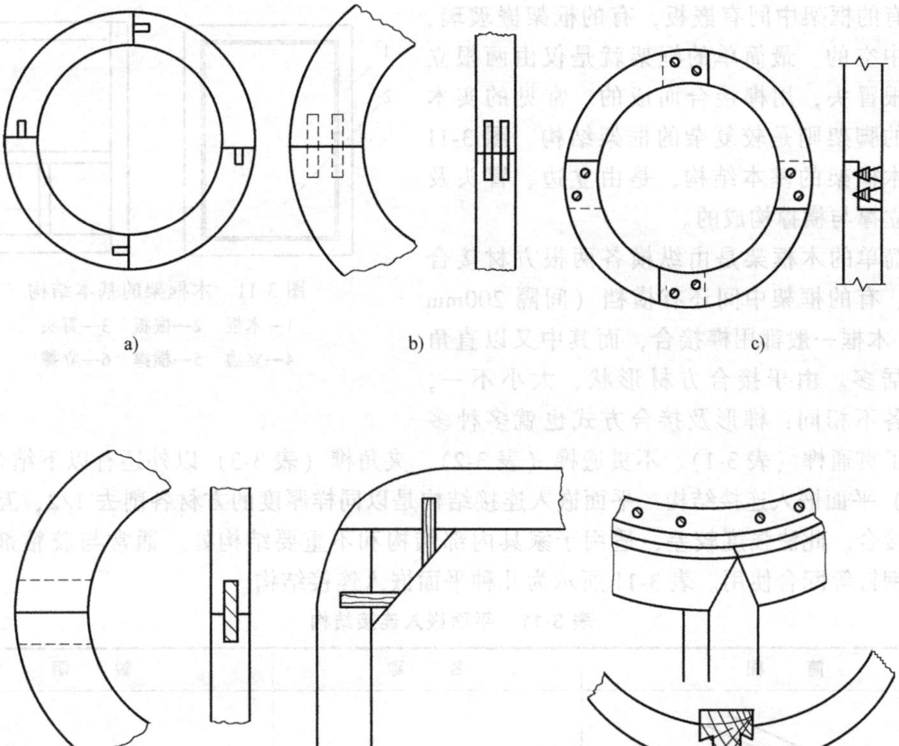

图 3-10　弯曲件结构

a）直角榫接合　b）圆榫接合　c）交叉接合　d）穿条接合　e）塞角接合　f）格角榫接合

锯制弯曲件的接合方法有如下几种：

（1）直角榫接合　接合强度高，但加工复杂。此法应用于曲线包脚、圆桌面镶边及圆形望板等。

（2）圆榫接合　接合强度比直角榫低，但加工方便，应用较广，如镜框、椅子扶手的圆角处等。

（3）交叉接合　先在胶合件两端锯成阶梯状，然后进行搭接，并在搭接处用胶钉或木螺钉接合。此法加工简单，接合强度高，但接缝较长，不够美观，常用于内部零件的接合，或表面用薄木覆盖。

（4）穿条接合　在被接合件两端锯出槽，将木条施胶后插入槽内将两弯曲件对接好。其接合强度较高，加工方便，但欠美观。

（5）塞角接合　将两零件用木塞角胶接后，用圆榫或木螺钉进行加固。此法加工简单，但木材端部露在表面，适于做家具的内用部件。

（6）格角榫接合　桌子的脚与望板，借助于桌脚的格角榫接合，既牢固又美观，并可借助木螺钉将圆弧件旋紧望板表面，以使桌脚与望板更牢固地接合在一起。此种接合结构，由于牢固而美观，所以常用于中、高级的圆形桌、椭圆形桌的脚架接合。

3. 木框架结构

框架是框式家具的基本结构件，也是框式家具的受力构件，框式家具均由一系列的框架构成。有的框架中间有嵌板，有的框架嵌玻璃，有的是中空的。最简单的框架就是仅由两根立边与两根冒头，用榫接合而成的。常见的实木桌、椅的脚架则是较复杂的框架结构。图 3-11 所示为木框架的基本结构，是由立边、冒头及若干根立撑与横撑构成的。

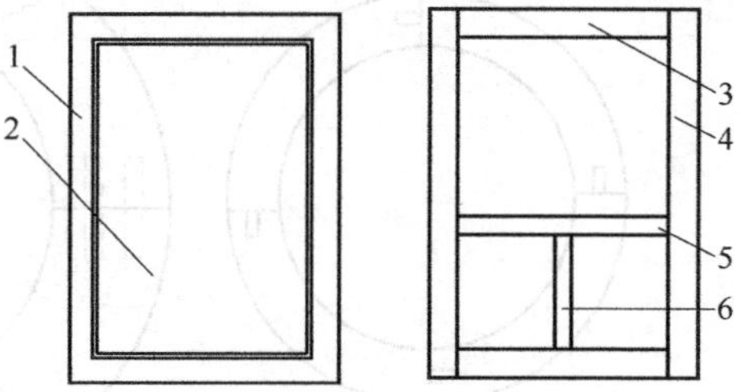

图 3-11　木框架的基本结构

1—木框　2—嵌板　3—冒头
4—立边　5—横撑　6—立撑

最简单的木框架是由纵横各两根方材接合而成的，有的框架中间还有横档（间隔 200mm 左右）。木框一般都用榫接合，而其中又以直角榫接合居多。由于接合方材形状、大小不一，要求也各不相同，榫形及接合方式也就多种多样。除了贯通榫（表 3-1）、不贯通榫（表 3-2）、夹角榫（表 3-3）以外还有以下结合方式。

（1）平面嵌入连接结构　平面嵌入连接结构是以同样厚度的方材各削去 1/2，互相嵌入地装配接合。此法强度较差，适用于家具内部结构和不重要结构处。通常与胶粘剂、木螺钉、圆钢钉等配合使用。表 3-11 所示为几种平面嵌入连接结构。

表 3-11　平面嵌入连接结构

简　图	名　称	说　明
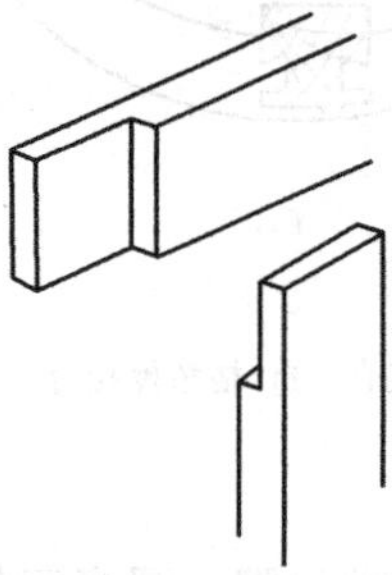	直角嵌入接	此法为直角接合时最简单的结构，一般用于家具部件的内部结构

（续）

简　图	名　　称	说　明
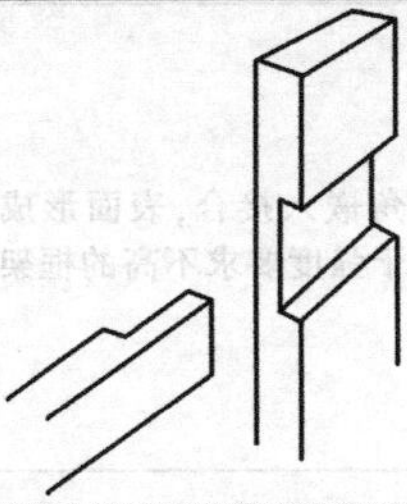	丁字形嵌入接	此法为直角接合时最简单的结构，一般用于家具部件的内部结构
	斜形嵌入接	此法为直角接合时最简单的结构，一般用于家具部件的内部结构
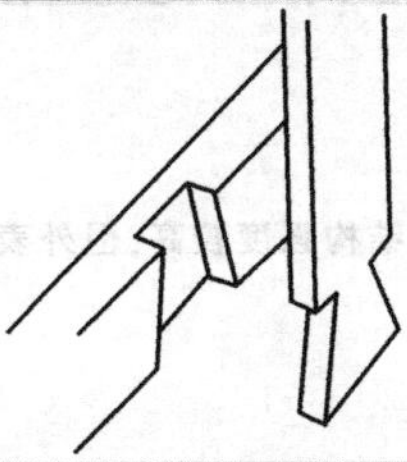	燕尾形嵌入接	燕尾形嵌入连接强度较高，但加工较为复杂。用途同上
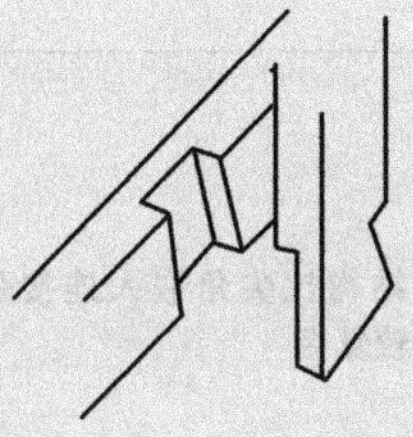	单面燕尾形嵌入接	燕尾形嵌入连接强度较高，但加工较为复杂。用途同上
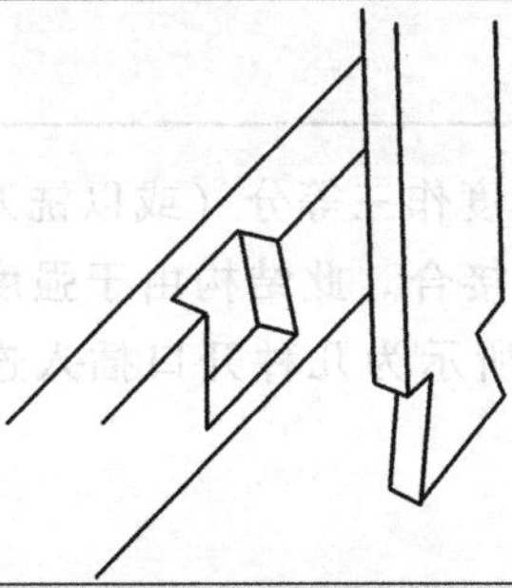	半隐燕尾形嵌入接	燕尾形嵌入连接强度较高，但加工较为复杂。用途同上
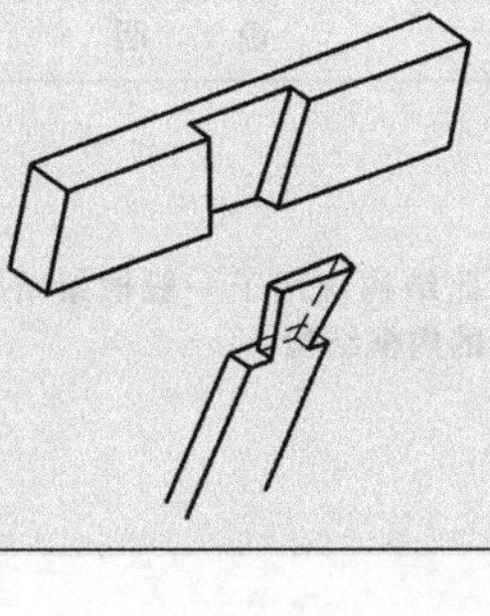	斜角燕尾形嵌入接	燕尾形嵌入连接强度较高，但加工较为复杂。用途同上

（续）

简　图	名　称	说　明
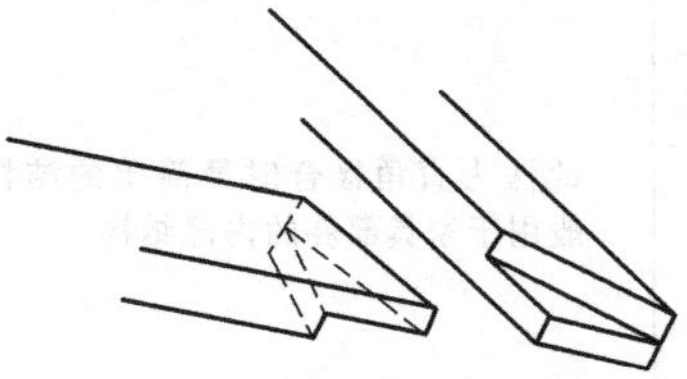	夹角嵌入接	直角嵌入接合，表面形成45°夹角，适用于强度要求不高的框架结构
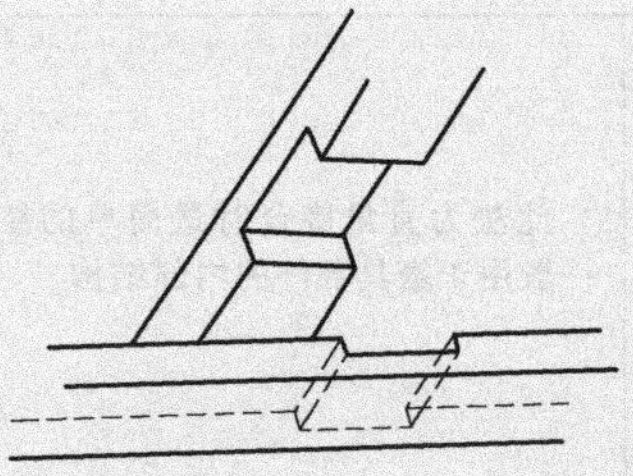	十字形嵌入接	用于十字档结构
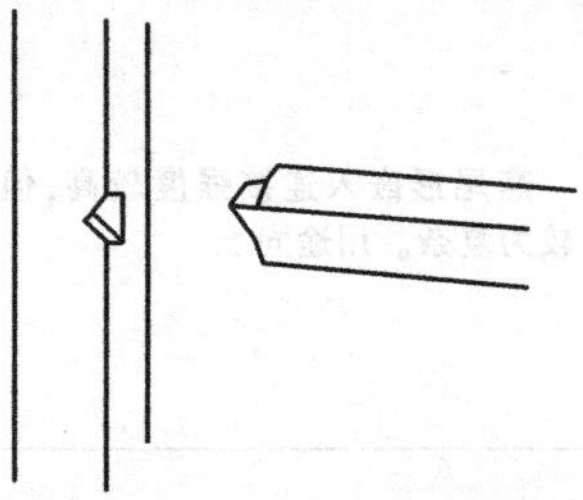	尖角嵌入接	此结构强度较高，但外表面工艺性较强
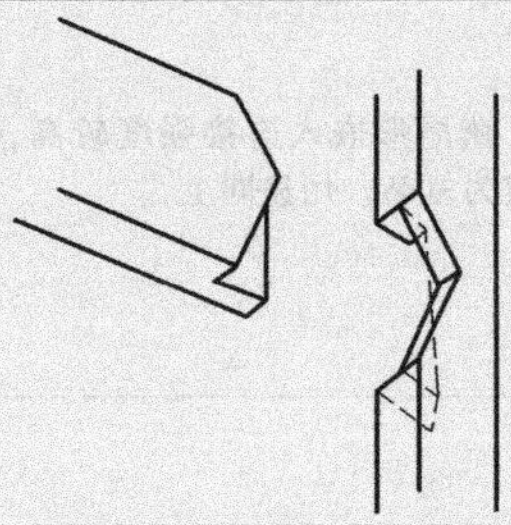	尖平双嵌接	此结构比尖角嵌入连接强度高，但加工较复杂

（2）开口插入连接结构　开口插入连接结构是将方材的厚度作三等分（或以铣刀厚度为榫、槽厚度），竖向中间开槽，横向中间制榫，以插入形式接合。此结构由于强度和外观等均较为合理，故广泛应用于木家具框架部件上。表3-12所示为几种开口插入连接的实例。

表3-12　开口插入连接结构

简　图	名　称	说　明
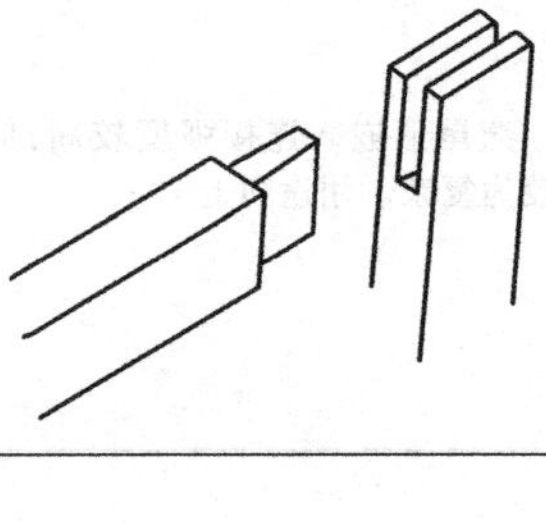	直角开口插入明接	此结构应用于一般框架结构，或板材的内框结构

（续）

简　图	名　称	说　明
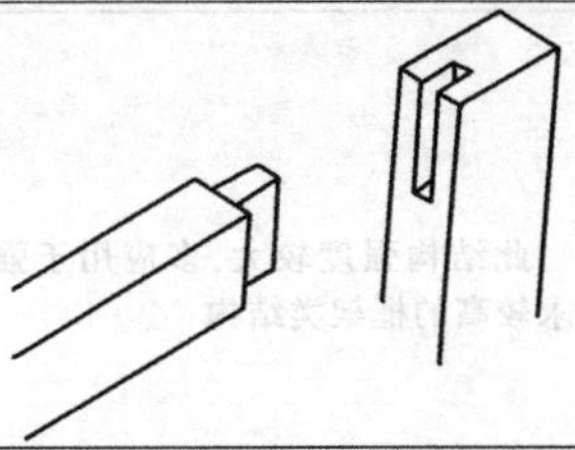	直角半开口插入接	此结构应用于一般框架结构，或板材的内框结构
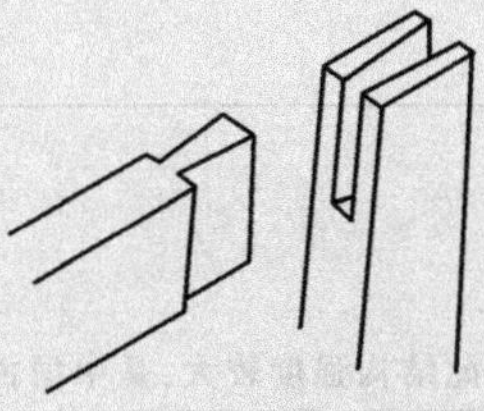	直角开口燕尾明接	此结构工艺要求较高，但强度较大
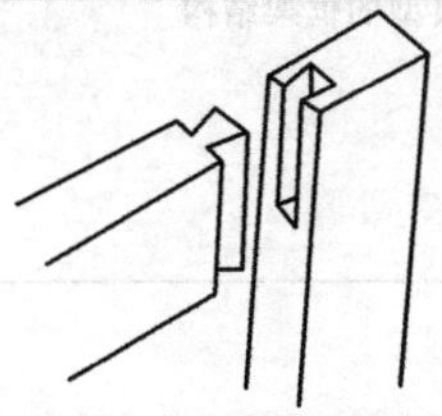	半燕尾开口插入接	此结构多用于有盖板的梃和横撑的接口处
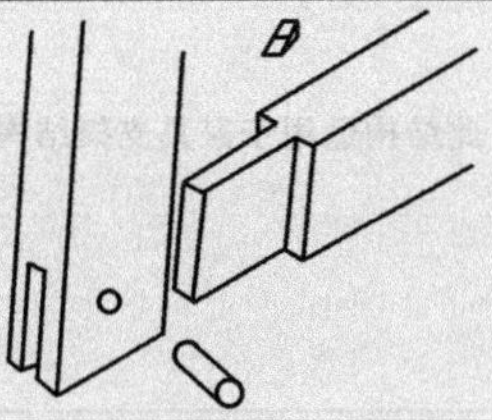	串楔开口插入接	串楔可用圆棒、方木销、竹销等，目的是为加强出入榫的强度
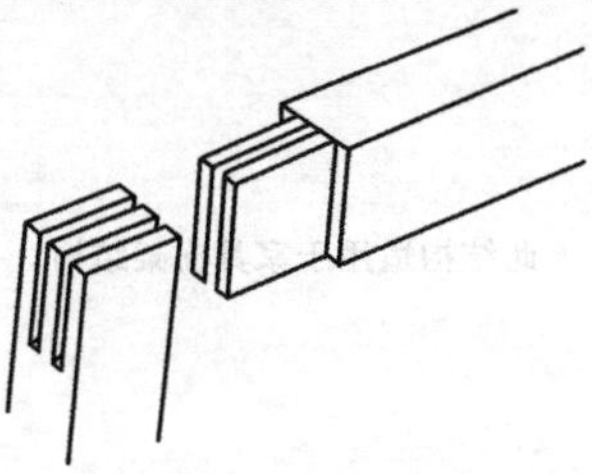	开口插入双榫明接	应用于较厚的框架方材，强度比单榫高
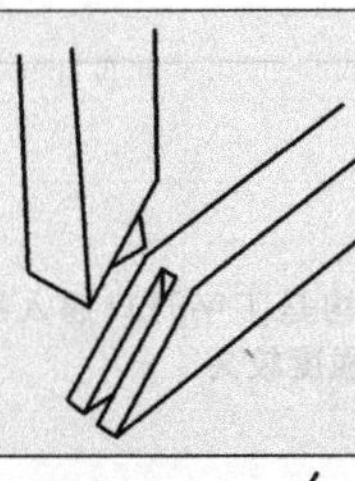	夹角开口插入接	此结构表面美观，多用于门框类结构
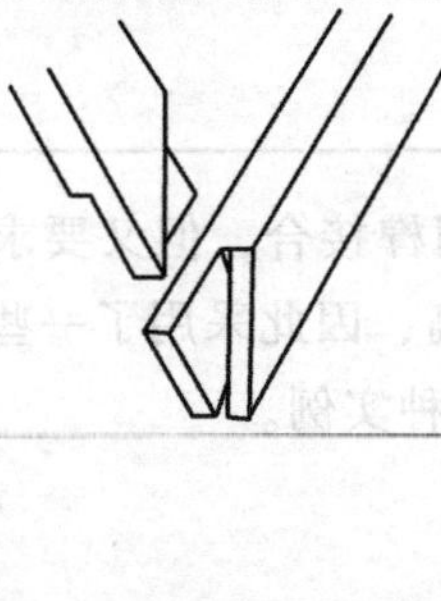	单向夹角开口插入接	此结构表面美观，多用于门框类结构

（续）

简　图	名　称	说　明
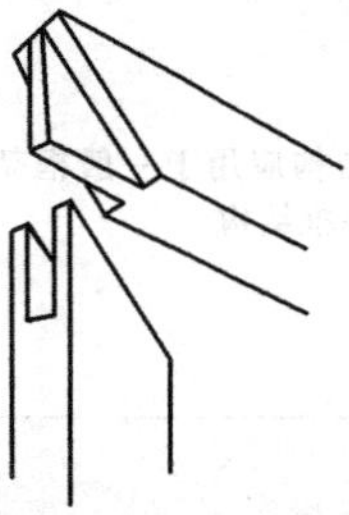	夹角明燕尾插入接	此结构强度较大，多应用于强度要求较高的框架类结构
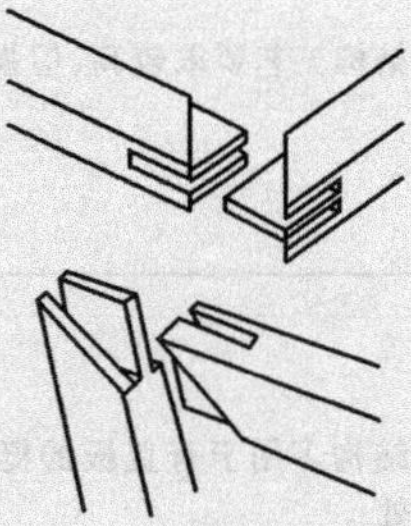	夹角多榫开口插入接	此结构强度较大，是中国古典家具中典型的框架结构
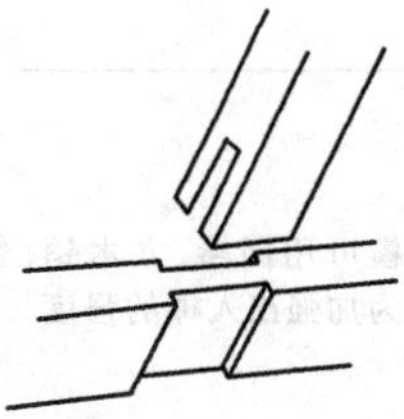	丁字开口插入接	此结构适用于家具支架结构
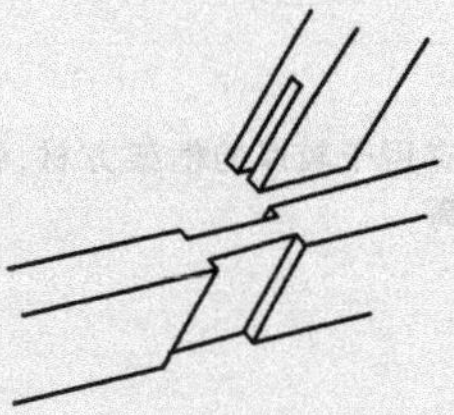	斜形开口插入接	此结构适用于家具支架结构
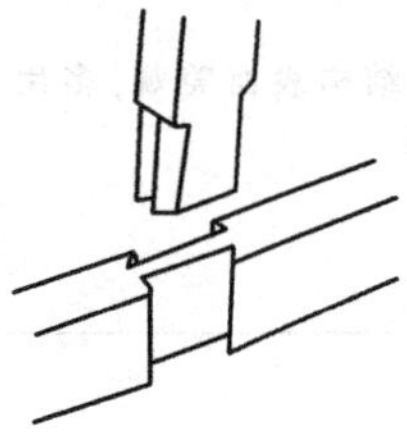	双燕尾形开口插入接	此结构是丁字开口插入接的变型，但接合强度较高

（3）夹角接合结构　框架部件接合时，为了减少工序，不用榫接合，但又要求外面看不到构造缝隙，常用45°木材端向处理。由于不用榫头，强度不高，因此采用了一些补强结构。但这些接合必须与胶粘剂配合使用。表3-13为夹角接合的几种实例。

表 3-13 夹角接合结构

简 图	名 称	说 明
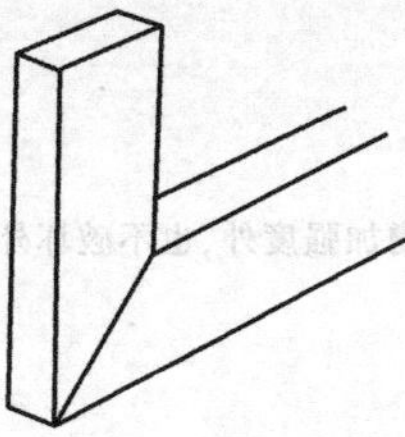	夹角平接	方框木材端部锯割成 45°角,接合时为加强牢固度,采用波纹钉连接加固
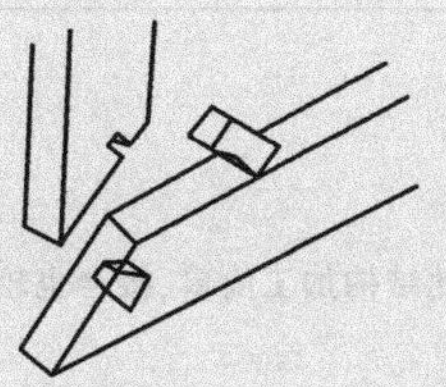	燕尾销夹角平接	用双燕尾木销嵌入槽口,以增加强度,但加工精度要求高,故工艺较复杂
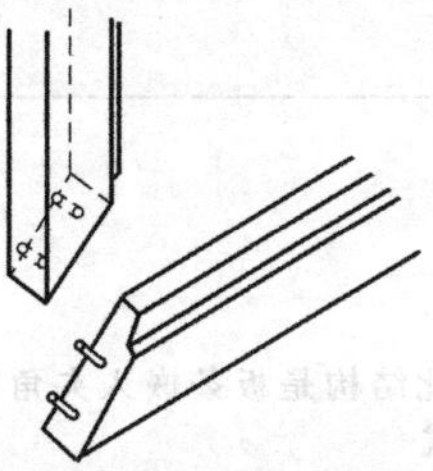	圆棒销尖角接	用圆木销接合,强度较高,但必须有专用设备
	衬板夹角接	此结构大多和螺钉、圆钢钉并用
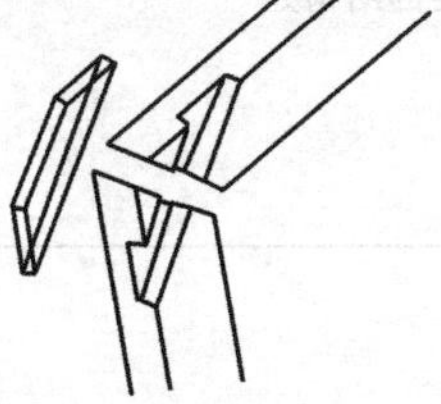	嵌入板楔夹角接	是衬板夹角接的变型,而外观较美观
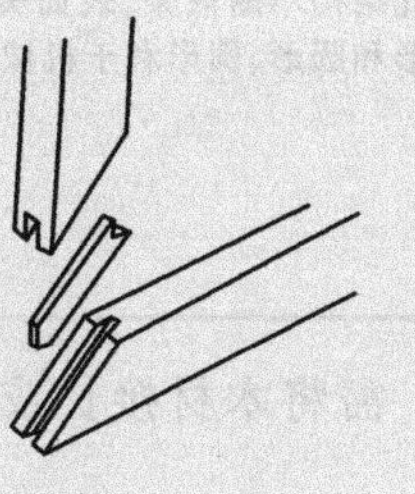	串条夹角接	在夹角的结合处嵌入板条,以增加接合强度

（续）

简　图	名　称	说　明
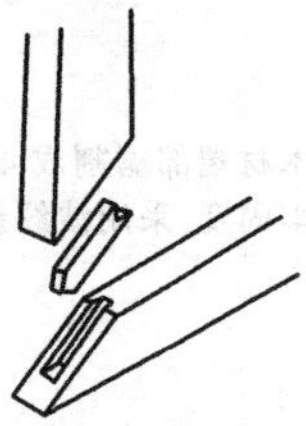	暗串条夹角接	除增加强度外，也不破坏外表美观
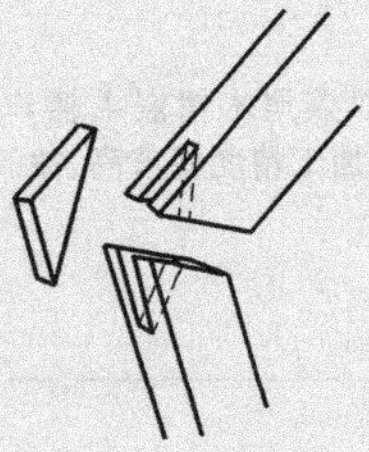	板条嵌入夹角接	此结构加工简单，接合也较牢固
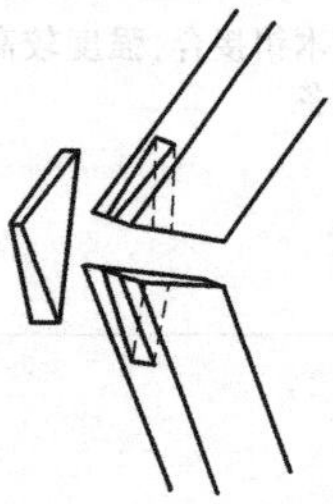	燕尾嵌入夹角接	此结构是板条嵌入夹角接的加固形式
	半夹角接	此结构主要靠胶粘剂，一般用于不重要的结构处
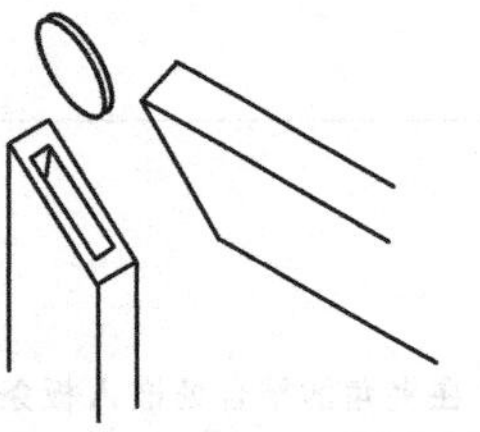	暗圆嵌条夹角接	此结构不露嵌条，表面美观，嵌条有方形和圆形，圆形利于机械加工

（4）纵端面之间的接合　纵端面之间的接合是在用料很长，需将木材接长或圆弧弯曲接合时采用，并用胶粘剂配合。表 3-14 为纵向接长的实例。

表 3-14 纵向接长

简 图	名 称	说 明
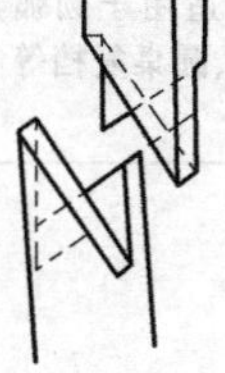	Z 形交叉对顶接	此结构表面美观，但加工要求高
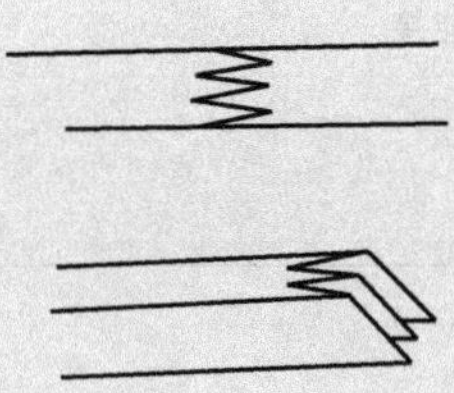	齿形对顶接	齿形由机械加工，纵向接齿的长度应比横向接齿长 1.5~2 倍，只有这样才能保证抗压强度和抗弯强度
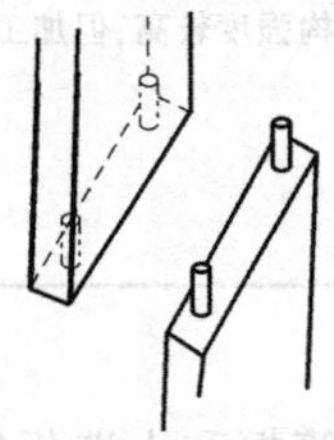	倾斜圆榫对顶接	圆棒要长，只有这样才能保证抗压强度和抗弯强度
	燕尾对顶接	此结构由于加工较复杂，因而很少采用，但强度较高
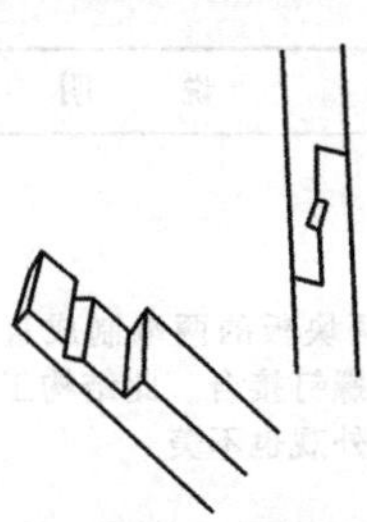	楔钉对顶接	此结构加工略简单，在楔钉与胶粘剂配合下，强度也较高
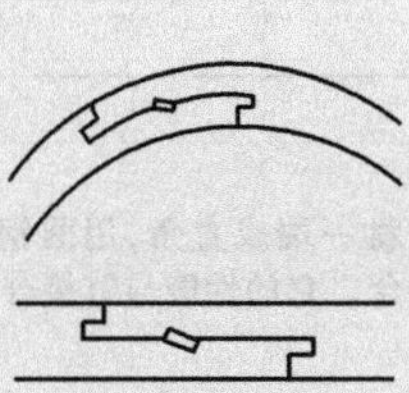	楔钉纵向接	此结构加工较复杂，配合要准确，能实现圆弧形接合、直向接合，适用于罗圈椅扶手、面框等的接合

（续）

简　图	名　称	说　明
	圆弧纵向接	此结构适用于圆弧形框架结构，如圆形包脚、圆桌复档等
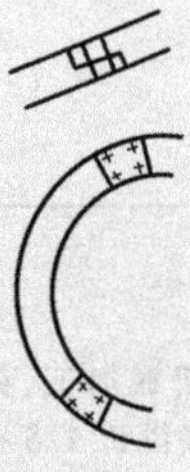	圆弧高低纵向接	此结构适用于圆形面板框架内衬档的连接
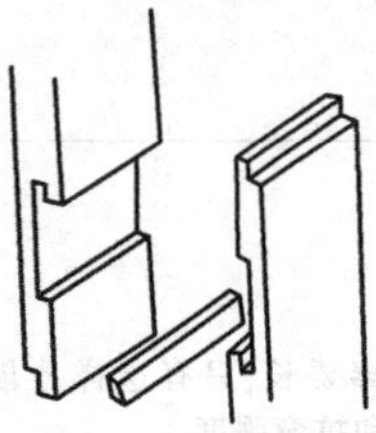	楔钉榫槽交叉接	此结构强度较高，但加工较复杂

4. 箱框结构

箱框是指由板材构成的框架或箱体，常见的有实木拼板构成的箱框和人造板箱框两类。用实木拼板构成箱框时，拼板木纹必须与箱角线垂直，只有这样箱体才牢固。其接合常用直角榫或燕尾榫，而燕尾榫又包括全隐、半隐及明燕尾榫三种。人造板构成箱框时，板材纹理方向与箱框强度关系不大，可根据其他要求任意确定。

箱框类家具部件之间的接合多为板件之间的成角接合，如抽屉、包脚、箱类家具等，一般都与胶粘剂配合使用。但对于各种不同结构形式的外观效果，必须结合家具造型和结构的强度要求来考虑。表 3-15 为成角接合的实例。

表 3-15　箱框结构板件之间的成角接合

简　图	名　称	说　明
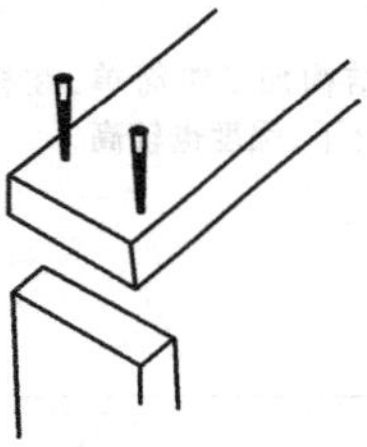	钉接合	把两块板的两端制成直角，用圆钢钉、木螺钉接合。此结构工艺简单，强度低，外观也不美
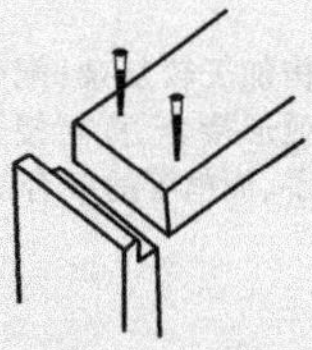	钉接	板材一端成直角，用圆钢钉或木螺钉接合。它的性能与钉接合相似

（续）

简 图	名 称	说 明
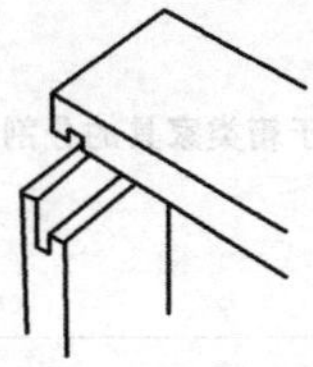	榫槽嵌入接	适用于实木抽屉面板与抽屉旁板相接合
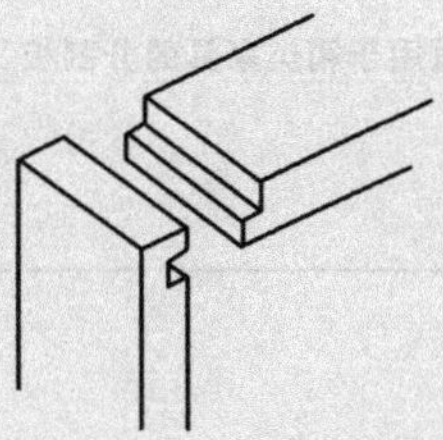	榫槽接	适用于抽屉旁板与抽屉后板接合，以及一般箱框结构
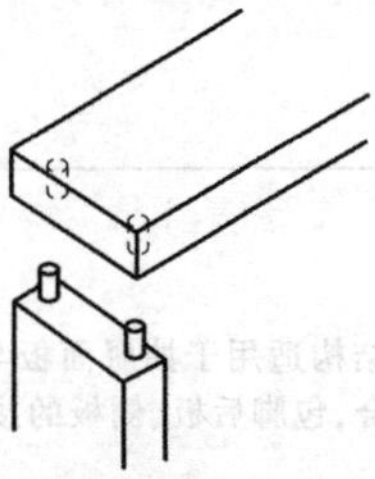	圆棒榫接	用于普通箱框结构
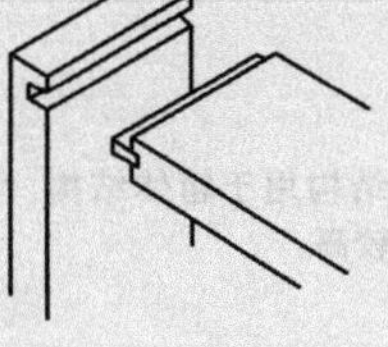	槽条接	平面与端向开槽，用板条或胶合板作串条接合
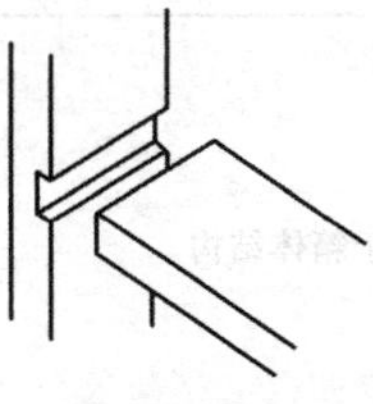	插入接	板材平面开槽，板材插入槽内。旁侧可用木螺钉加固，但外观不甚美观
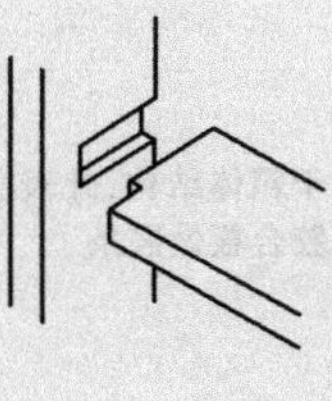	包肩插入接	适用于箱类家具的分割板

(续)

简　图	名　　称	说　明
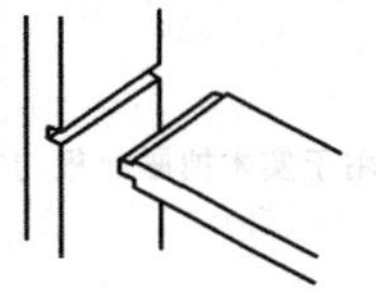	双肩插入接	适用于箱类家具的分割板
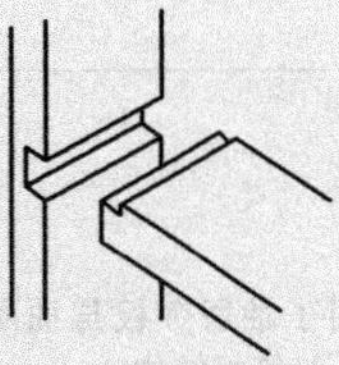	单向燕尾串榫接	适用于箱类家具的分割板
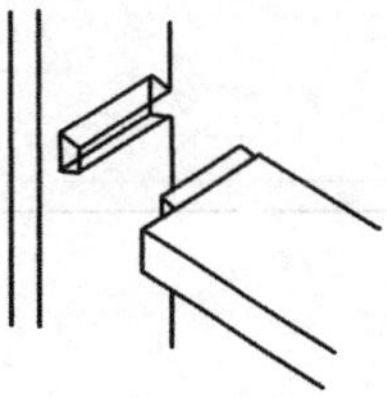	包肩燕尾榫接	适用于箱类家具的分割板
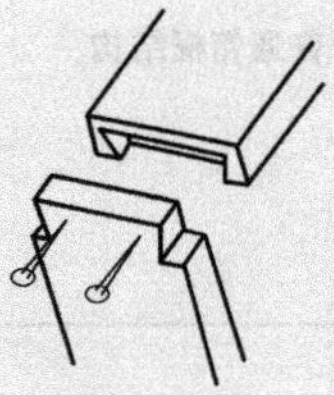	燕尾形钉接	此结构适用于抽屉面板与抽屉旁板的接合，包脚后板、侧板的接合等
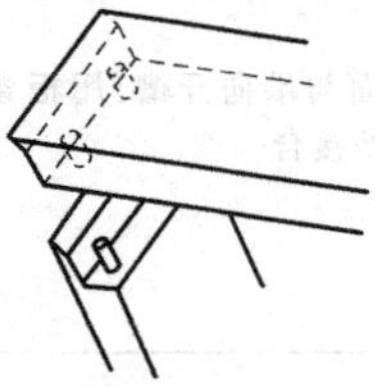	圆棒榫半夹角接	此结构用于箱体结构，但加工精度要求较高
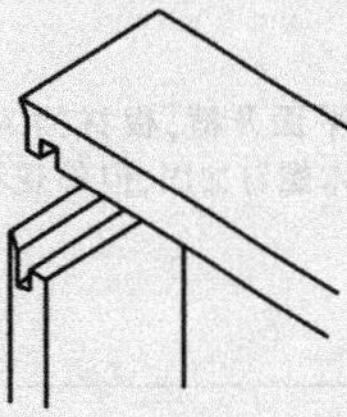	半夹角榫槽接	用于箱体结构
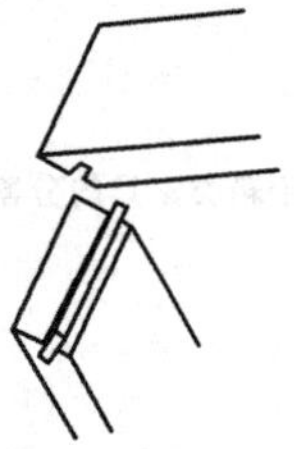	槽条尖角接	适用于箱体结构，外表美观，可用薄板条或胶合板做嵌条

（续）

简 图	名 称	说 明
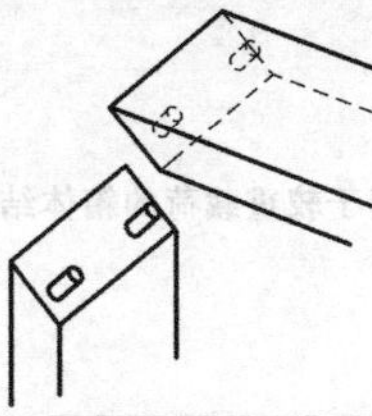	圆棒榫夹角接	此结构必须用专用机床，配合要准确
	楔块嵌入夹角接	用于一般箱体结构
	燕尾楔嵌入夹角接	用于一般箱体结构
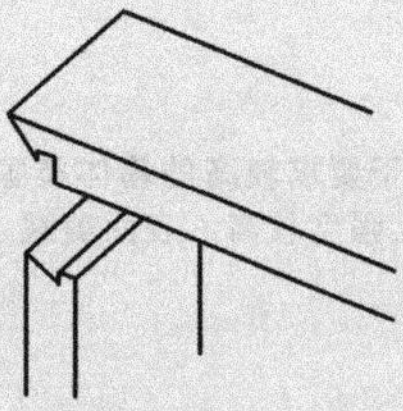	夹角企口接	用于箱体、包脚结构。表面美观
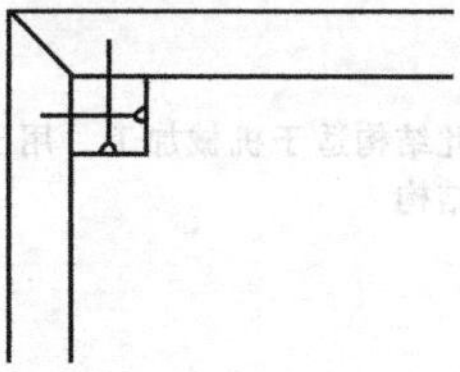	帮档夹角接	用于箱体、包脚结构。表面美观
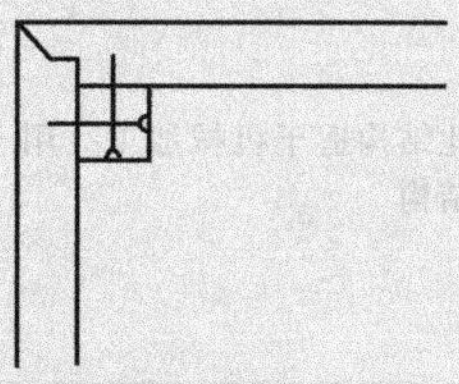	帮档半夹角接	用于箱体、包脚结构。表面美观
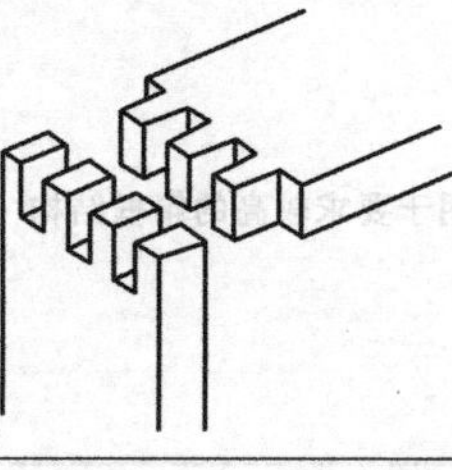	直角多榫接	用于箱体接合及抽屉旁板与抽屉后板接合

（续）

简　图	名　称	说　明
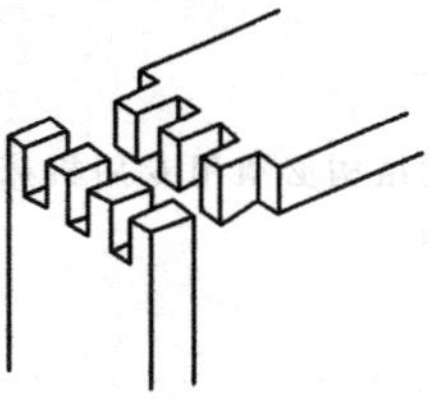	直角斜形多榫接	适用于较重载荷的箱体结构
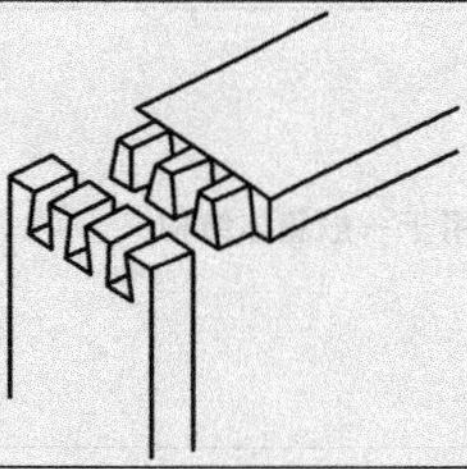	燕尾形多榫接	用于箱体结构及抽屉旁板与抽屉后板接合。强度高
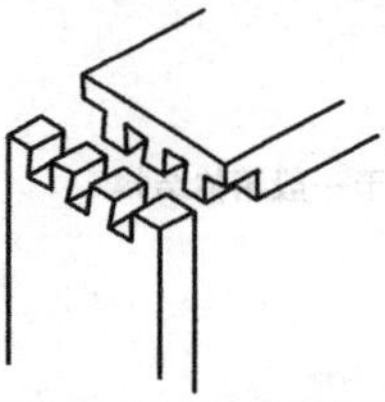	半隐燕尾形多榫接	用于抽屉面板与旁板接合。强度高
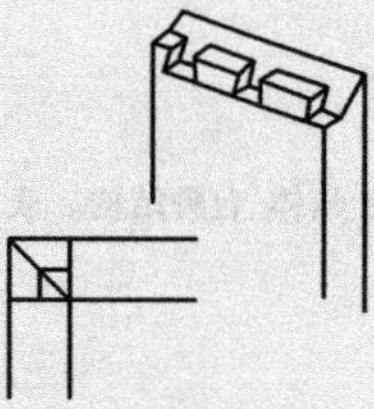	全隐燕尾形多榫接	用于要求较高的箱体类家具。工艺复杂，强度较高。表面美观
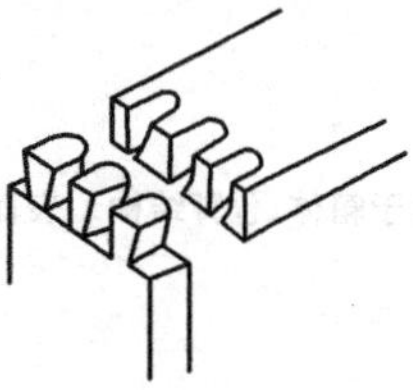	燕尾圆口接	此结构适于机械加工。用于普通箱框结构
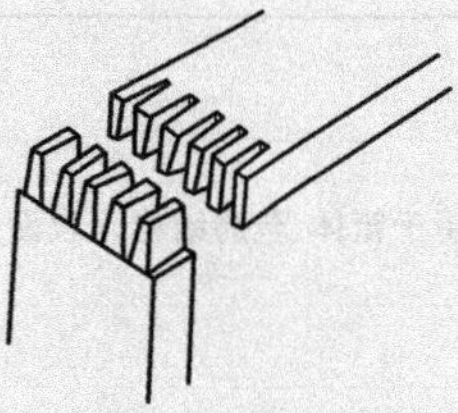	齿形直角榫接	此结构适于机械加工。用于普通箱框结构
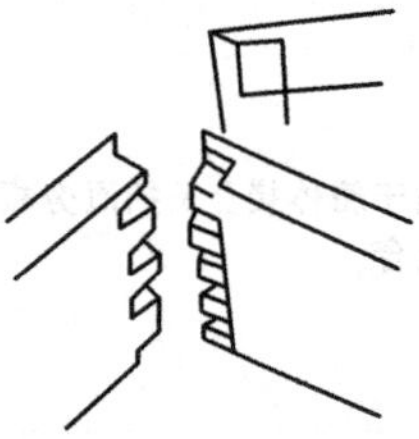	全暗直角多榫接	用于要求较高的箱框结构

（续）

简 图	名 称	说 明
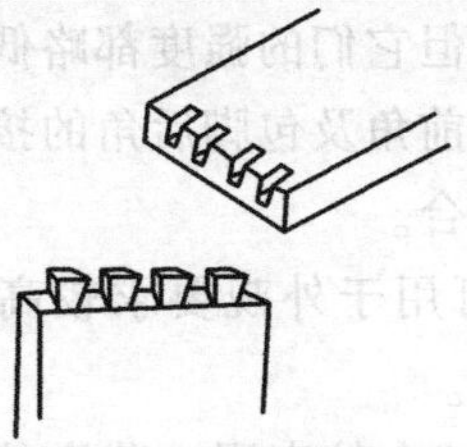	半暗机制燕尾接	此结构以燕尾形端刀加工。用于抽屉面板与抽屉旁板的接合
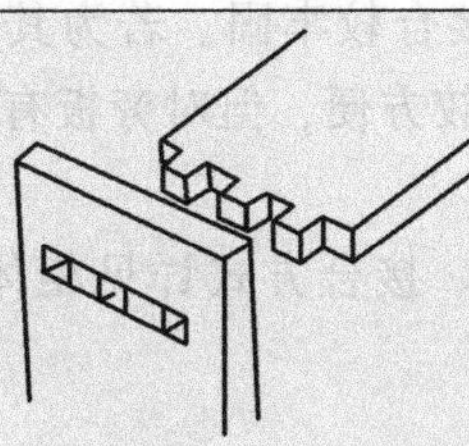	丁字多榫接	用于箱框结构中的栏板
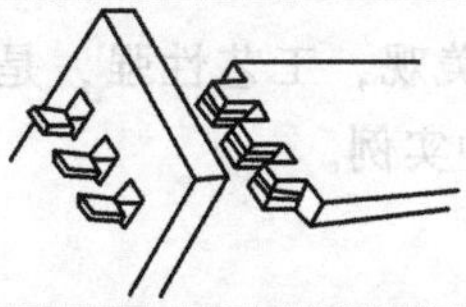	楔钉多榫接	结构牢固，但加工较复杂。适用于要求坚固而用厚板材制成的箱框类结构
	单面夹角明多榫接	用于高级家具抽屉旁板与抽屉后板的接合，以及其他的箱框结构
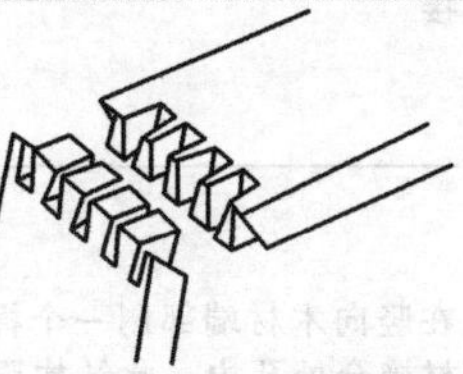	夹角燕尾多榫接	用于高级家具抽屉旁板与抽屉后板的接合，以及其他的箱框结构
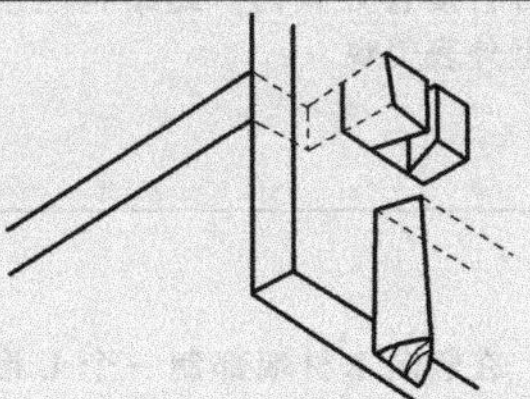	三角楔活络接	此结构可以活络拆装，用于要求拆装的箱框结构
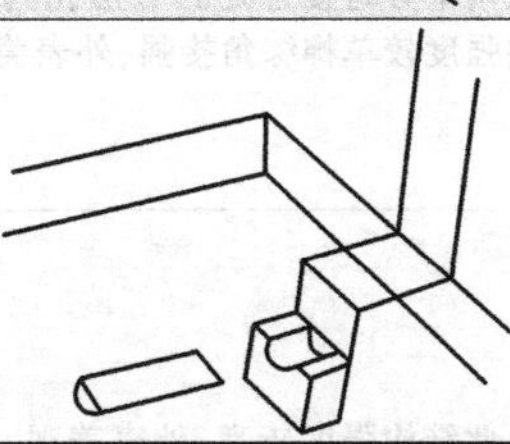	半圆楔活络接	用半圆形坡度楔钉插入板孔以加固，可以拆装

箱框结构设计的要点如下：

1）承重较大的箱框，如衣箱、抽屉、仪器盒等宜用拼板，采用整体多榫接合。拼板用整体多榫接合有较高的接合强度。用作柜体的箱框，其板式部件宜用连接件接合。

2）箱框角部接合中，接合强度以整体多榫为主。在整体多榫中，又以明燕尾榫强度最高，斜形榫次之，直角榫稍低。在燕尾榫中，论外观，全隐榫的两个接合件的端头都不外露，最美观；半隐燕尾榫有一个端头不外露，能保证正面美观。但它们的强度都略低于明燕尾榫。全隐燕尾榫常用于包脚前角的接合；半隐燕尾榫用于抽屉前角及包脚后角的接合；明燕尾榫、斜形榫多用于箱盒四角接合；直角多榫用于抽屉后角接合。

3）各种斜角接合都有使板端不外露、外表美观的优点，可用于外观要求较高处的接合，但接合强度较低。如果结构允许，可再用塞角加强接合强度。

4）箱框的搁板接合。若搁板为拼板件，用直角多榫与旁板接合较牢固。若为其他板式部件，宜用圆榫。槽榫接合可以在箱框构成后才插入中板，装配较方便，但对旁板有较大削弱，慎用。

5）用板式部件构成柜体箱框，其角部均宜采用连接件接合。接合方式详见柜体旁板、顶板连接。

5. 方材三向接合结构

（1）综合接合　此种结构的特点是不露木材的端部，表面美观，工艺性强，是我国古代家具和高级家具上常用的结构工艺。表3-16为综合接合的几种实例。

表3-16　方材三向接合结构——综合接合

简　图	名　称	说　明
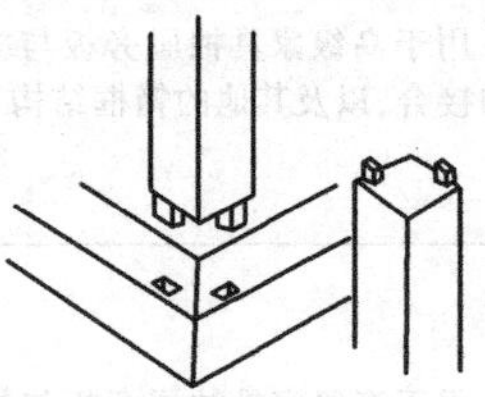	方榫平接	此结构是在竖向方材端部制作两个榫，紧扣另外两方材的孔内，形成三向连接
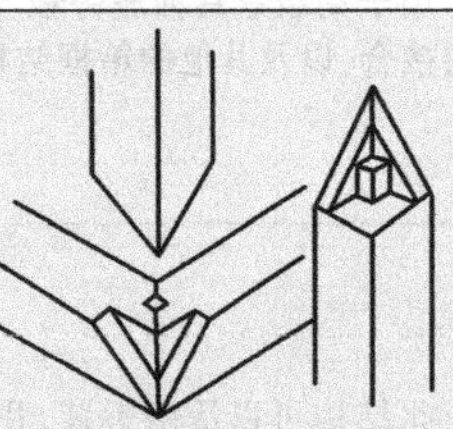	单榫综角接	在竖向木材端部制一个榫，插入两方材接合处孔内。此结构强度较低，但外表美观
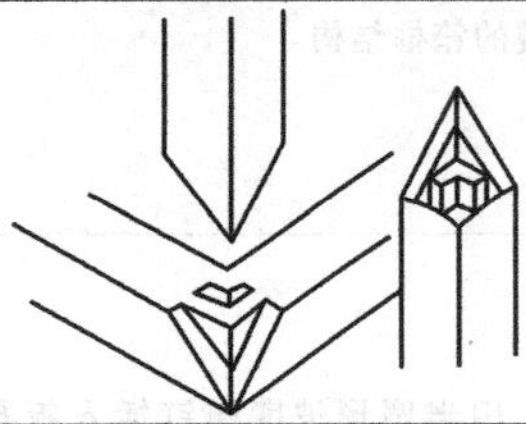	L形榫综角接	在竖向木材端部制一个L形榫，插入两个方材接合处的L形孔内。此结构强度较单榫综角接强，外表美观
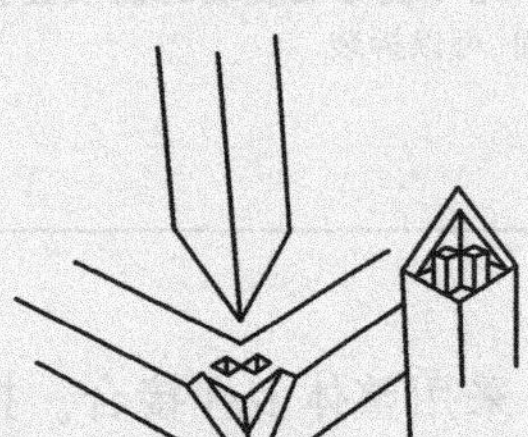	双榫综角接	此结构强度较高，外表美观，是常用的传统榫结构形式

（续）

简　图	名　称	说　明
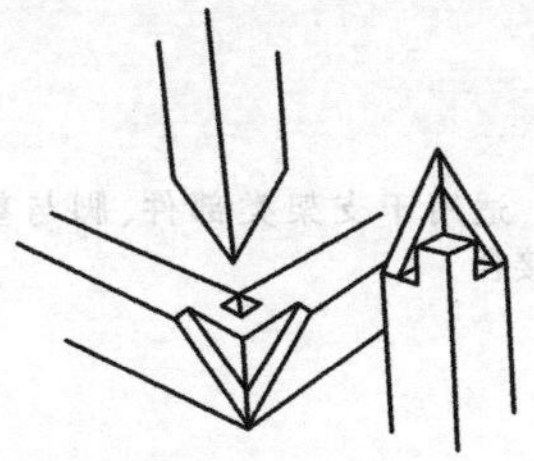	插入综角接	此结构强度较高，外表美观，是常用的传统榫结构形式
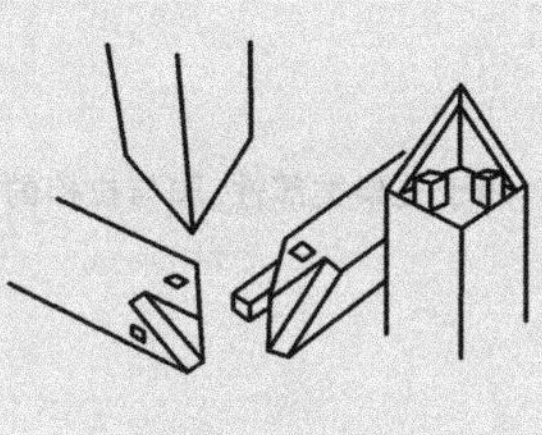	传统综角榫接	此结构三个方材的接合极为合理，好似连环套，三面牵制，是我国传统家具结构中较为著名的工艺结构
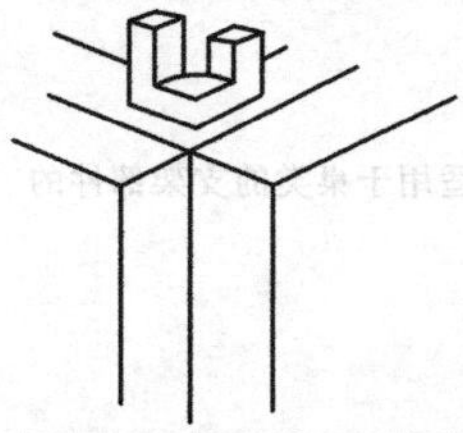	长短榫综角接	用于传统结构桌、台的三向接合
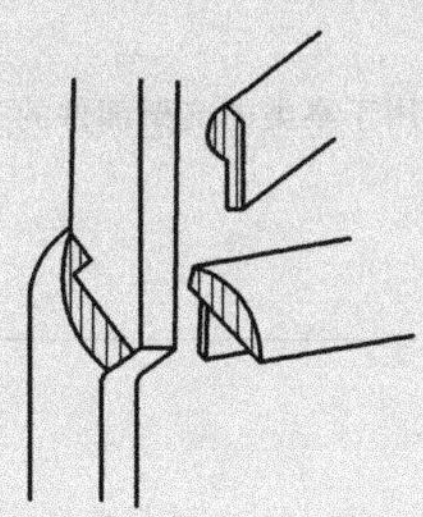	抱肩榫接	用于浑圆三向接合
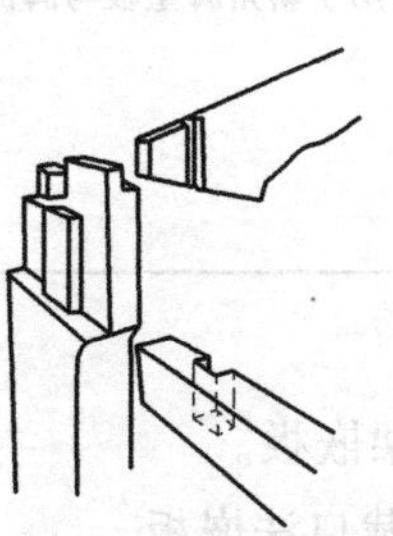	挂榫接	此结构因工艺复杂，在一般情况下不常使用

（2）普通三向接合　此种结构用于桌、椅类家具的支架三向接合，是现代家具常用的工艺结构。表3-17所示为普通三向接合的几种实例。

表 3-17 方材三向接合结构——普通三向接合

简 图	名 称	说 明
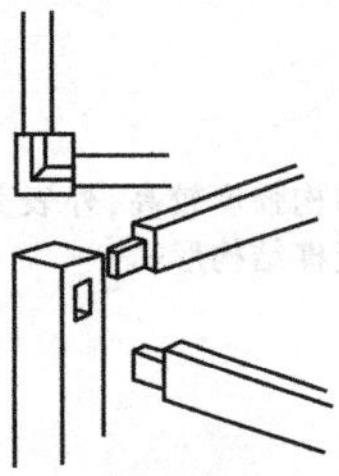	闭口不贯通榫三向接	适用于支架类部件、脚与望板的接合
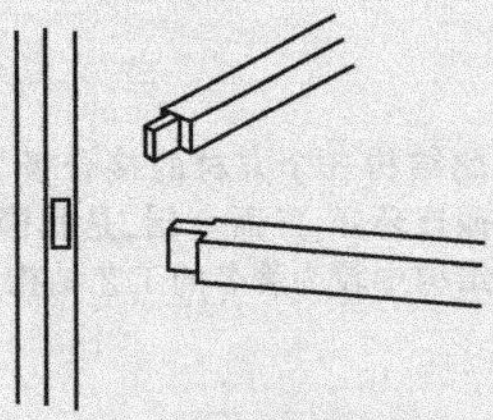	不贯通榫三向接	用于支架类部件、脚与拉档的接合
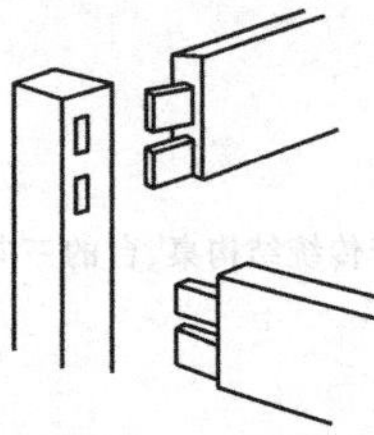	闭口不贯通双榫三向接	适用于桌类的支架部件的三向接合
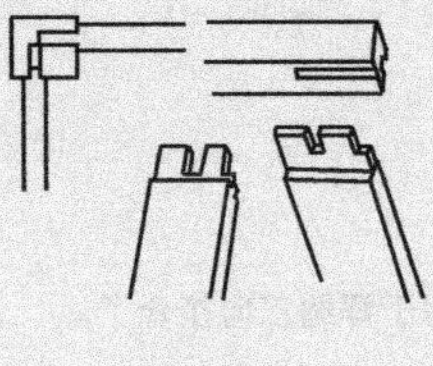	半闭口不贯通双榫三向接	适用于桌类的支架部件的三向接合
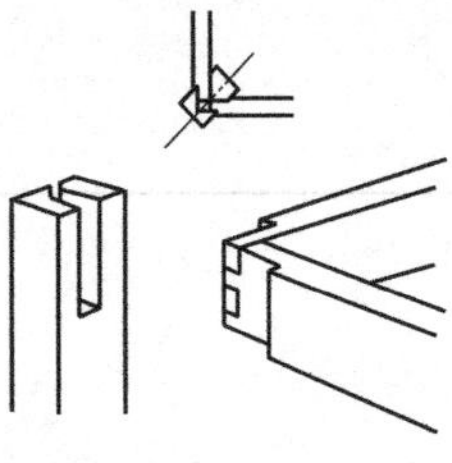	斜角交叉榫三向接	适用于斜角脚望板与脚的接合

6. 木框嵌板结构

在框架内嵌入人造板、实木板、玻璃、镜子等，统称为木框架嵌板。

(1) 嵌板的方法 嵌板的基本方法有两种，即槽榫法嵌板和裁口法嵌板。

1) 槽榫法嵌板。槽榫法嵌板是在木框内侧开出槽沟，在装配框架的同时放入嵌板一次性装配好。这种结构嵌装牢固，外观平整，但不能更换嵌板。图 3-12a、b、c 所示为槽榫法嵌板，三种形式的不同之处在于木框内侧及嵌板周边所铣型面不同，这三种结构在更换嵌板时都需将木框拆散。图 3-12a 所示结构能使嵌板盖住嵌槽，防止灰尘进入嵌槽内。

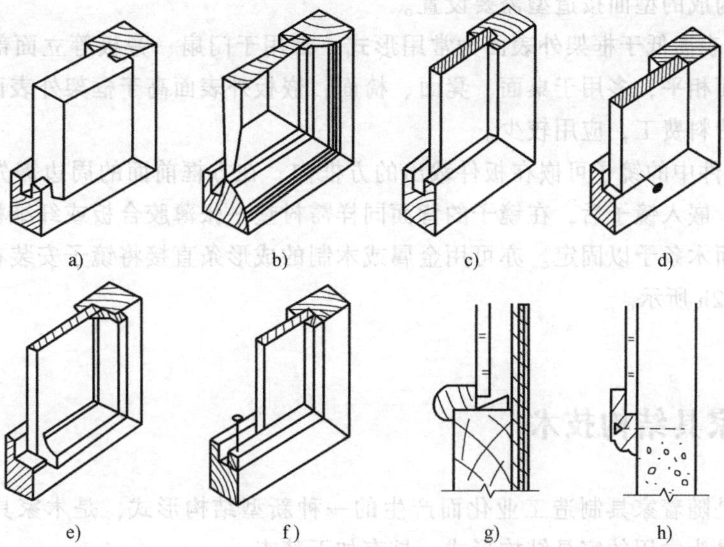

图 3-12 嵌板方法

a)、b)、c) 槽榫法嵌板 d)、e)、f) 裁口法嵌板 g) 嵌装镜子 h) 在板面上装镜子

2) 裁口法嵌板。如图 3-12d、e、f 所示，在木框内侧铣出阶梯槽，用成形木条与木螺钉或圆钉将嵌板固定于框架上。这种结构装配简单，易于更换嵌板，常用于玻璃、镜子的安装。

在木框内嵌装玻璃或镜子时，需利用断面呈各种形状的压条，压在玻璃或镜子的周边，然后用螺钉固定即可，如图 3-12g 所示。设计时压条与木框表面不要求齐平，这样可消除装配误差，以节省装配工时。当玻璃或镜子装在木框里面时，前面最好用三角形断面的压条与木螺钉将镜子固定在木框上，在镜子的后面还需安装薄胶合板或纤维板封住，以使镜子嵌入木框槽内不易损坏，安全、稳固、简便；当玻璃或镜子不嵌在木框内，而是装在板件上时则需用金属或木制边框，用螺钉使之与板件相接合，如图 3-12h 所示。

(2) 嵌板的技术要求

1) 嵌槽的几何尺寸：槽深度一般应大于 5mm，槽的边厚一般应大于 6mm，一般框架的厚度不能过厚，故槽的宽度受到限制，若嵌板为实木板，应将其周边刨削薄一点与槽宽相适应。

2) 嵌槽深不能破坏框架嵌槽的榫结构。

3) 嵌板与框架嵌槽的配合公差：嵌槽的长度应比嵌板宽度大 2~5mm，以便嵌板膨胀时不至于破坏框架结构。嵌槽高度方向留有 1~2mm 间隙，嵌槽宽需大于嵌板周边厚 0.1~0.3mm，即嵌板厚度与嵌槽接合后应留有 0.1~0.3mm 间隙。

4) 嵌板、嵌槽均不能施胶，以利于自由伸缩不受影响。

(3) 木框嵌板结构设计要点

1) 嵌板槽深一般不小于 8mm，槽边距框面不小于 6mm，嵌板槽宽常在 10mm 左右。木框的榫头应尽量与沟槽错位，以避免榫头被削弱。

2) 框内侧要求有凸出于框面的线条时，应用木条加工，并把它装设于板件前面；要求

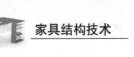

线条低于框面时，则用边框直接加工，利于平整，这时木条则装设于板件背面。木框、木条、拼板起线构成的型面按造型需要设置。

3）嵌板外表面低于框架外表面为常用形式，常用于门扇、旁板等立面部件；嵌板外表面与框架外表面相平，多用于桌面、凳面、椅面；嵌板外表面高于框架外表面，适用于较厚的嵌板，但较费料费工，应用较少。

4）板式部件中的镜子可嵌在板件裁出的方框内，在方框前面的周边需先胶钉好金属或木制的装饰条，嵌入镜子后，在镜子的背面同样需衬垫一张薄胶合板或纤维板，然后用木螺钉与三角形断面木条予以固定。亦可用金属或木制的成形条直接将镜子安装在板式部件的表面上，如图 3-12h 所示。

3.3 板式家具结构技术

板式结构是随着家具制造工业化而产生的一种新型结构形式，是木家具结构的发展方向，也是目前最为常用的家具结构形式，具有如下特点：

（1）资源利用率高　生产板式结构家具的主要原材料为各种木质人造板（常用的有胶合板、纤维板、刨花板、细木工板等），而这些人造板都是木材资源综合利用的产物，这样家具生产就可以大量减少实木材的消耗，节约森林资源。

（2）材性稳定、便于应用　人造板系一类经工业化专门生产的大幅面木质板材，它克服了实木材的诸多天然缺陷，如各向异性、不均匀性、节疤、腐朽、虫害等；另外由于其幅面大、板面平整光洁，给家具设计与生产带来了许多便利。

（3）生产工艺简单，便于实现机械化　由于板式结构家具是以平整的大幅面人造板为基材制成的，因此生产工艺简单，便于实现机械化、自动化和标准化生产，这样可大大缩短生产周期，降低劳动强度和劳动消耗，提高生产效率。

（4）易于实现木家具拆装化　板式结构是由板式部件经专门连接件接合而成的，而绝大多数连接件都可以进行多次拆装，这给家具的贮存、运输、异地销售都带来了极大的便利。

3.3.1 板式构件结构

板式构件有实芯板件、空芯板件两大类，常用的是实芯板件。

1. 实芯板件结构

实芯板件有实木拼板、人造板板件等，目前常用的为后一种。人造板板件是使用各种较厚的人造板直接加工成一定规格，经饰面处理后制造而成的。这类板件易于加工，便于机械化生产，很适合板式结构，但重量较重。常用于制造板件的人造板品种规格有：15mm、18mm 厚中密度纤维板，16mm 刨花板，16mm、18mm 厚细木工板，以及三聚氰胺浸渍纸饰面刨花板（中密度纤维板）等，其饰面处理的方法主要有涂料饰面、薄木饰面、装饰纸饰面、防火板饰面、塑料薄膜饰面等。

2. 空芯板件结构

空芯板内部为框架结构，框架中间可为空芯结构也可填充各种材料，两面包镶薄板材而成。这类板件重量轻、形状稳定，但加工工艺较复杂。空芯板常见结构如图 3-13 所示。

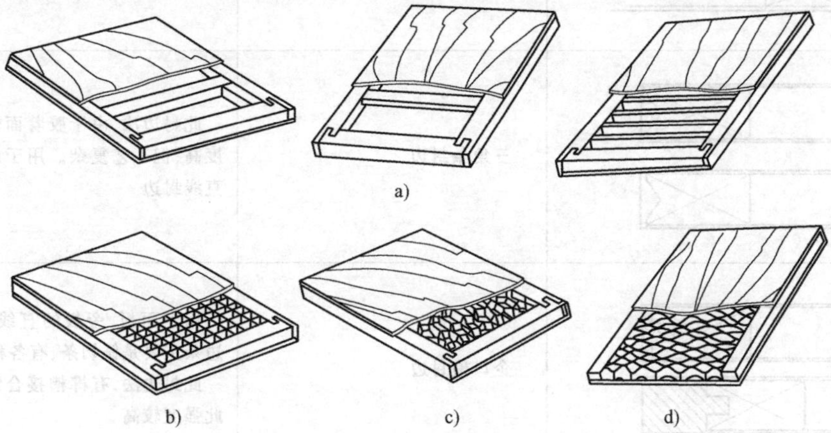

图 3-13　空芯板常见结构

a）覆面木框空心板　b）覆面格状空心板　c）覆面蜂窝状空心板　d）覆面波纹状空心板

3. 板件封边结构

板件侧面封边处理是防止边缘剥落并美化外观的重要措施，特别是刨花板等人造板更应作封边处理，以掩盖内芯料。封边处理一般用于门板、面板、旁板、顶板、底板及抽屉面板等。封边多用薄木、薄板，也有用塑料和金属作为封边材料的。封边处理是现代板式家具不可缺少的工序，过去的手工操作将逐渐被高效的封边机所替代。表 3-18 为常见的封边结构形式。

表 3-18　常见的封边结构形式

简　图	名　称	说　明
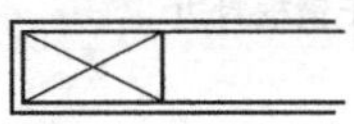	薄木封边	用于柜类面板、旁板、门板、抽屉面板等侧面直线和曲线封边。可手工操作，也可用封边机操作
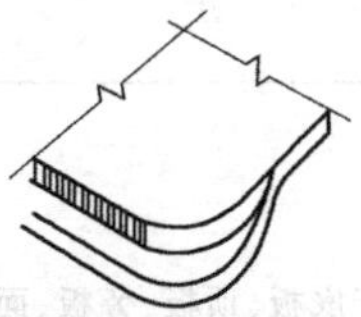	塑料木纹薄膜封边	封边性能与薄木封边相似，其优点是可用封边机连续操作
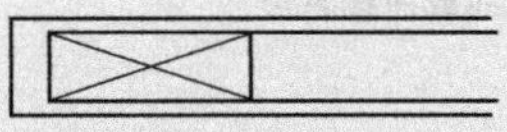	薄板平封边	用于面板、旁板等部件的封边
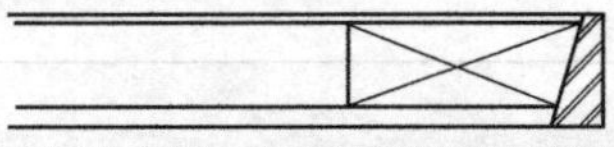	薄板斜角封边	用于高级家具的门板、面板等直线封边
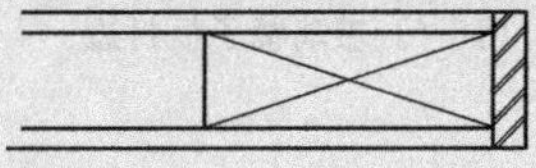	夹角薄板封边	用于高级家具的门板、面板直线与曲线封边。加工要求较高

（续）

简　图	名　称	说　明
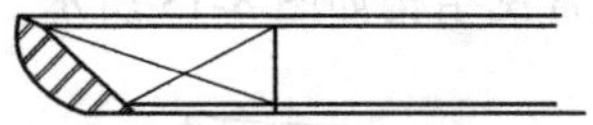	薄板斜线封边	用于面板、旁板等直线封边
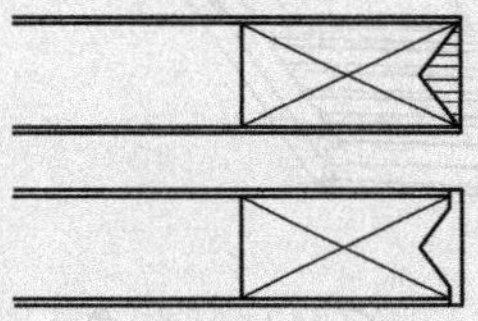	三角条封边	此封边法，由于胶着面较大，因此强度高，但工艺复杂。用于面板、旁板等直线封边
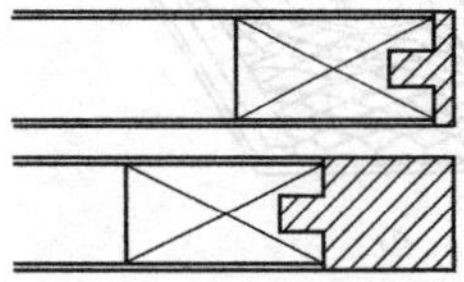	企口槽封边	用于面板、旁板的直线封边。宽封边条主要是铣切条，有各种线型 此封边法，有榫槽接合结构性能，因此强度较高
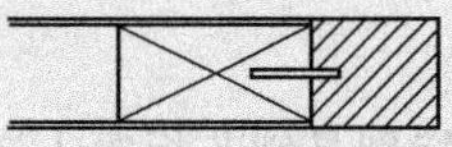	槽条结合封边	用薄板条或胶合板条作串槽条，用胶料拼合，用于旁板、面板直线拼接
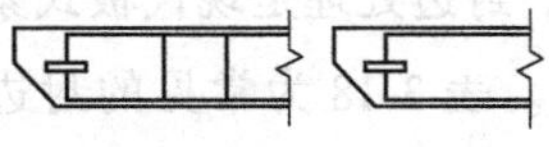	圆榫销封边	用圆棒销封边，用于旁板、面板直线拼接
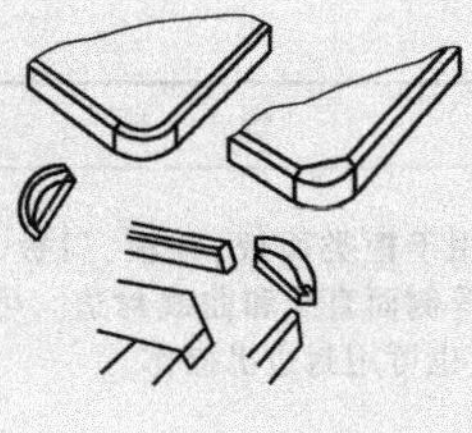	镶角封边	用于镜框封边
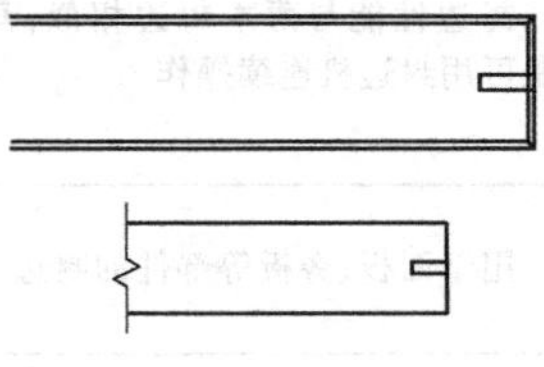	塑料和铝封边条封边	用于底板、顶板、旁板、面板、门板等直线或曲线封边
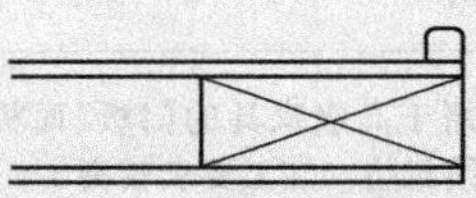	铝合金封边条封边	用于门、玻璃镜子框封边

3.3.2 固定连接件结构

固定连接是指两零部件间形成紧固接合，接合后两部件间没有相对运动。家具部件之间的接合绝大多数为这种形式，如柜类及桌类的旁板与顶板、底板接合等。固定连接的方法主要有不可拆连接及可拆装连接、定位等几大类。

1. 不可拆连接结构

这类连接主要靠钉及木螺钉钉入零件之中固接，所以一般装好后不可拆卸。其种类也很多，常用不可拆连接件见表3-19。

表3-19 常用不可拆连接件

名　称	形状及连接方式	特点及应用
圆钉		(1)用于低档木制品的紧固连接 (2)不可拆装 (3)钉头外露,连接强度较低
木螺钉	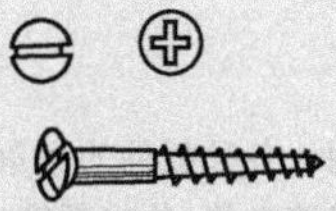	(1)用于配件安装 (2)可有限次地拆装,连接强度高于圆钉
气钉	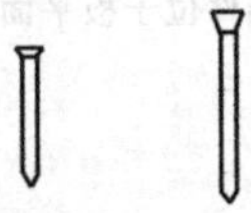	(1)用于木制品内部连接 (2)需用气泵、钉枪等设备钉入 (3)连接强度一般
角码		(1)用于重载木制品的连接 (2)与木螺钉配合使用

(1) 圆钉　圆钉主要用于定位和紧固，常用锤子等钉入木质零件，其规格按长度分为多种，根据零件厚度选用。使用时，圆钉数目不宜过多，只要达到强度即可。为保证钉接合强度，一般圆钉长度应大于钉紧件厚度的2倍，钉中心位置距工件边缘大于10倍的钉径。互相靠近的两个圆钉，应斜向错开钉入。

(2) 木螺钉　木螺钉主要用于连接件安装及稍大部件间的接合。由于其外围有螺纹，旋入木质材料后其钉着力大大高于圆钉。由于木材本身的纤维结构，用木螺钉接合时，不能多次拆装，否则会破坏木材组织，影响制品强度。一般木螺钉拧入工件部分的长度为10~25mm，钉尖不能钉透工件，应留有大于螺钉直径的边皮。木螺钉安装时应先在工件上打出引孔。

(3) 气钉　气钉也是用于紧固连接，有直钉、马钉等多种形式，需采用气泵及专门气钉枪钉入木质零件，使用快速、方便，但其单颗钉着力较小，需多点钉接。

(4) 角码　其材料有金属和塑料两种，与木螺钉配合用于板件的紧固连接。

2. 拆装连接结构

目前用于拆装连接结构的连接件种类很多，广泛用于两木质零部件之间的垂直连接，可多次拆装，使用方便、快捷。常用的可拆连接件见表3-20。

表 3-20　可拆连接件

名称	形状及连接方式	特点及应用
偏心件	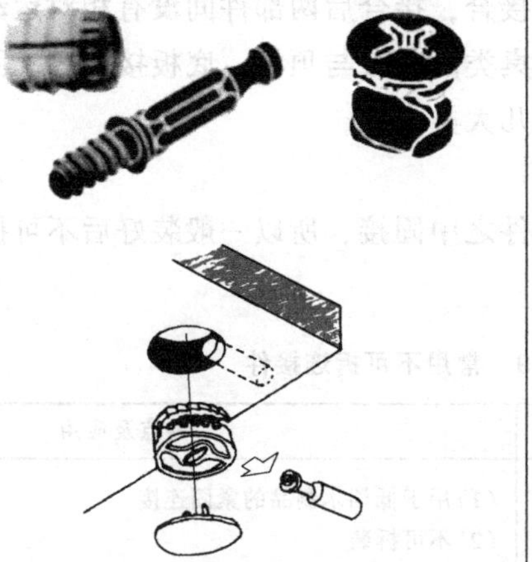	(1)常用于木制品板件直角接合 (2)拆装方便灵活 (3)有较大的接合强度 (4)隐藏式装配,不影响外观 (5)装配孔加工较复杂,精度要求高
直角件	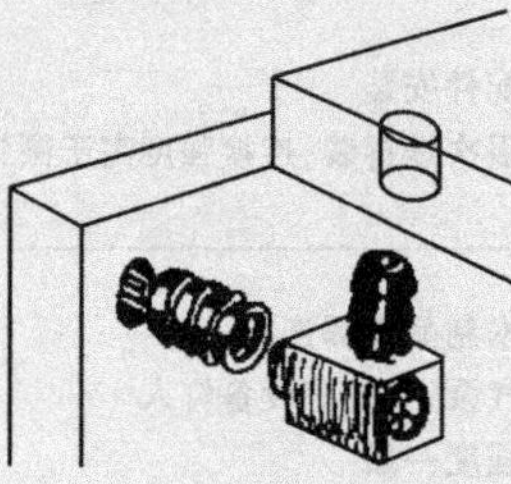	(1)用于各种板件的直角连接 (2)安装方便,价格低廉 (3)连接件位于板平面之上,影响美观及使用
锤仔件	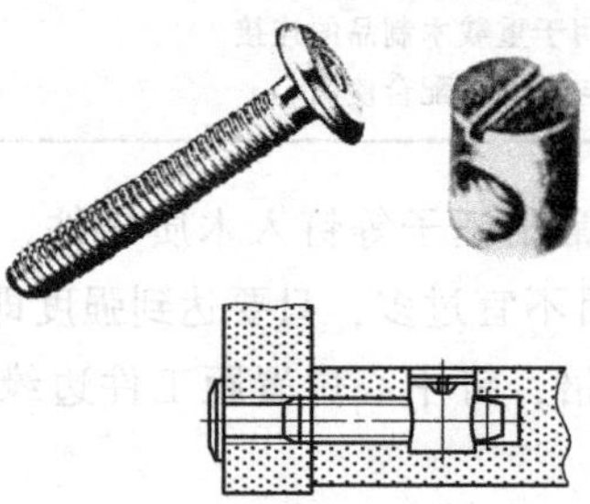	(1)用于各种重载柜体板件直角连接 (2)使用方便灵活 (3)接合强度很高,承载能力强 (4)螺钉头外露,影响美观

(1) 偏心件接合　它由偏心轮、连接杆、倒刺螺母三部分组成（俗称三合一）。偏心轮的直径有 ϕ25mm、ϕ15mm、ϕ12mm、ϕ10mm 四种。连接杆直径有 ϕ6mm、ϕ7mm 两种，长度有多种规格。一般 ϕ25mm、ϕ15mm 偏心件用于旁板与顶板、底板连接，ϕ10mm 偏心件用于抽屉旁板与抽屉面、背板之间的连接。连接时，先在一块板件上钻出小圆孔预埯倒刺螺母，将连接螺杆旋入螺母中，在另一板件表面钻出大圆孔，装入偏心轮，端面钻出小孔。两板件接合时，需将连接杆通过端面小孔套入偏心轮，顺时针旋转偏心轮，使其与连接杆拉紧即可。如需要拆卸，只需将偏心轮反时针旋转就可将其拆开。另外还有一种将连接螺杆与倒刺螺母做成一体的指压榫钉，接合时只需将榫钉用手指压入相应工件中，再与另一工件的偏心轮配合，就可将两工件接合在一起，从而实现免工具快速安装。偏心件接合对板件孔加工精度要求较高，需作精确的计算见表 3-21。

表 3-21 偏心件接合设计计算

偏心轮直径	装配结构示意图	计算方法
ϕ25mm	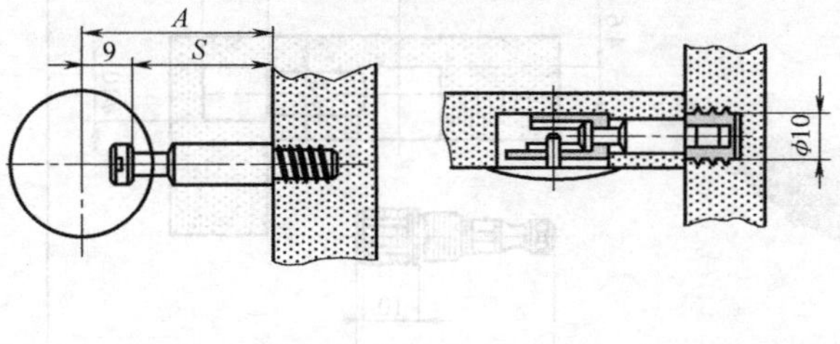	$A=S+9$mm
ϕ15mm	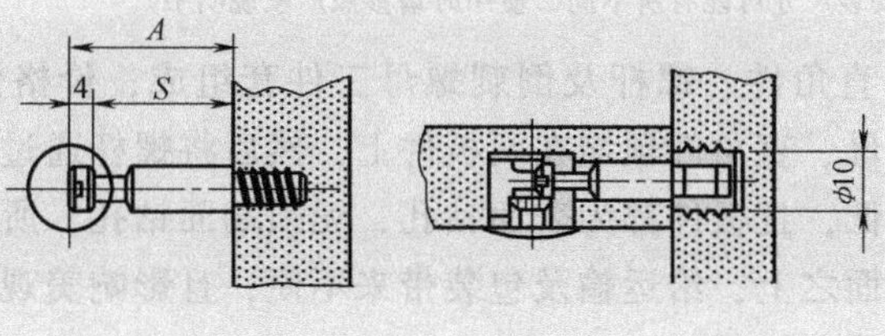	$A=S+4$mm
ϕ15mm（球面偏心件）	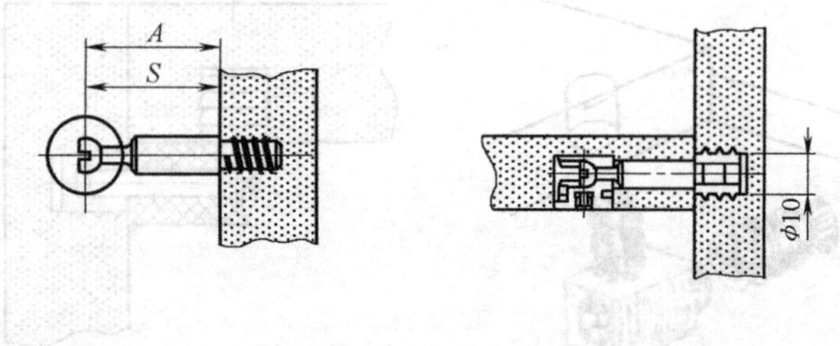	$A=S$
ϕ12mm	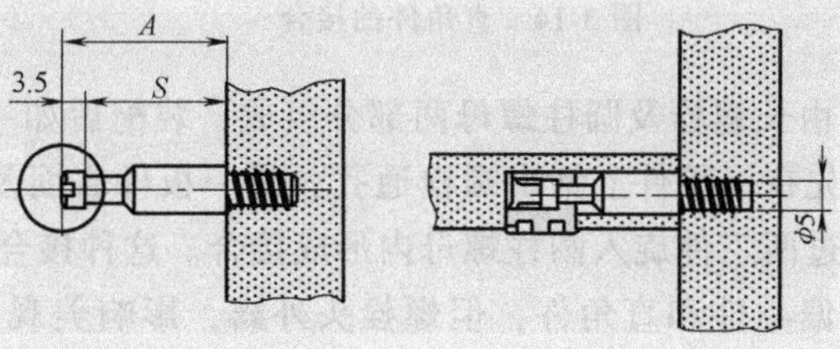	$A=S+3.5$mm
ϕ10mm	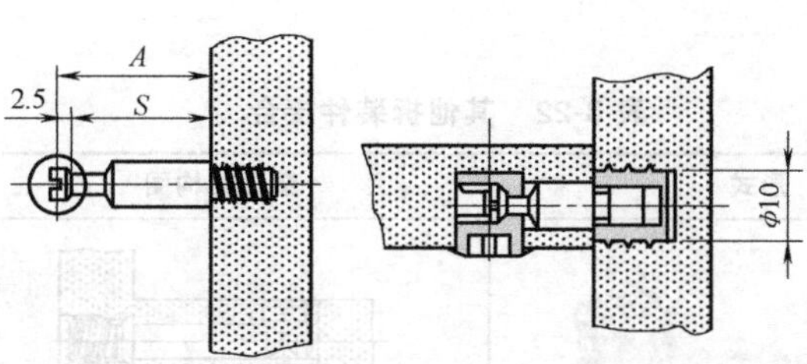	$A=S+2.5$mm

（续）

偏心轮直径	装配结构示意图	计算方法
ϕ15mm 偏心轮加指压榫钉	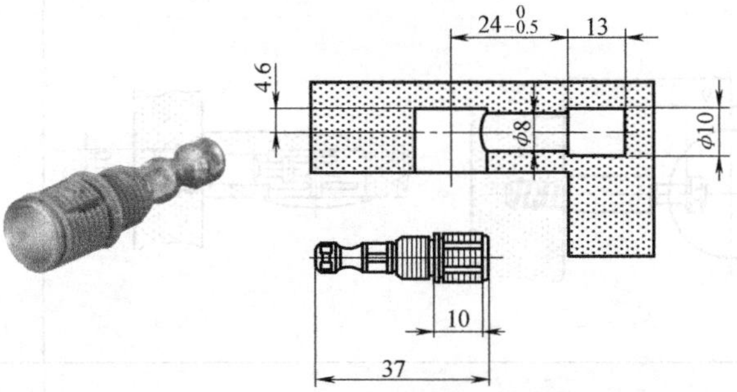	$A = 24$mm

注：不同企业生产的偏心件安装尺寸可能有所不同，使用时请参照厂家说明书。

（2）直角件接合　由直角件、螺杆及倒刺螺母三件套组成，价格低廉，规格有大小两种。接合时，先将倒刺螺母、直角件预埯在两板件上，然后将螺杆通过直角件旋入倒刺螺母即可。这种连接件成本较低，且板件都为表面钻孔，无须端面钻孔，所以打孔难度较低，易于加工。但直角件位于板面之上，给运输及包装带来不便，且影响美观，常用于各种低档柜类的板件连接。直角件的接合如图 3-14 所示。

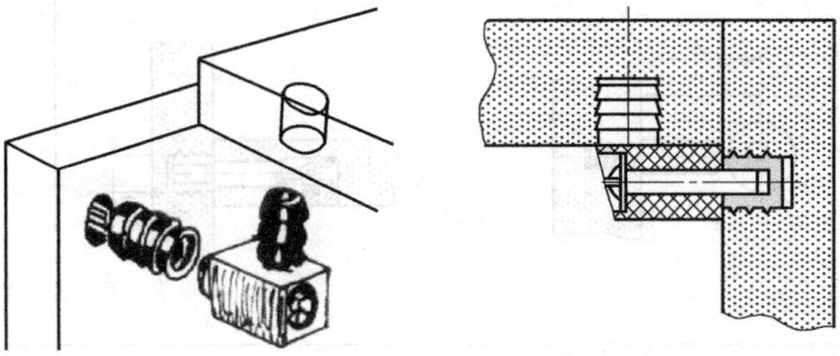

图 3-14　直角件的接合

（3）锤仔件接合　它由长螺栓及圆柱螺母两部分组成，装配后如一把锤子嵌在家具中，故称为锤仔件。使用时，先在一板件上钻出螺栓通孔，另一板件表面及端面相应位置钻孔，安装圆柱螺母，长螺栓穿过两工件旋入圆柱螺母内形成接合。这种接合方式承载能力、接合强度、接合稳定性均高于偏心件和直角件，但螺栓头外露，影响美观，常用于书柜、文件柜、电脑桌、仪器工作台等稳定性要求高、承载大的家具。

（4）其他拆装件接合　在板式家具结构中，还用到许多其他拆装件来实现工件间的接合，见表 3-22。

表 3-22　其他拆装件接合

拆装件名称	形式	装配结构图	应　用
四合一重载连接件	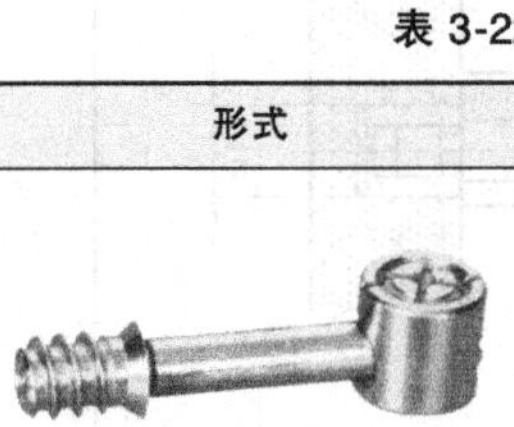	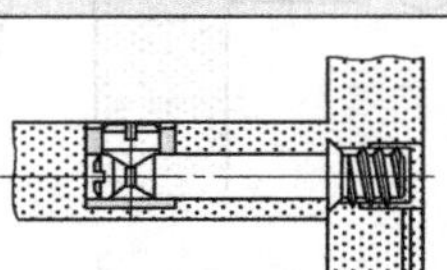	用于书柜、文件柜等重载场合

（续）

拆装件名称	形式	装配结构图	应　用
层板托	 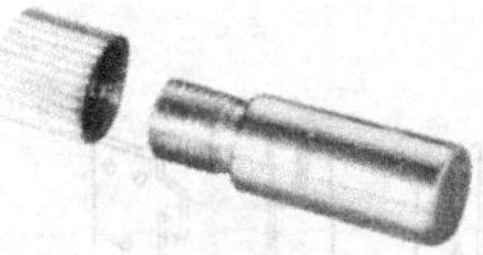  	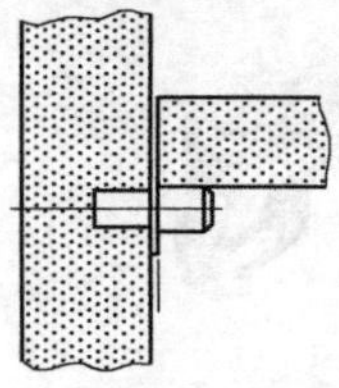 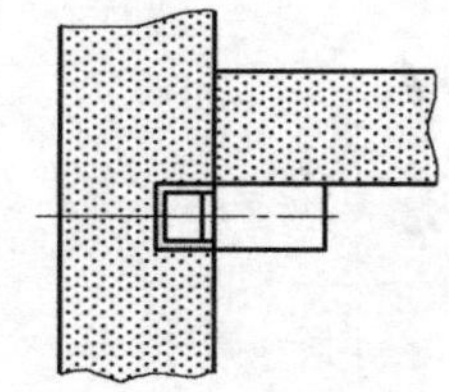 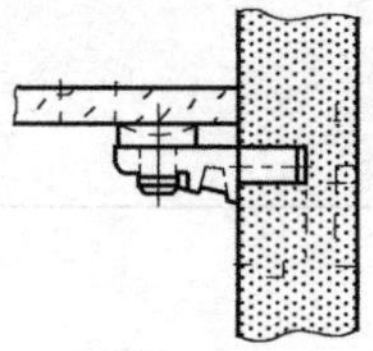 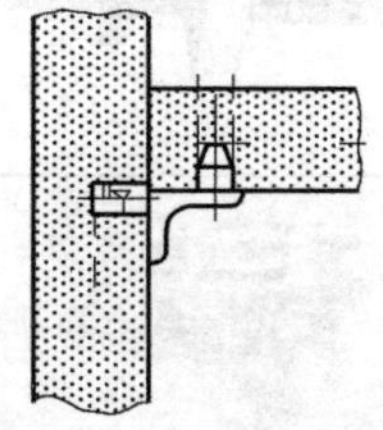	用于水平中搁板的支撑，搁板可任意取放
层板夹	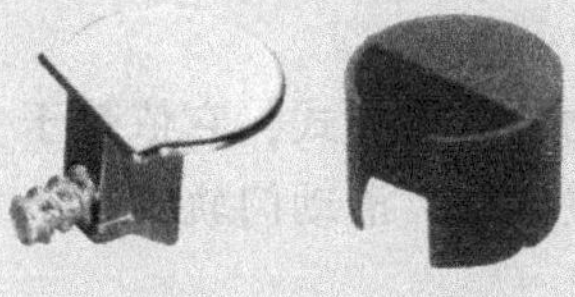 	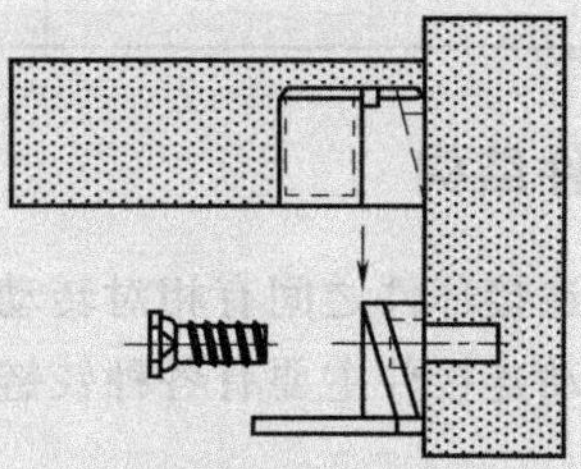 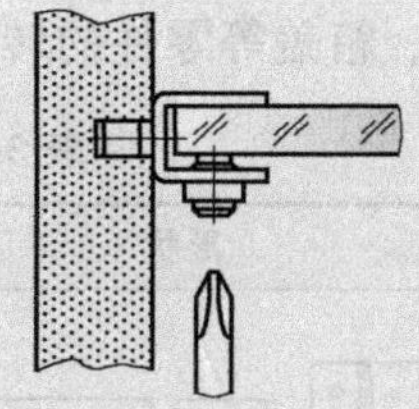	用于水平中搁板的支撑及固定

（续）

拆装件名称	形式	装配结构图	应　用
背板扣		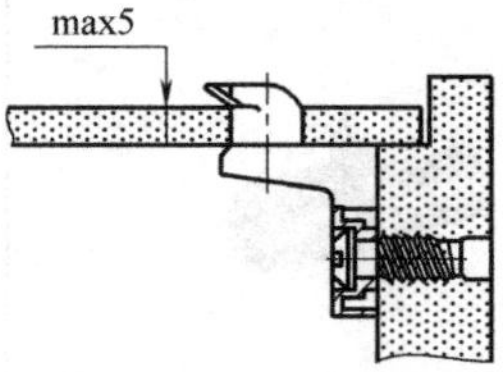	用于柜类背板的固定
床梃铰		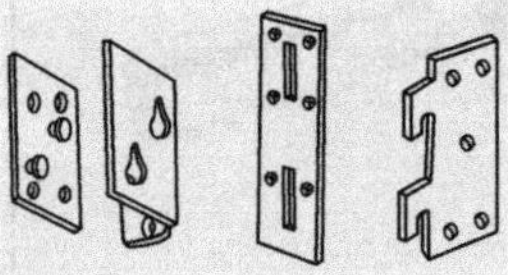	专用于床梃和床架之间的固定连接
重载连接件	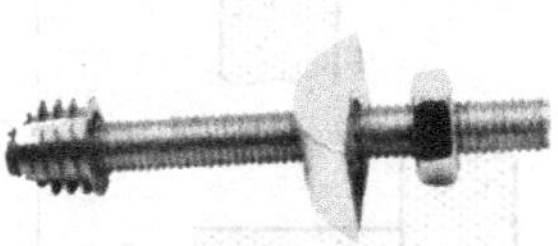	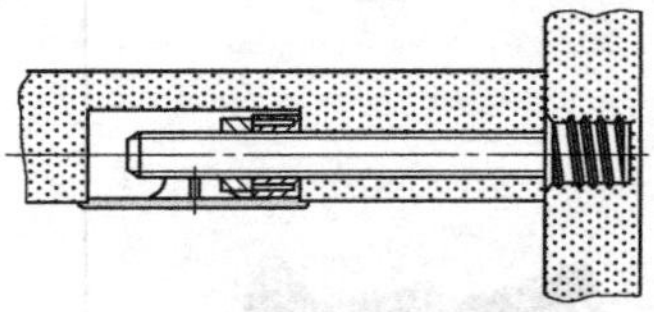	用于床梃和床架之间的固定连接及桌类等重载部件间的接合，承载能力强
可调支撑件		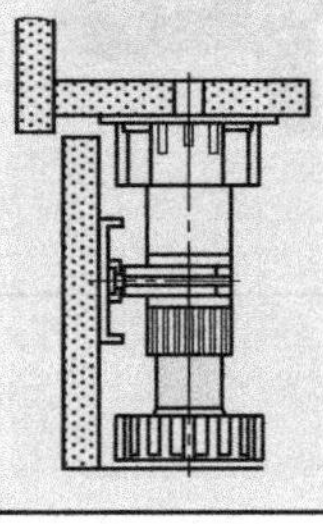	用于柜体及桌类的支撑，高度可调

3.3.3　活动连接件结构

活动连接是指两连接部件之间有相对转动或滑动的结构方式，它依赖于一些专门的活动连接件实现接合。活动连接件主要有各种铰链、抽屉导轨、滑动门轨等。

1. 铰链

铰链用于窗扇、柜门、箱盖等零件的转动开合，其种类很多，常见的铰链见表 3-23。

表 3-23　铰链

名称	形状	应用及特点
普通铰链	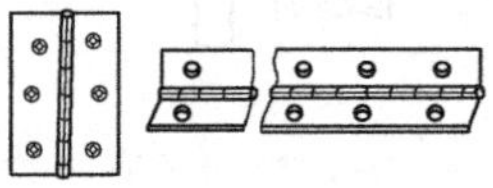	（1）用于室内装修中的木质门窗及低档家具门 （2）铰链外露，无自闭功能 （3）使用方便，价格低廉

（续）

名称	形状	应用及特点
活铰链	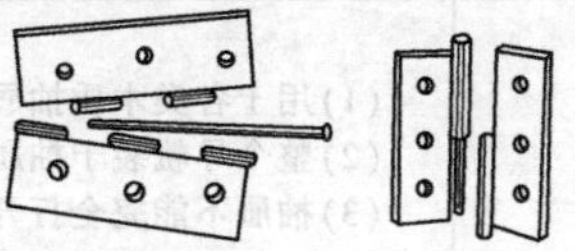	(1)用于需经常拆卸的门窗，如纱门、纱窗等 (2)铰链外露，无自闭功能
杯状暗铰链	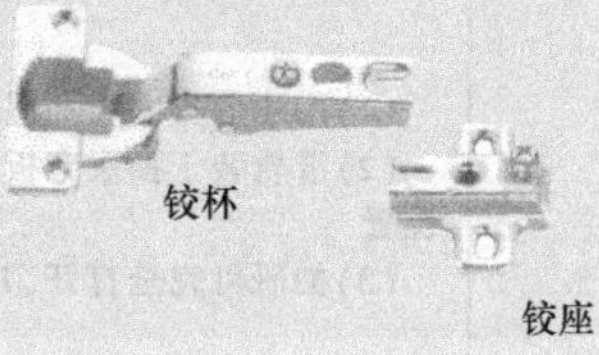	(1)用于各种中、高档家具的木质门 (2)隐蔽性好，具有自闭功能 (3)便于拆装、调整 (4)加工精度要求高
杯状暗铰链		(1)用于铝质边框门 (2)隐蔽性好，具有自闭功能 (3)便于拆装、调整 (4)加工精度要求高
翻板铰链	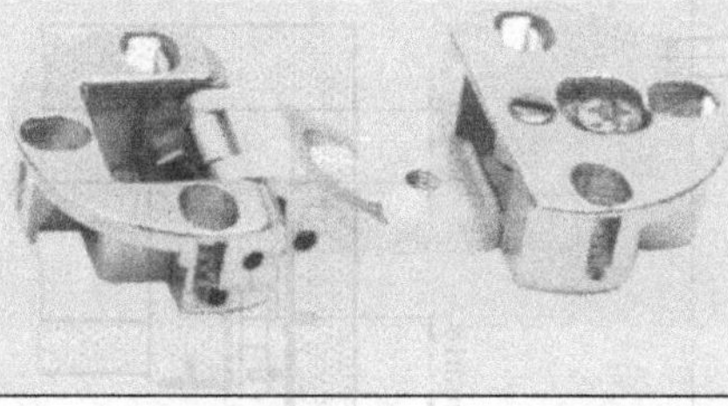	(1)用于各类木质家具的翻门 (2)结构简单，打开后铰链平面与门板面平齐 (3)无自闭功能
玻璃门铰链	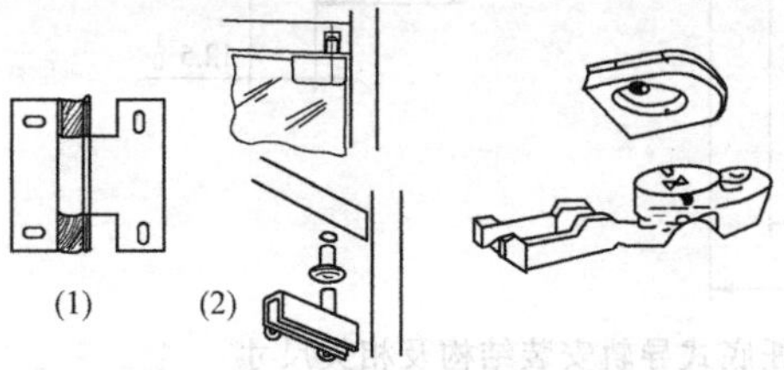	用于各种玻璃开门
阻尼铰链	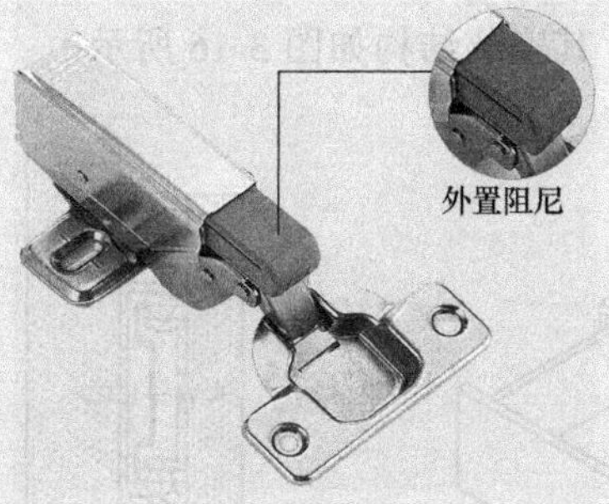	利用液体的缓冲性能，使柜门在60°开始自行缓慢关闭，降低冲击力

2. 抽屉导轨

目前较为常用的抽屉导轨有悬挂式和托底式两类，见表3-24。

表 3-24　抽屉导轨

名　　称	形状及安装方式	应用及特点
悬挂式	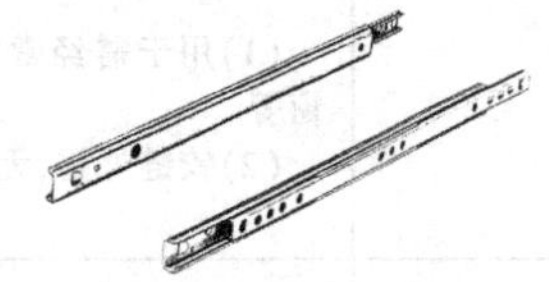	(1)用于各类木质抽屉,有二节式和三节式两种 (2)整个导轨装于抽屉旁板中部 (3)抽屉不能完全打开
托底式	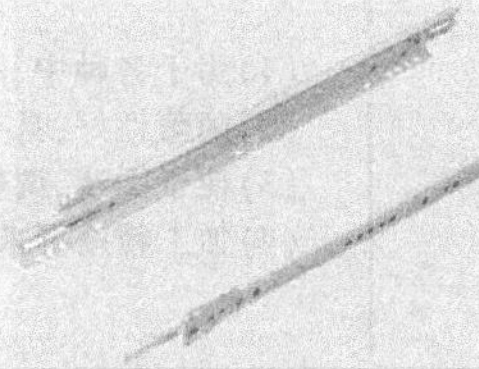	(1)用于各类木质抽屉 (2)滑轨装于抽屉旁板底部,滑道装于柜体旁板相应位置 (3)抽屉可完全打开,并可随意卸下

这些导轨具有抽动灵活轻便、承载能力强等优点，有多种长度规格供选用。

托底式导轨安装结构及相关尺寸如图 3-15 所示，为便于抽屉安装及拆卸，抽屉旁板顶面与上面的柜盖板间垂直距离应≥16mm。

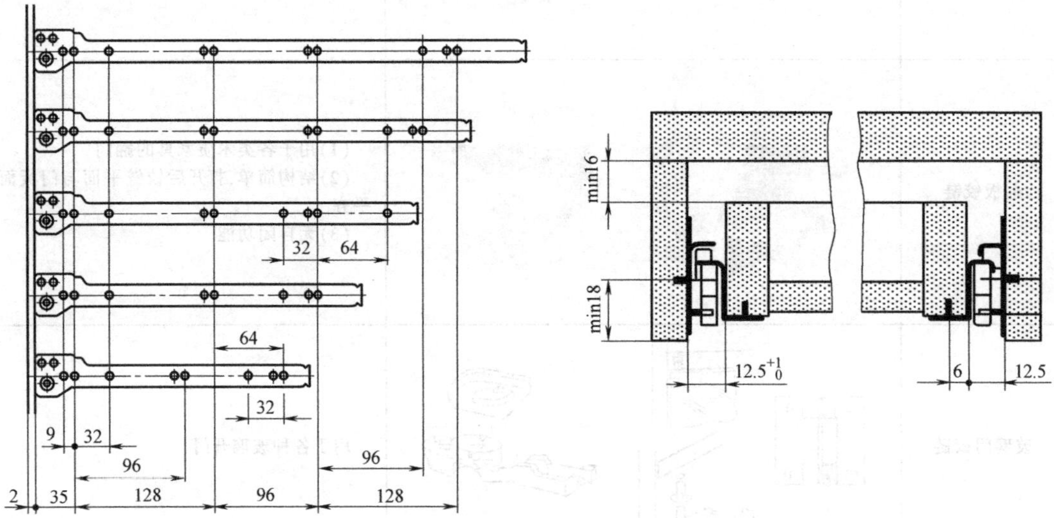

图 3-15　托底式导轨安装结构及相关尺寸

悬挂式导轨有二节式和三节式两种，其安装结构如图 3-16 所示。

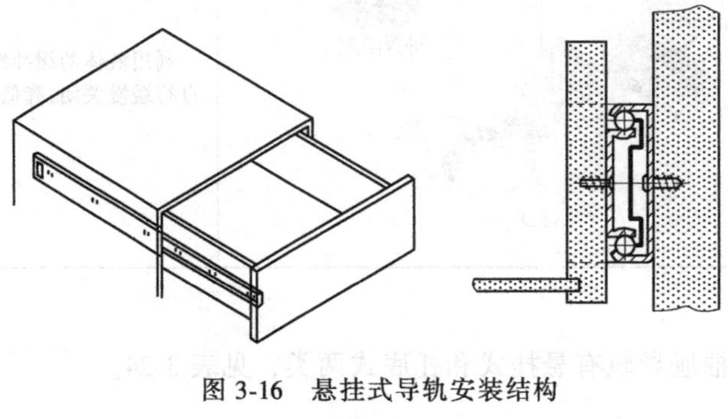

图 3-16　悬挂式导轨安装结构

3. 滑动门轨

滑动门轨用于移门的左右滑动运动，一般有槽式和滚轮式等。其配件形式较多，工作原理也各有不同，常用配件的结构形式见表3-25。

表3-25 滑动门轨配件的结构形式

名　　称	形　　状	应　　用
槽式门轨	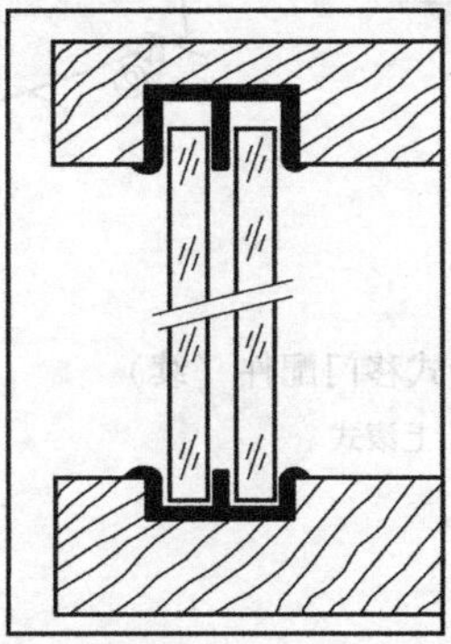	用于小型玻璃移门、木质轻便移门等
垂直升降门铰		用于垂直升降门的开启

对于像衣柜、书柜的大型移门，因门页重，如用槽式门轨则滑移较困难，一般需用滚轮式移门配件，它有下滚式和上滚式两种，如图3-17所示。

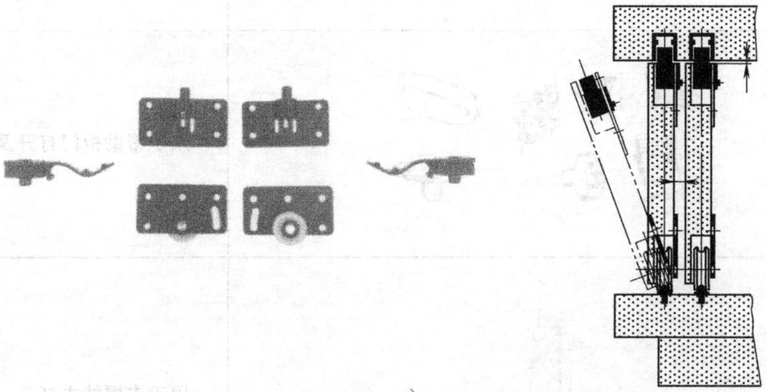

a)

图3-17 滚轮式移门配件

a) 下滚式

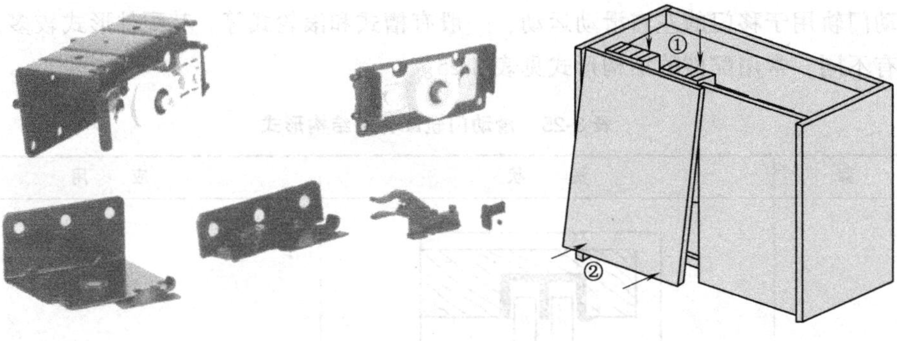

b)

图 3-17 滚轮式移门配件（续）

b）上滚式

3.3.4 其他连接件结构

在板式家具结构中，还要使用一些其他的连接件，这些连接件主要用于家具部件的位置保持与固定、锁紧与闭合等，见表 3-26。

表 3-26 其他连接件

名 称	形 状	用 途
牵筋	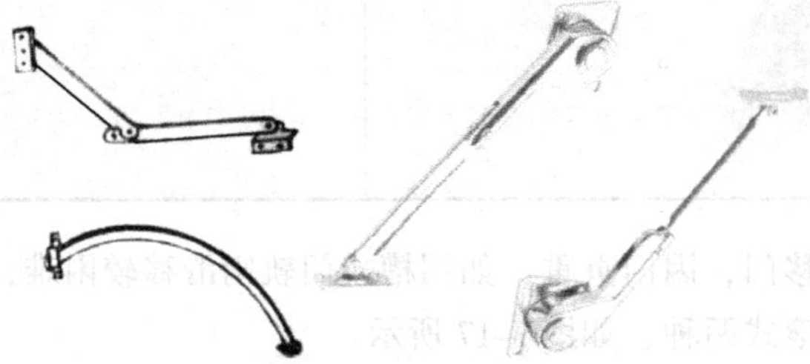	用于翻门的位置固定
拉手		用于帮助柜门打开及装饰
挂衣杆承托		用于支撑挂衣杆

（续）

名　称	形　状	用　途
抽屉锁		用于木质抽屉
木门锁		用于木质开门，有左、右之分
玻璃移门锁	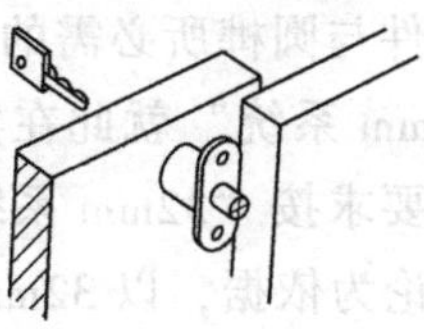	用于玻璃移门
总控制锁	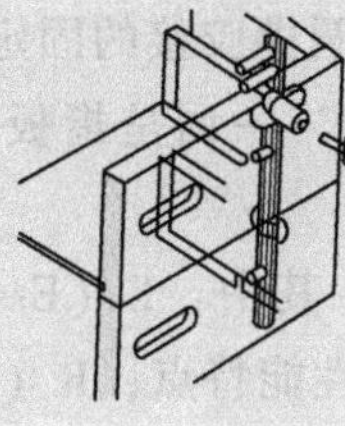	用于多个抽屉同时锁住
明插销	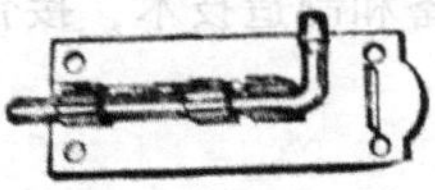	用于柜门位置的固定
弹簧插销	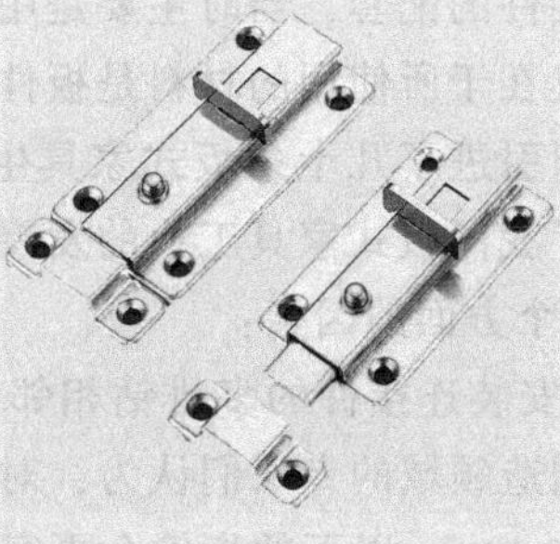	用于柜门位置的固定

（续）

名　称	形　状	用　途
磁性门碰		用于柜门关闭后的定位，使其不能自行开启
弹簧门碰	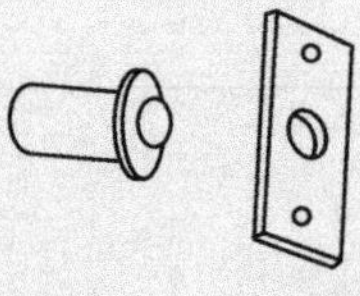	用于柜门关闭后的定位，使其不能自行开启

3.3.5 32mm 系统技术

1. 32mm 系统概述

板式家具摒弃了框式家具中复杂的榫卯结构，而寻求新的更为简便的接合方式，就是采用现代家具五金件与圆榫连接。而安装五金件与圆榫所必需的圆孔是由钻头间距为 32mm 的排钻加工完成的。为获得良好的连接，“32mm 系统”就此在实践中诞生，并成为世界板式家具的通用体系，现代板式家具结构设计被要求按“32mm 系统”规范执行。

所谓 32mm 系统，是一种以模数组合理论为依据，以 32mm 为模数，通过模数化、标准化的“接口”来构成板式家具结构设计的方法，是一种采用工业标准板材和标准钻孔方式来组成家具的手段，同时，也是一种加工精度要求非常高的家具制造系统。以这个制造体系的标准化部件为基本单元，既可以组装为采用圆榫胶接的固定式家具，也可以使用各类现代五金件连接成拆装式家具。简单来讲，“32mm”一词是指板件上前后、上下两孔之间的距离是 32mm 或 32mm 的整数倍。

在欧洲，32mm 系统也称“EURO”系统，其中：E（Essential Knowledge）指的是基本知识；U（Unique Tooling）指的是专用设备的性能特点；R（Require Hardware）指的是五金件的性能与技术参数；O（Ongoing Ability）指的是不断掌握关键技术。即 32mm 系统是在掌握家具制造基本知识的同时，采用先进的设备和制造技术，接合与之相匹配的五金件而得以实现的家具设计与制造系统。

2. 32mm 系统的来源

在引入 32mm 系统之前，我国初期的一些板式家具的连接也采用过以 50mm 为模数的设计与加工方法，由于没有统一的标准连接件的配套，当时主要是用圆棒榫接合，形成不可拆装的连接，因此，当时板式家具的意义仅在于所使用的材料是板件而已，没有达到可拆装的要求。从 20 世纪 80 年代起，我国从欧洲引进了几十条板式家具生产线，同时，也将 32mm 设计与制造系统引入了我国，从而推动了我国板式家具工业的发展。

32mm 系统的确定主要是基于以下几个方面的因素：

1）机械制造方面的原因。用于加工安装连接件的多排钻相邻钻头之间是用齿轮啮合传动的，在 20 世纪 70 年代的欧洲，机械制造领域的专家们认为，对直径超过 40mm 的高速传动齿轮的制造技术要求比较高，而直径在 40mm 以下的齿轮会更容易制造。同时，齿轮间合理的轴间距不应小于 30mm，否则会影响齿轮装置的寿命。

2）习惯方面的因素。欧洲民间习惯使用英寸的比较多，正如我国的木匠使用的寸一样。在确定标准孔距时喜欢选用与人们熟悉的英制尺度相接近：1.0in=25.4mm，如果用 1.0in 来作为两相邻钻头之间的距离显然不足；另一个习惯使用的英制尺寸为（1+1/4）in（=25.4mm+6.35mm=31.75mm），取整为 32mm。

3）数学方面的原因。与 30mm 的取值相比较，32 mm 是一个可以作完全整数倍分的数值，即它可以不断被 2 整除，因为 $32=2^5$。而 2 是偶数中最小的数，它在模数化方面起着非常重要的作用，以它为基数，可以演化出许多变化无穷的系列，具有很强的灵活性和适应性。

4）以 32mm 作为孔间距的模数，并不表示家具的外形尺寸一定是 32mm 的倍数，因此与建筑上的 300mm 模数并不矛盾。

因此，考虑到以上各方面的因素，最后将孔距确定为 32mm。

3. 32mm 系统的特点

32mm 系统的主要作用是在板式家具的结构、加工设备、五金配件等因素之间协调系列数值的相互关系。32mm 系统实际上包括两个方面的内容：一个是设计系统，另一个是制造与装配系统。主要是针对大批量生产的柜类家具进行的模数化设计，即以旁板为骨架，钻上成排的孔，用以安装门、抽屉、搁板等。这种家具的模数化扩展到生产设备、五金及其他家具种类上，促成了 32mm 系统的进一步完善和发展，形成了国际上公认的设计规范。

32mm 系统作为家具工业化设计与制造的标志，在设计与制造过程中引进了标准化、通用化、系列化，实现了“板件即是产品”，将传统的家具设计与制造引入了一个新的境地，摆脱了传统的手工业作坊和熟练木工。在生产上，因采用标准化生产，可以降低成本，便于质量控制，且提高了加工精度及生产率；在包装贮运上，采用板件包装堆放，有效地利用了贮运空间，减少了破损、难以搬运等麻烦。同时，它使家具的多功能组合变化成为可能。用户可以通过购买不同的板件，自行组装成不同款式的家具，用户不仅仅是消费者，同时也参与设计。

4. 32mm 系统的设计准则

32mm 系统主要应用于柜类家具的结构设计，其中又以旁板的设计为核心。旁板是家具中最主要的骨架部件，板式家具尤其是柜类家具中几乎所有的零部件都要与旁板发生关系，如顶板（面板）、底板、搁板要与旁板连接，背板要插入或钉在旁板后侧，门的一边要与旁板相连，抽屉的导轨要装在旁板上等。因此，32mm 系统中最重要的钻孔设计与加工也都集中在旁板上，旁板上孔的位置确定以后，其他部件的相对位置也就基本确定了。可见旁板的设计在 32mm 系列家具设计中至关重要。

在 32mm 系统中，旁板前后两侧各设有一根钻孔主轴线，轴线按 32mm 的间隔等分，每个等分点都可以用来预钻安装孔。旁板上的预钻孔包括结构孔和系统孔，两者应分别处在各自的 32mm 系统网格内，即系统孔之间的距离要保持为 32mm 的整数倍，结构孔之间的距离也要保持为 32mm 的整数倍。由于两者作用不同应分别安排，没有相互制约的关系，也就是说结构孔与系统孔并非一定在同一 32mm 系统网格内。一般结构孔设在水平坐标上，系统孔设在垂直坐标上。这两类孔的布局是否合理，是 32mm 系统成败的关键。

（1）系统孔　系统孔一般设在垂直坐标上，分别位于旁板前沿和后沿，如图 3-18 所示，是装配门、抽屉、搁板等所必需的安装孔，主要用于铰链、抽屉滑道、搁板撑等的安装。通用系统孔的主轴线分别设在旁板的前后两侧，前侧为基准主轴线。对于盖门，前侧主轴线到旁板前侧边的距离（K）应为 37（或 28）mm；对于嵌门，则该距离应为 37（或 28）mm 加上门板的厚度。后轴线也按同原理计算。前后轴线之间及其辅助线之间均应保持 32mm 整数倍距离。通用系统孔的孔径为 5mm，孔深规定为 13mm。当系统孔用作结构孔时，其孔径根据选用的配件要求而定，一般常为 5mm、8mm、10mm、15mm、25mm 等。

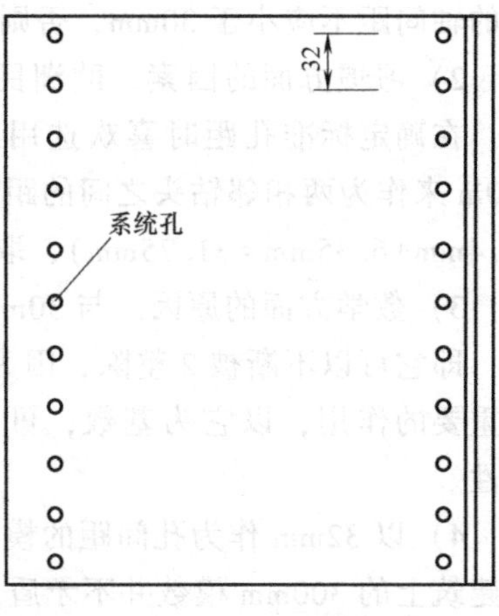

图 3-18　32mm 系统的系统孔

系统孔具有以下作用：

1）准确定位、提高效率、增加接合强度。

系统孔的作用首先是提供安装五金件的预钻孔。如不预钻系统孔，安装抽屉滑道和门铰链需依靠工人手工画线后再用手电钻打孔，不但效率低，而且往往会造成人为误差，影响后续安装工序的精确性和组装后的产品质量。同时，在预钻孔内预埋膨胀管，再拧入紧固螺钉，可避免因某些人造板的握钉力不强而影响连接强度，且能够多次反复拆装。

2）可实现旁板的通用性和使用的灵活性。

对企业来说旁板上两排（或三排）打满的系统孔，可实现旁板的通用性，即以一种钻孔模式满足不同的需要，如对于同一高度和深度的柜体无论配置单门、三抽屉、五抽屉都可以在同一块旁板上实现。对用户而言则是增加了使用的灵活性，如活动搁板可随需要进行高度调节，暂时未用的系统孔也为将来增加内部功能或改变立面提供了可能，像增加搁板或把单门柜的门换成三个抽屉等。

旁板上所打的两排系统孔，不一定在竖直方向上打满，一是便于减少打孔次数，二是只要达到一定的调节范围即可。

（2）结构孔　结构孔设在水平坐标上，是形成柜体框架必不可少的接合孔，位于旁板两端以及中间位置，主要用于各种连接件的安装和连接水平结构板（如顶板、底板、中搁板）等。上沿第一排结构孔与板端的距离及孔径应根据板件的结构形式与选用配件具体确定。图 3-19 所示为偏心件连接的结构孔示意图。

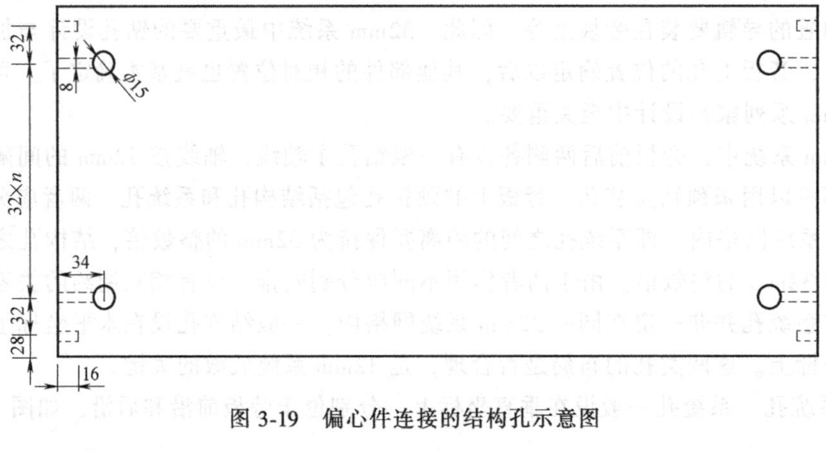

图 3-19　偏心件连接的结构孔示意图

(3) 旁板的尺寸设计

1) 旁板的宽度 W。按对称原则确定为

$$W=2K+32n$$

式中 K——前后系统排孔线到前后侧边的距离。对于盖门，$K=37$mm 或 28mm；对于嵌门，$K=$门厚+37mm 或 28mm。

2) 旁板的长度 L

$$L=A+B+32n$$

式中 $A=1/2$ 顶板厚；$B=1/2$ 底板厚。通常顶、底板厚度相同。

3) 旁板长度方向上第一个系统孔的确定。倘若实际中客户对柜子高度的规定影响到旁板长度尺寸，从而使之不能按以上公式计算时，应将长度修正为：$L=A+B+32n-$余量，其中余量为小于 32 的整数。为了保持上下结构孔的对称性，将余量等分为二，分别加到旁板两端以结构孔中心为起点的第一个 32mm 间距中去，此时，第一系统孔位置在距端头 $(A+B)/2+32$mm$-$余量/2 的地方。

需要注意的是，倘若第一系统孔与底板上侧的距离过小，以至于不足以用来安装诸如托底式抽屉滑道之类的连接件时，应将安装滑道的第一系统孔再上移 32mm。

3.4 柜类家具结构技术

柜类是最常见的家具品种。柜类家具体积大，结构较复杂，部件加工出来后需通过各种连接方式连接成一个整体。不同的零部件采用的连接方式也不尽相同，有的需紧固连接，有的需活动连接，所以必须根据其使用要求选择合适的连接装置和连接结构。

3.4.1 柜类的基本形式及柜体装配结构

柜类家具包含的范围很广，如家具中的书柜、衣柜、电视柜、橱柜等。柜类家具的基本形式如图 3-20 所示，它由多个板件接合而成。柜体的装配结构则是指柜类家具的旁板、顶板（面板）、底板之间接合成箱柜的各类组合方式。

柜类上部连接两旁板的板件称为顶板或面板。当柜高高于视平线（约为 1500mm）时称为顶板；柜顶板全部显现在视平线以下的称为面板。

柜体的结构有多种形式，如图 3-21 所示，有的将顶板、底板安放于两旁板之间；有的将两旁板放于顶板、底板之间；有的采用 45°斜角接合；有的柜体则采用旁板直接落地等。

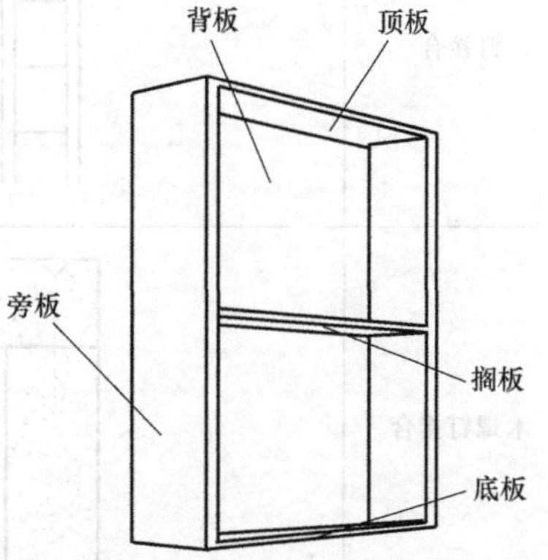

图 3-20 柜类家具的基本形式

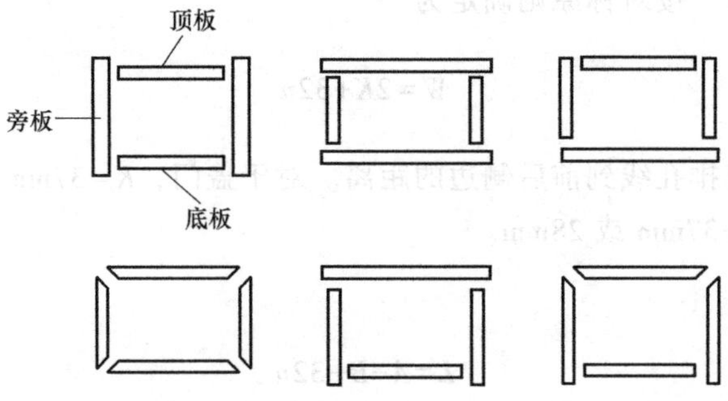

图 3-21　柜体装配结构

3.4.2　旁板与顶板（底板）的接合

柜类的顶板、旁板及底板是形成柜箱体的主要板件，考虑到门板安装及箱框结构要求，厚度应≥15mm，它们之间的接合为固定接合，其接合方式有榫接合、钉接合、连接件接合等多种形式。对于电视柜、床头柜、橱柜之类低柜的面板，为保证其表面的美观，一般都采用面板盖住旁板的结构形式，连接件也不应暴露在面板表面。大衣柜、书柜、文件柜等高柜，则要求连接稳定，连接强度高。目前常用的旁板与顶板的接合方式见表 3-27。

表 3-27　常用的旁板与顶板接合方式

名　　称	结构形式	适用范围及要求
榫接合	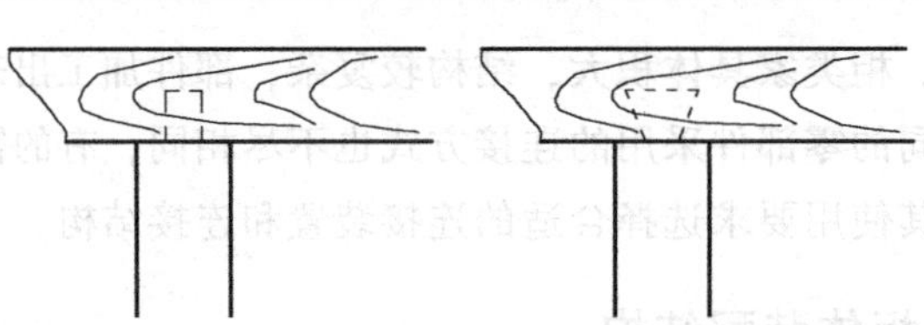	适用于以实木为主要材料制作的框架式柜体
钉接合	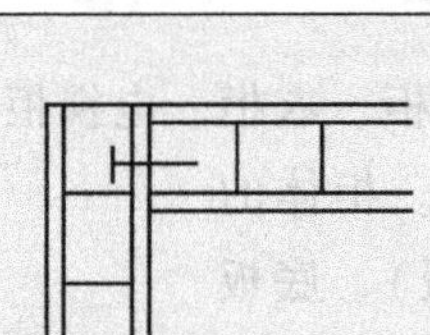	适用于以细木工板为主要材料在装修现场制作的柜体。一般常用气钉
木螺钉接合	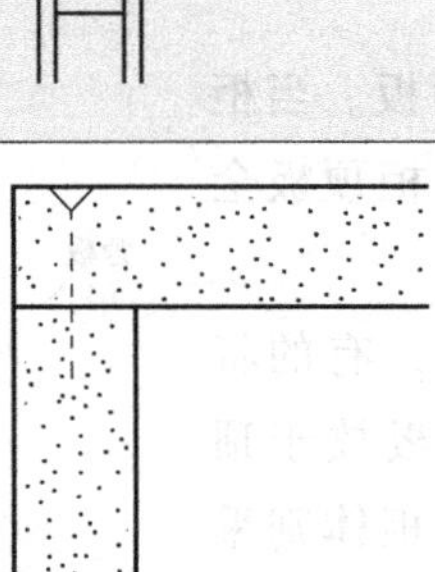	适用于各类板件接合，常用于装修现场制作。如材料为刨花板或中密度纤维板，应采用专用螺钉

（续）

名　　称	结 构 形 式	适用范围及要求
角码接合	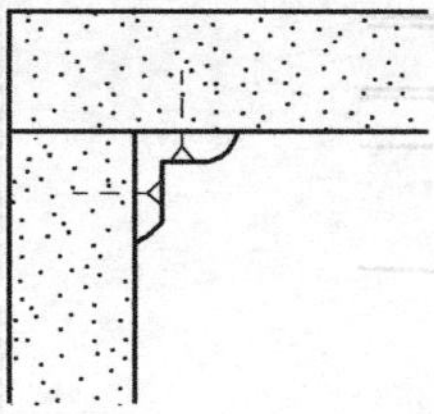	适用于各类板件接合，常用于装修现场制作
偏心件接合	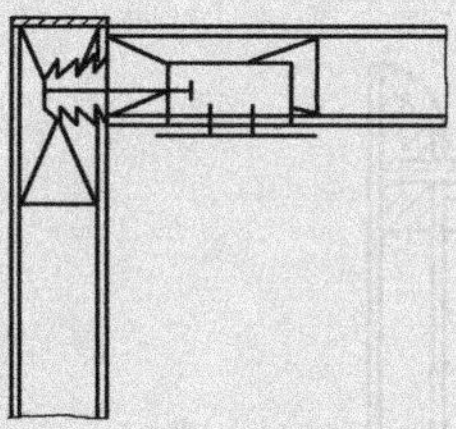	适用于各类板件接合的普通柜体，是目前最为常见的接合方式。孔位需精确设计计算，加工精度要求高
直角件接合	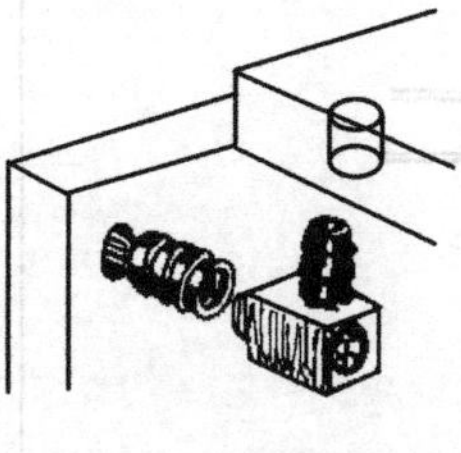	适用于各类板件接合的普通柜体。加工精度要求低于偏心件，一些没有排钻的小型家具企业常采用此方式
三角沉孔螺钉连接	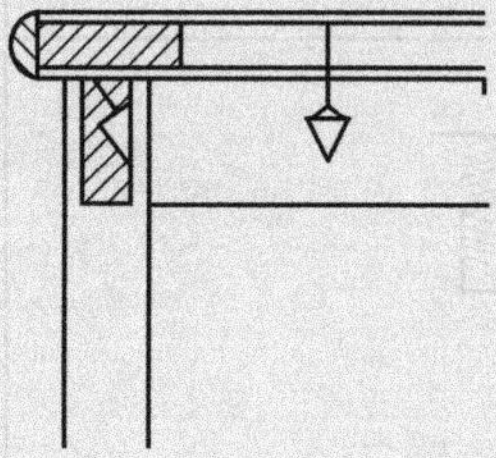	此结构外表美观，装配简单
沉孔座螺钉连接	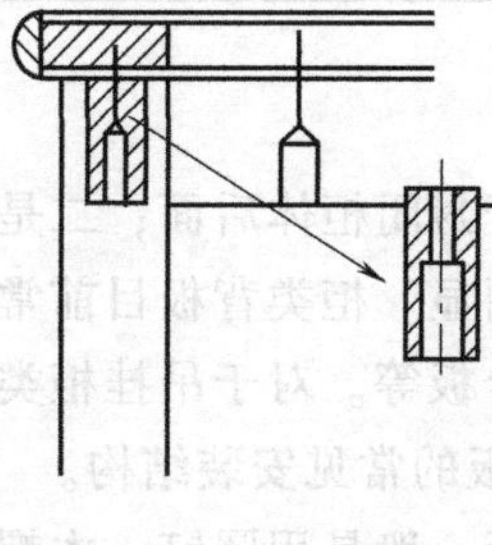	此结构表面清晰，装配简单

（续）

名　　称	结构形式	适用范围及要求
交叉螺钉连接	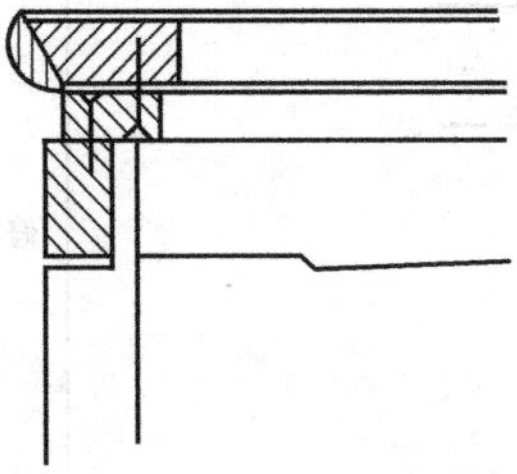	此结构装配简单，适用于中国束腰形式家具的结构
圆棒榫连接	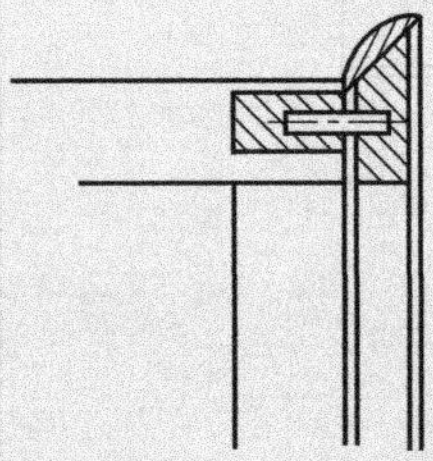	此结构加工精度要求很高，必须有专用机床才能达到
木方条螺钉连接	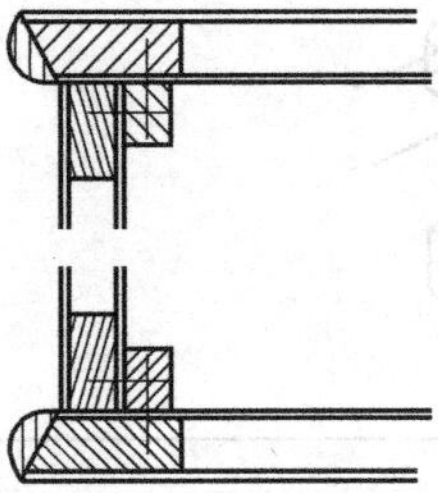	适用于框类家具顶、底、面板与旁板的连接。如果需要拆装，可用螺钉与螺母紧固连接
插销榫连接	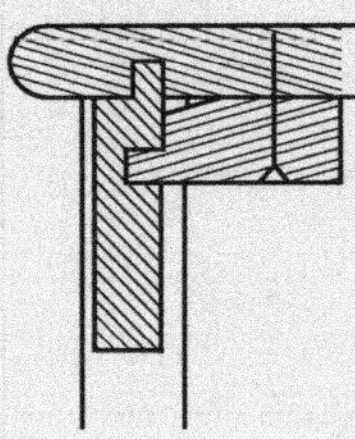	适用于面板为实板的拼接结构，能允许拼板有一定的收缩和膨胀

3.4.3 背板的装配结构

柜类家具的背板有两个作用：一是用于封闭柜体后面；二是增强柜体刚度，使柜体更加牢固，特别是对于拆装式柜类，这一点更明显。柜类背板目前常用的材料为薄型人造板，如3mm或5mm中密度纤维板以及3mm厚胶合板等。对于吊挂柜类，为了保证吊挂需要，许多厂家采用厚型人造板做背板。表3-28为背板的常见安装结构。

实际生产中，对于不常拆的柜类，背板一般是用圆钉、木螺钉直接钉接在柜体上；如需经常拆装，则可在顶板、旁板及底板上开出相应的槽口，将背板插入其中，用少量木螺钉加固。

表 3-28　背板的常见安装结构

简　图	名　称	说　明
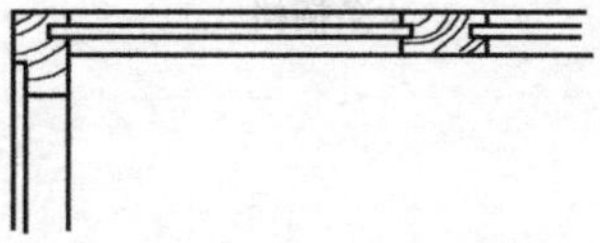	嵌板式背板结构	此结构以嵌板形式用榫结构在总装配时一起组装，不能拆下，用于框架结构家具
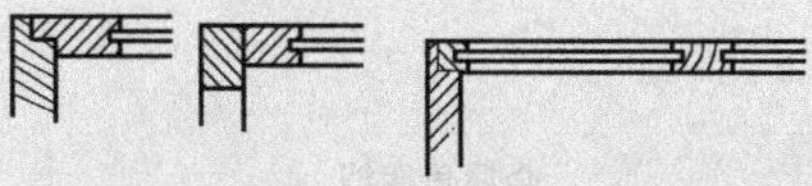	嵌入式背板结构	此结构以嵌板结构的背板用螺钉连接方法固定，可以拆装
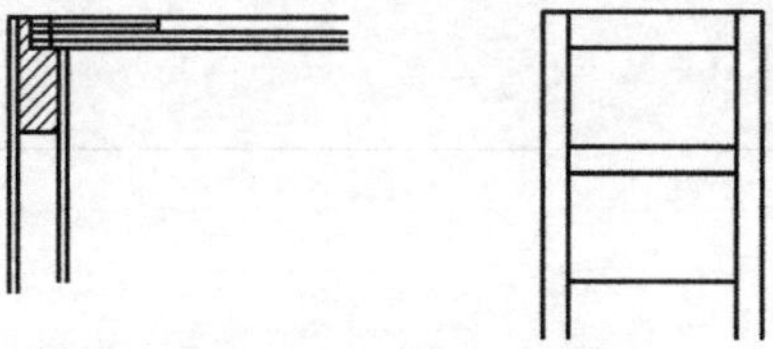	复板式背板结构	此结构是在背板上横竖贴上胶合板复条，以增加背板的刚度，用螺钉固定。是板式家具常用的背板结构
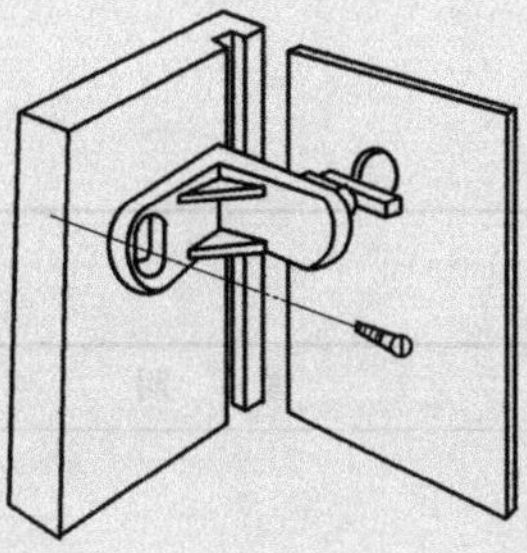	塑料连接件连接	此连接结构适用于装配式板式家具，装配方便
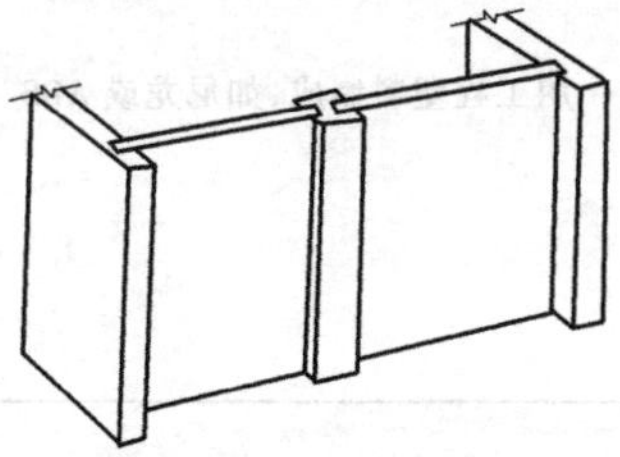	工字形导槽连接	适用于较大的拆装柜类。为避免背板过宽不便与其他板件一起包装，以及便于与人造板产品规格相适应，可将背板分为两块，用工字形塑料导槽连接中缝

3.4.4　搁板的安装结构

搁板用于柜体中部横向分割空间及支承柜内物品，其厚度根据物品的重量选择，一般为15~40mm。搁板安装在旁板之间，安装方式有固定式和可调式两类。固定式是指中搁板安装后一般不可调整，一般以实木条、木圆销或金属角作为固定档，紧固在两个旁板上，见表3-29；可调式一般是用金属或塑料等制成活动搁档，也有用木材制成的可调式搁档，可调式搁档的优点是可以根据需要来调节搁板的分隔距离，见表3-30。

表 3-29　固定式搁板装配结构

简　　图	名　　称
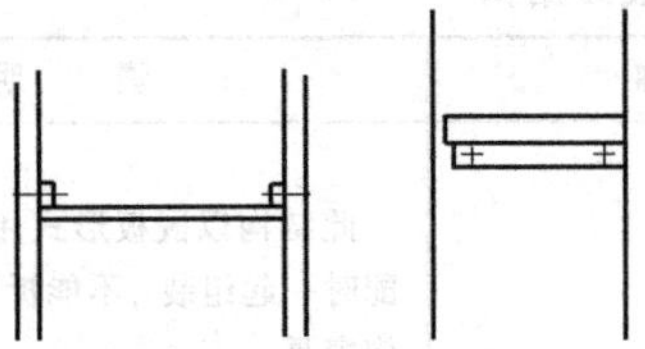	木条搁档
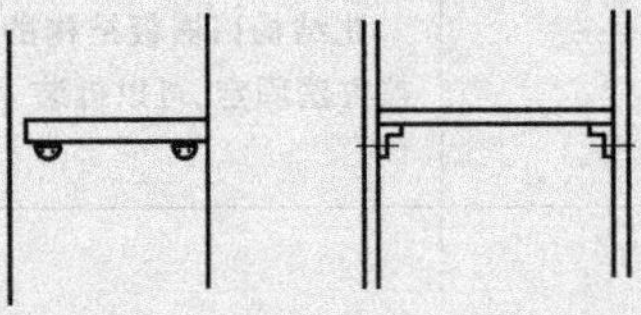	金属角搁档
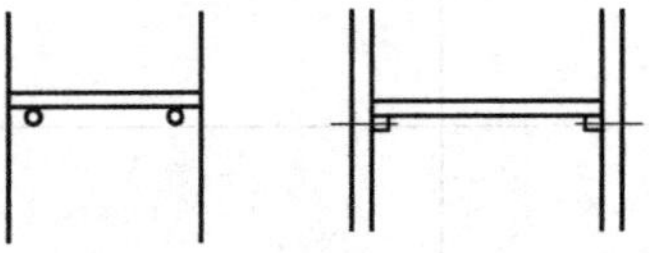	木圆销搁档

表 3-30　可调式搁板装配结构

简　　图	名　　称	说　　明
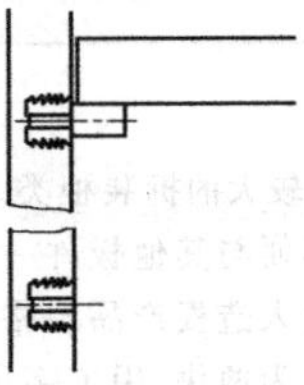	螺纹调整结构	用工程塑料制成，如尼龙或 ABS
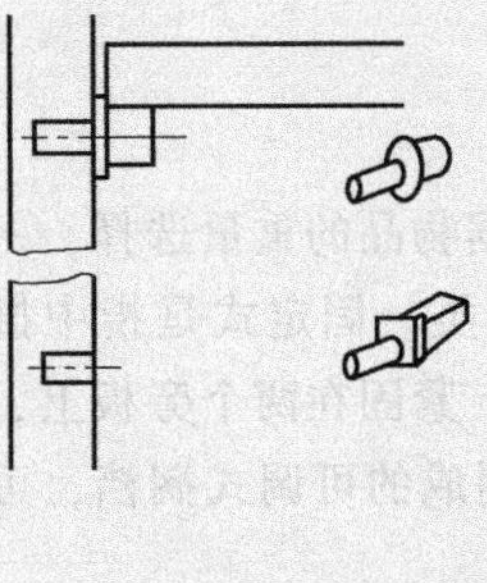	插入式调整结构	用工程塑料制成，如尼龙或 ABS

（续）

简 图	名 称	说 明
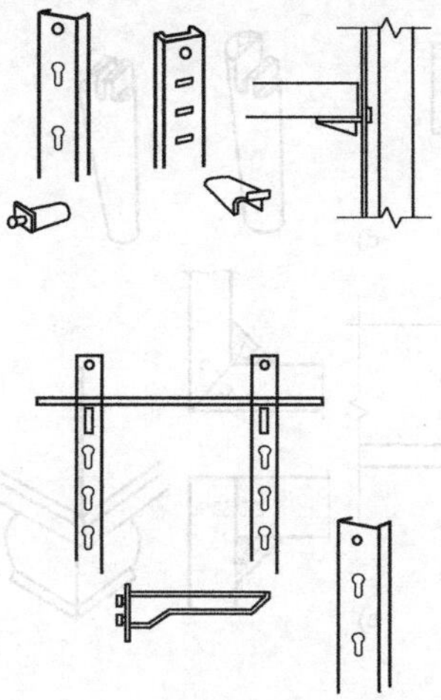	金属嵌入式调整结构	用钢板冲压制成
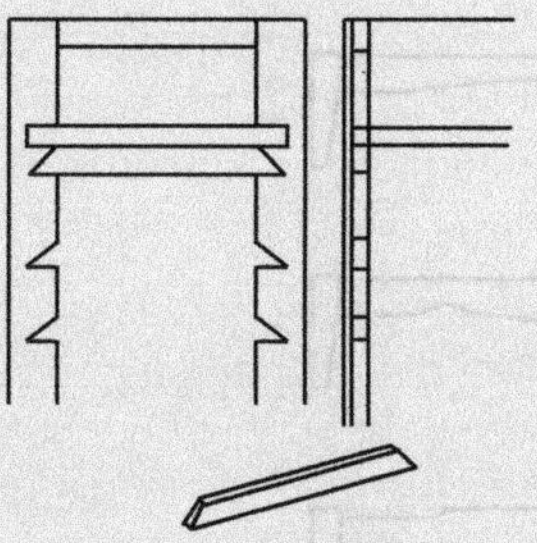	木条嵌入式调整结构	用木材制成斜楔档

3.4.5 柜脚架结构

脚架在家具中是承载最大的部件。它不仅在静力负荷作用下需平稳地支撑整个家具，而且要求正常使用时具有足够的强度，并在遇到某种突如其来的动载荷冲击下也有一定的稳定性。例如柜体被水平推动时，结构节点不致产生位移、翘坏或柜体错位变形。其式样还要与柜体整体造型相适应。因此，脚架在家具设计中是十分重要的组成部分。柜脚架有亮脚、包脚、旁板落地脚、装脚、塞脚等几种形式，各具特色，如图 3-22 所示。

（1）亮脚　在框式结构家具中，亮脚的应用极为普遍，其脚型大体上有直脚和弯脚两类。弯脚形状很多，大多装于柜底四角，使柜体显得稳定；直脚一般上大下小，安装则往往内收，以显轻巧明快。脚尖向外倾斜，斜度以脚外侧竖直为度或略大些。直脚与望板亦用直角暗榫接合。望板宽度一般为 45～70mm。其形状根据造型需要设计。图 3-23 所示为几种典型的望板形式。亮脚造型千变万化，是家具整体造型的主要构件，可以具有很高的艺术观赏性。

（2）包脚　其脚型属于箱框结构，又称箱框型脚，一般是由三块或三块以上的木板接合而成，通常由四块木板接合成方形箱框。包脚的底座能承受巨大的载荷，显得气派而稳

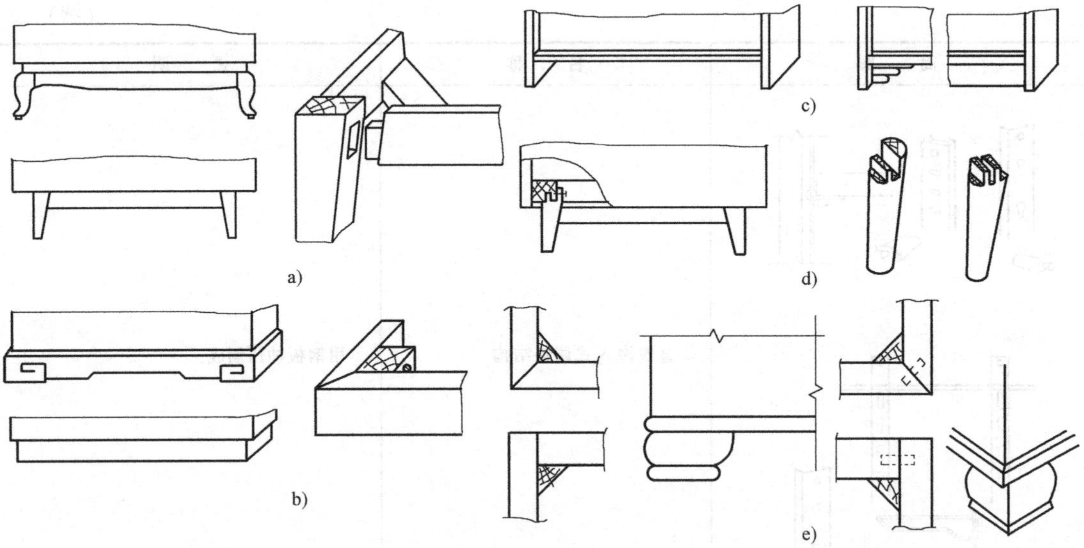

图 3-22 脚架形式

a）亮脚 b）包脚 c）旁板落地脚 d）装脚 e）塞脚

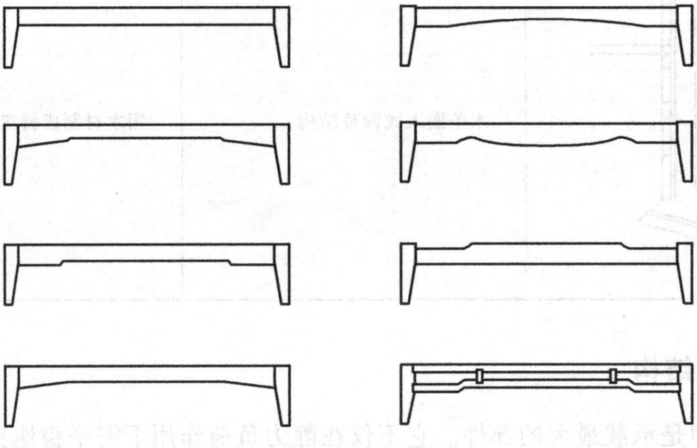

图 3-23 柜下望板形式

定，应用较为广泛。通常用于存放衣物、书籍和其他较重物品的大型家具。但是包脚底座不便于通风透气和清扫卫生。为了柜体放置在不平的地面上时能保持稳定，在脚的底面中部切削出高为 20~30mm 的缺口，这样也有利于包脚下面的空气流通。

(3) 旁板落地脚　以向下延伸的旁板代替柜脚，两“脚”间常加望板连接，或仅在靠“脚”处加塞角，以提高强度与美观性。望板、塞角都需略微凹进。旁板落地处需前后加垫，或中部上凹，以便平稳放于地面。

(4) 装脚　装脚是一个独立的亮脚，彼此不需要用牵脚档连成脚架，而是直接安装在柜子的底板下或桌、几的面板下。当装脚比较高时，通常将装脚做成锥形，这样可使家具整体显得轻巧美观。当脚的高度在 70mm 以上时，为便于运输和保存，宜做成拆装式装脚。装脚可用木材、金属或塑料制作，用木螺钉安装在底板上。这样可以提高运输效率，但移动柜体时用力不能过猛，必须小心，以免遭受损坏。

(5) 塞脚 其旁板落地作为柜体支撑，塞角加在旁板与底板的接合处，以加强承载能力，实现装饰造型，有的则以扫脚板代替塞脚。

(6) 脚架与柜体底板间的连接 脚架通常与柜体的底板相连构成底盘，然后再通过底板与旁板连接构成连脚架的柜体。脚架与底板间通常采用木螺钉连接，木螺钉由望板处向上拧入，拧入方式因结构与望板尺寸而异。

1）望板宽度超过 50mm 时，由望板内侧打沉头斜孔，供木螺钉拧入固定（图 3-24a）。

2）望板宽度小于 50mm 时，由望板下面向上打沉头直孔，供木螺钉拧入固定（图 3-24b）。

3）脚架上方有线条时，先用木螺钉将线条固定于望板上，然后由线条向上拧木螺钉将脚架固定于底板（图 3-24c）。

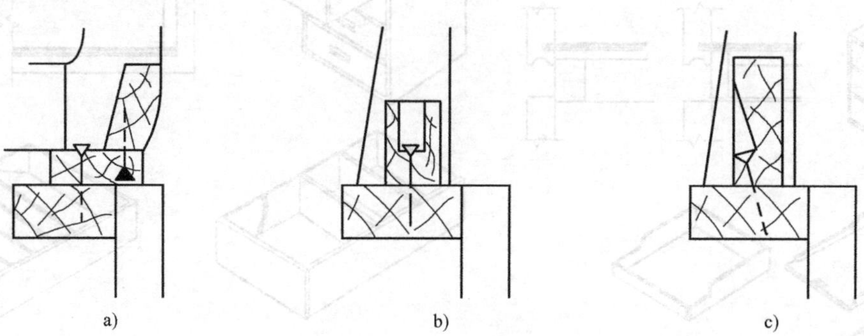

图 3-24 脚架固定法

3.4.6 抽屉结构

抽屉是家具的一个重要部件，柜、台、桌、床之类家具常设抽屉。普通抽屉结构如图 3-25 所示。

抽屉由面板、旁板、后板及底板等板件组成。各板件之间的接合在传统框式结构中多采用直角榫或燕尾榫接合，而现代板式结构多采用圆榫及连接件接合。底板一般采用在旁板及屉面板、屉后板上开槽，将底板插入其中的接合形式，也有将底板直接钉接在屉框上的。抽屉安装从外形上看，有外遮式与内藏式两种，如图 3-26 所示。外遮式是指抽屉关闭后，屉面板位于柜体之外，这种形式有较强的立体感，制造精度要求较低。内藏式是指抽屉关闭后，屉面板沉入柜体内，这种形式加工精度要求较高。所以外遮式应用较广。

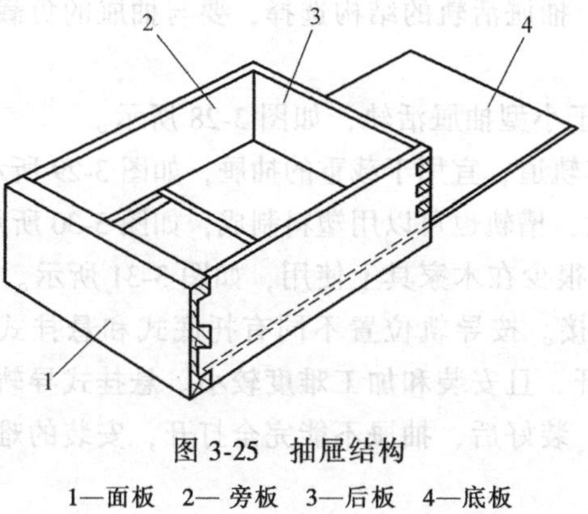

图 3-25 抽屉结构

1—面板 2— 旁板 3—后板 4—底板

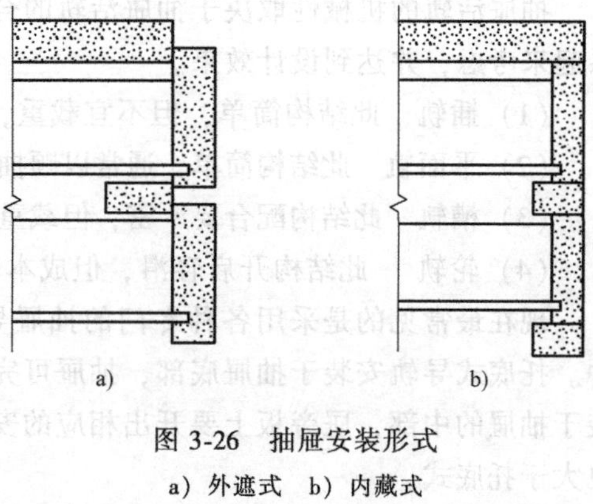

图 3-26 抽屉安装形式

a）外遮式 b）内藏式

在抽屉较宽的情况下，应在抽屉底板下面安装 1～2 根屉底档，防止屉板下垂而影响抽拉。

抽屉的不同结构形式可表达不同的外形，如有平面的、凹凸的、斜面的等。抽屉内部也可以通过不同的区划，来满足不同的功能要求，如图 3-27 所示。

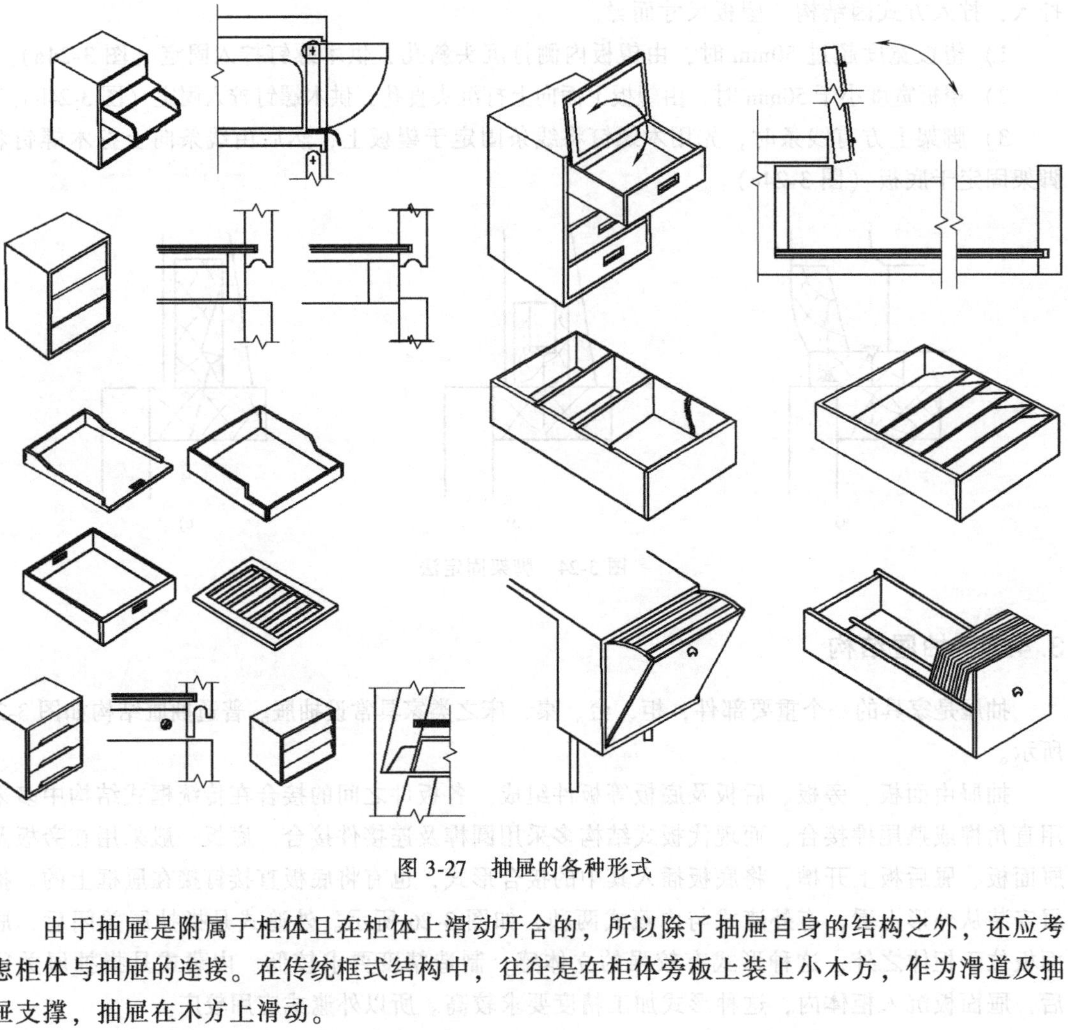

图 3-27　抽屉的各种形式

由于抽屉是附属于柜体且在柜体上滑动开合的，所以除了抽屉自身的结构之外，还应考虑柜体与抽屉的连接。在传统框式结构中，往往是在柜体旁板上装上小木方，作为滑道及抽屉支撑，抽屉在木方上滑动。

抽屉活轨的机械性取决于抽屉活轨的合理性。抽屉活轨的结构选择，要与抽屉的负载联系起来考虑，并达到设计效果。

（1）插轨　此结构简单，但不宜载重，适用于小型抽屉活轨，如图 3-28 所示。

（2）平面轨　此结构简单，通常以顺抽档来作轨道，宜用于载重的抽屉，如图 3-29 所示。

（3）槽轨　此结构配合要严密，但载重不够大，槽轨也可以用塑料制成，如图 3-30 所示。

（4）轮轨　此结构开启轻滑，但成本较高，很少在木家具上使用，如图 3-31 所示。

现在最常见的是采用各种专门的抽屉导轨连接。按导轨位置不同有托底式和悬挂式两种。托底式导轨安装于抽屉底部，抽屉可完全打开，且安装和加工难度较小。悬挂式导轨安装于抽屉的中部，屉旁板上要开出相应的安装槽，装好后，抽屉不能完全打开，安装的难度也大于托底式。

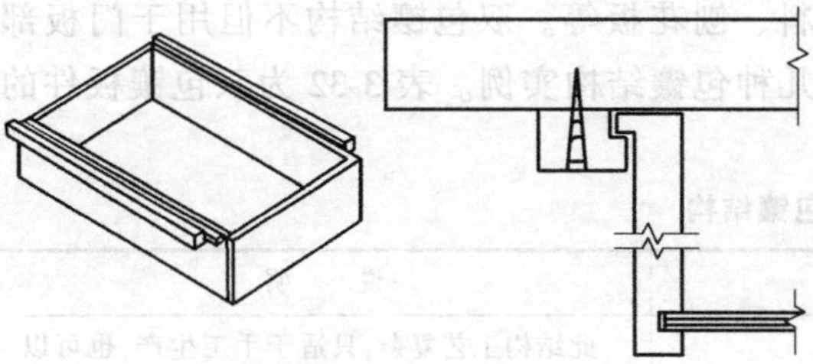

图 3-28 插轨结构

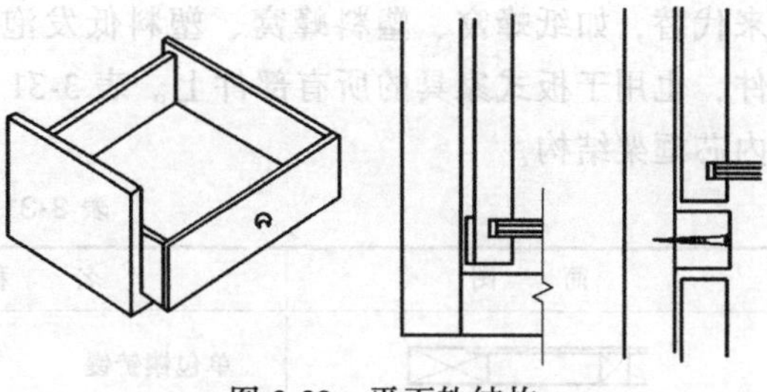

图 3-29 平面轨结构

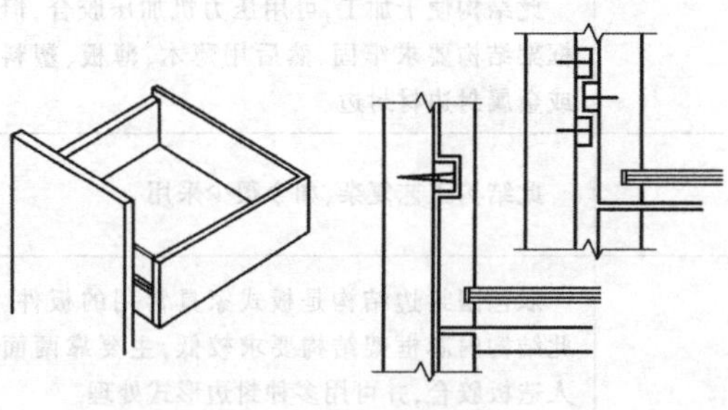

图 3-30 槽轨结构

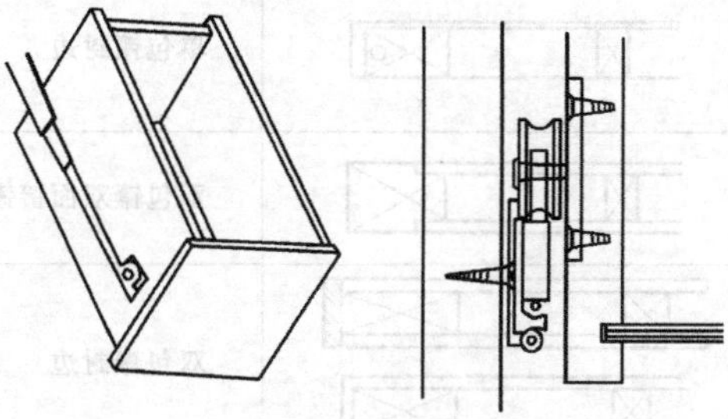

图 3-31 轮轨结构

3.4.7 门页结构及接合方式

1. 门板结构

(1) 实木板结构 实木板结构是用木板拼接或榫槽接合而成的。用天然木材纹理作装饰，接合结构简易，具有简朴的风味，是最原始的门板结构。由于实木门板容易开裂，现代家具已不常使用。图 3-32 所示为几种实木门板结构。

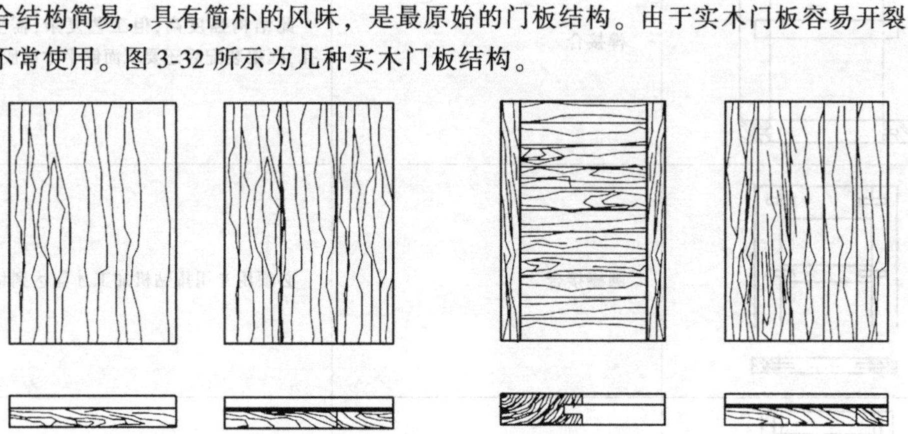

图 3-32 几种实木门板结构

(2) 嵌板结构 嵌板结构工艺性甚强，丰富多彩的线型嵌板立体感强，是古典家具常用的装饰手段，适用于中外古典式的高级家具。图 3-33 所示为嵌板结构形式。

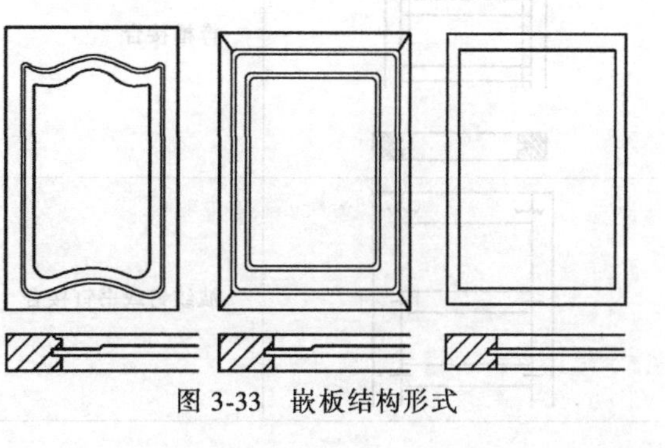

图 3-33 嵌板结构形式

(3) 包镶结构 包镶结构门板有双包镶和单包镶两类。在现代板式家具中双包镶门板已被广泛应用。随着人造材料的开发，双包镶门板内衬料除木材外，可用多种材料来代替，如纸蜂窝、塑料蜂窝、塑料低发泡材料、刨花板等。双包镶结构不但用于门板部件，也用于板式家具的所有部件上。表 3-31 为几种包镶结构实例。表 3-32 为双包镶板件的内芯框架结构。

表 3-31　包镶结构

简　图	名　称	说　明
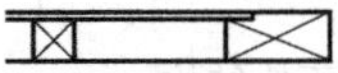	单包镶铲镘	此结构工艺复杂，只适于手工生产，也可以用镘板机加工
	单包镶封边	此结构便于加工，可用压力机加压胶合，但框架结构要求牢固，然后用薄木、薄板、塑料或金属封边材封边
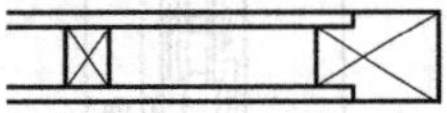	双包镶双面铲镘	此结构工艺复杂，如今很少采用
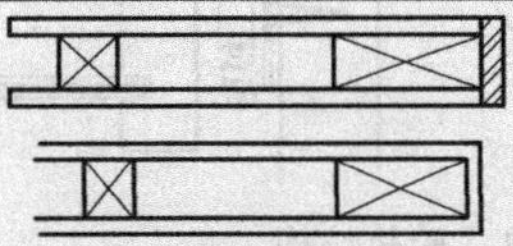	双包镶封边	双包镶封边结构是板式家具常用的板件，此结构内芯框架结构要求较低，主要靠两面人造板胶合，并可用多种封边形式处理

表 3-32　双包镶板件的内芯框架结构

简　图	名　称	说　明
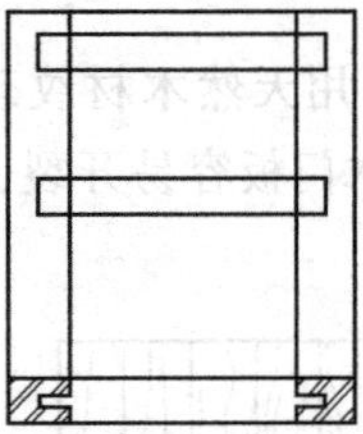	榫接合	此结构强度高，但工艺复杂，需要制榫钉孔，框架装配后还要双面刨平才能胶压表板
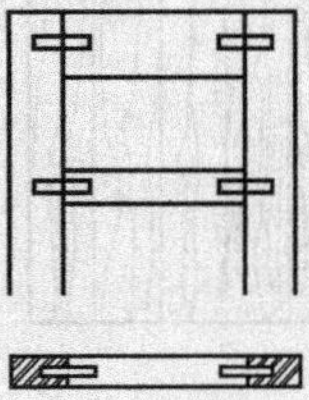	圆棒接合	必须用专用排钻机加工才能达到精度要求
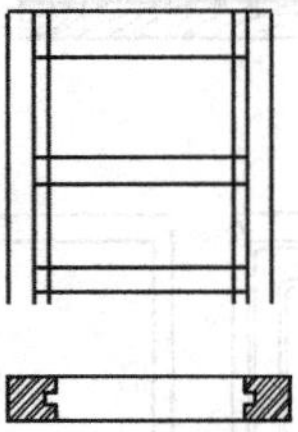	榫槽接合	此结构可以用胶料，也可以不用胶料，但纵横面要平整
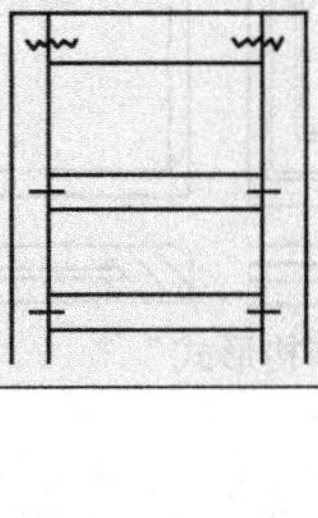	波纹钉或书钉接合	可用气击锤装配，工艺简单，速度快，可边胶压边装配框架

（续）

简　图	名　称	说　明
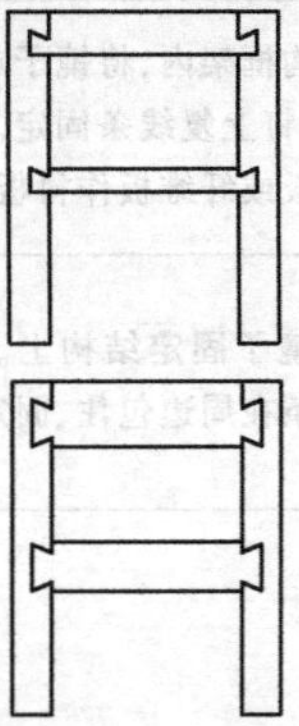	燕尾平接榫接合	框架强度较高，要用专用机床加工
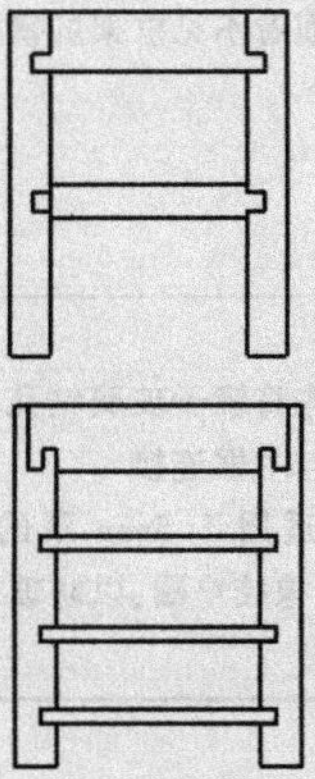	插入榫接合	此结构广泛应用于板式家具的板件内芯结构上，加工简单，可以边装配边胶压表板

（4）百叶结构　百叶门具有遮挡视线的作用，适用于厨房家具等需要通风的场合，如图 3-34 所示。

（5）铲板结构　铲板门一般是为了让门芯可以替换，如玻璃、镜子、网纱等。铲板门在家具上应用广泛，常用在大衣柜的镜子门、书柜玻璃门、菜橱门等。其结构如图 3-35 所示，镜子、玻璃的装配结构见表 3-33。

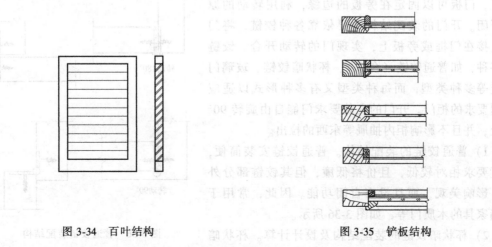

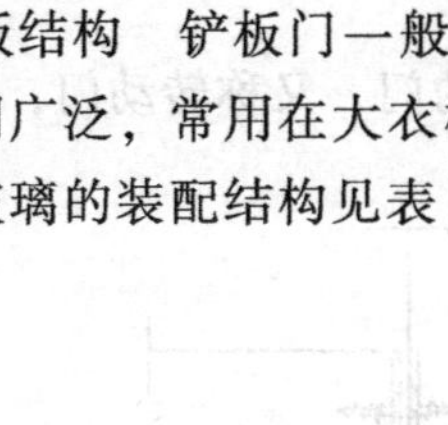

图 3-34　百叶结构

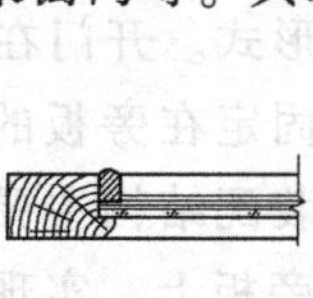

图 3-35　铲板结构

表 3-33　镜子、玻璃的装配结构

简　　图	名　　称	说　　明
	嵌入结构	在铲板结构框架内,将镜子或玻璃嵌入框内,然后钉上复线条固定。镜子背面要用胶合板或纤维板作衬板
	包边结构	一般用在镜子固定结构上。用木线条或金属线条在周边包住、固定
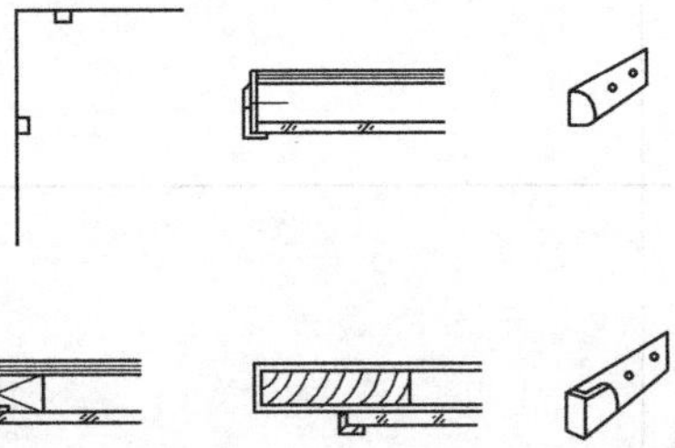	金属件固定结构	用金属钩件将镜子固定。此种结构一般用在表面看不见框架的镜框上
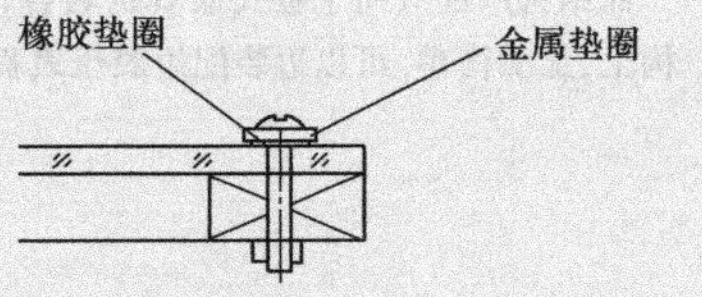	螺钉连接结构	此结构是先将镜子玻璃钻孔,用螺钉将镜子玻璃与木框连接 此连接法适用于 5mm 厚的镜子玻璃,并需垫上橡胶垫圈,以防玻璃碎裂

2. 柜门安装结构

按门的安装结构特征和开闭形式可分为开门、翻门、滑动门、卷门、内藏门、折叠门等形式。这些门各具特点，但都要求有合理的结构、较好的密闭性。同时，使用中应开关灵活，并具有足够的强度和刚度。

(1) 开门的结构形式　开门是沿着垂直轴线转动开合的门，又称转动门，也称边开门，有单开、双开等形式。开门在柜类家具上的应用很广泛，门板可以固定在旁板的边缘，利用转动的原理开闭。开门的装配结构主要依靠各种铰链，将门板连接在门框或旁板上，实现门的转动开合。铰链有多种，如普通铰链（合页）、杯状暗铰链、玻璃门铰链等多种类型，而每种类型又有多种形式以适应不同要求的柜门。开门的安装要求门能自由旋转 90°以上，并且不影响柜内抽屉等东西的拉出。

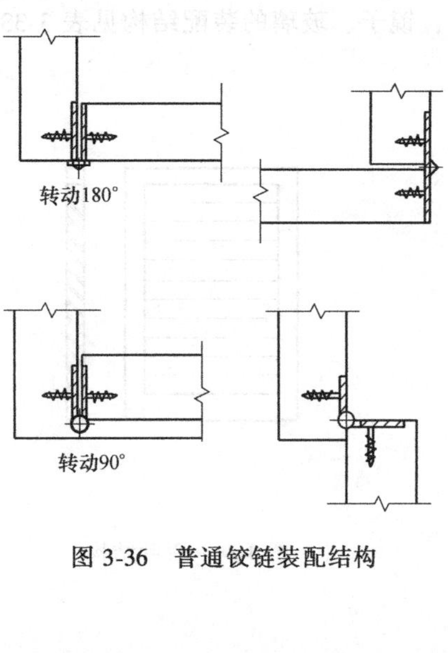

图 3-36　普通铰链装配结构

1) 普通铰链的装配结构。普通铰链安装简便，精度要求相对较低，且价格低廉，但其铰链部分外露，影响美观，而且没有自闭功能。因此，常用于低档家具的木质门等，如图 3-36 所示。

2) 杯状暗铰链的装配结构及设计计算。杯状暗铰链是近年来广泛应用的开门铰链，具有安装快速方便、便于拆装和调整、隐蔽性好等优点。其安装方式的优点还体现在生产、仓储和运输方面：钻好孔的门可以平着、叠放着存放和运输，铰链可以方便地现场安装。这种铰链由于其性能优良，在木家具、整体橱柜、木制装修中都有广泛的应用，但其对加工精度、参数选择、尺寸选择等要求较高，孔位、门宽尺寸需精确计算，如果不能实现规范化的安装设计，其优良的技术性能将无法得到正确、充分的发挥。

杯状暗铰链种类很多，按开启角度不同有 90°、110°、135°、180°等；按制造材料不同有金属型、塑料型、金属塑料混合型等；按结构可分为有自锁和无自锁结构形式；按铰臂弯曲程度有直臂、小曲臂、大曲臂铰链，分别适用于全盖门、半盖门和内嵌门三种不同的安装方式。全盖门基本上盖住了旁板；半盖门则盖过了旁板的一半，特别适用于中间有搁板、需要安装三扇门以上的柜子；内嵌门则装在两旁板之内。

各种杯状暗铰链的安装尺寸及参数如图 3-37 所示。

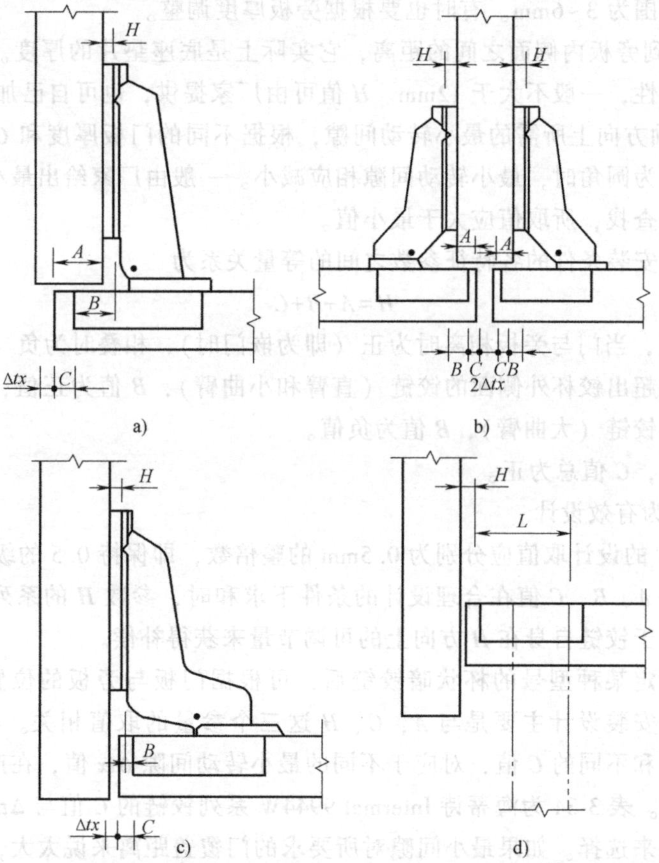

图 3-37　暗铰链三种安装方式及参数

a）全盖门（直臂）　b）半盖门（小曲臂）　c）内嵌门（大曲臂）　d）开启 90°

图中各特征参数取值如下：

A：表示门与旁板之间的相对安装位置，即当门处于 0°关闭位置时，自门侧边到旁板内侧面之间的距离，也可以说是门覆盖旁板的距离。在设计铰链安装尺寸时，应使 *A* 的取值

服从于家具设计的需要，而不应局限于厂家推荐的某个特定的 A 值。也就是说，应该是铰链的技术性能满足家具设计的需要，而不是家具设计被设计不充分的铰链产品所局限。

B：表示铰臂弯曲程度，以适应不同 A 值的设计参数，即当门处于0°关闭位置时，自零底面到铰杯外侧面之间的距离即为 B。一般分为直臂（全盖门用）、小曲臂（半盖门用）和大曲臂（嵌门用）三种。对应的 B 值分别记作 B_1、B_2、B_3，一般由铰链生产厂家给出。如杯径为 ϕ35mm 的暗铰链，如果直臂铰的零底面偏离铰杯中心 4.5mm，则其 B 值应为 $B_1=(35/2-4.5)\text{mm}=13\text{mm}$。如果同一系列的小曲臂铰比直臂铰向前弯曲 9mm，则 $B_2=B_1-9\text{mm}=4\text{mm}$。如果同一系列的大曲臂铰比直臂铰向前弯曲 16mm，则 $B_3=B_1-16\text{mm}=-3\text{mm}$。

C：表示铰杯孔到门侧边的距离，即铰链的靠边距。对于不同的暗铰链产品，C 值有不同的取值范围。C 值从理论上说最小可取为零，但实际使用时，考虑到木质门材料边部的强度，一般应使 C 值不得小于 3mm。C 的最大值取值由于受转动间隙 Δtx 的限制，以合理为度，常用的取值范围为 3~6mm。有时也要根据旁板厚度调整。

H：自零底面到旁板内侧面之间的距离，它实际上是底座垫片的厚度。H 值过大时会影响安装强度和稳定性，一般不大于 12mm。H 值可由厂家提供，也可自己加垫片得到。

Δtx：门在 x 轴方向上所需的最小转动间隙，根据不同的门板厚度和 C 值的不同，其值也不相同，当门边为圆角时，最小转动间隙相应减小。一般由厂家给出最小值，可从每种不同的铰链对应表中查找，所取值应大于最小值。

可适用于不同安装条件的各特征参数之间的等量关系为

$$H=A+B+C$$

其中对于 A 值，当门与旁板相离时为正（即为嵌门时），相叠时为负（即为盖门时）。

对于零底面未超出铰杯外侧面的铰链（直臂和小曲臂），B 值为正值；对于零底面已经超出铰杯外侧面的铰链（大曲臂），B 值为负值。

在任何情况下，C 值总为正。

当 $H\geqslant 0$ 时，为有效设计。

参数 A、B、C 的设计取值应分别为 0.5mm 的整倍数，即保持 0.5 的级差。

当对规范化的 A、B、C 值在合理设计的条件下求和时，参数 H 的系列化取值应与之吻合，而不应依赖于铰链自身在 H 方向上的可调节量来获得补偿。

通常情况下选定某种型号的杯状暗铰链后，可根据门板与旁板的位置关系确定 B 值。杯状暗铰链最终的安装设计主要是与 A、C、H 这三个参量的取值相关。在铰链的制造中，会根据不同的门厚和不同的 C 值，对应于不同的最小转动间隙 Δtx 值，在产品说明书中生产厂商将提供 Δtx 值。表 3-34 为海蒂诗 Intermat 9944W 系列铰链的 C 值与 Δtx 关系表，用户可以针对不同的产品来选择。如果最小间隙对所要求的门覆盖距离来说太大，则可以通过增加 C 距离和采用圆角边的门来减少它。

对于经常面对各种门的设计问题的家具设计人员来说，当材料（如门和旁板的厚度规格）和铰链等配件的选择相对固定时，可以通过编制 A-C-H 表，更可简捷可靠地完成杯状暗铰链的安装设计，而不用对每扇（或每批）门的安装都去做一个完整的设计。这样，用户对于每一个规范化的 A 的取值，都将有一个在允许范围内的 C 值和一个有效的 H 值与之相匹配。表 3-35 为海蒂诗 Intermat 9943 直臂铰链 C 值、H 值、A 值关系表。

表 3-34 海蒂诗 Intermat 9944W 系列铰链的 C 值与 Δtx 关系表 （单位：mm）

参数 C	门的厚度								
	16	17	18	19	20	21	22	23	24
	门的最小转动间隙 Δtx								
3.0	1.3	1.6	1.9	2.3	2.8	3.3	3.9	4.6	5.3
4.0	1.3	1.6	1.9	2.3	2.7	3.1	3.7	4.3	5.0
4.5	1.2	1.5	1.8	2.2	2.6	3.0	3.6	4.2	4.8
5.0	1.2	1.5	1.8	2.1	2.6	3.0	3.6	4.1	4.8
5.5	1.2	1.5	1.8	2.1	2.5	2.9	3.4	4.0	4.6

表 3-35 海蒂诗 Intermat 9943 直臂铰链 C 值、H 值、A 值关系表 （单位：mm）

参数 C	门覆盖距离 A 值									
	10	11	12	13	14	15	16	17	18	19
	铰链底座高度 H 值									
3.0	6.0	5.0	4.0	3.0	2.0	1.0	0.0			
4.0	7.0	6.0	5.0	4.0	3.0	2.0	1.0	0.0		
4.5	7.5	6.5	5.5	4.5	3.5	2.5	1.5	0.5		
5.0	8.0	7.0	6.0	5.0	4.0	3.0	2.0	1.0	0.0	
6.0	9.0	8.0	7.0	6.0	5.0	4.0	3.0	2.0	1.0	0.0

注：A 的调节值为-4~0.5mm。

在实际设计过程中，还可以按照门板的厚度、门板与旁板的位置关系确定 A 值，进而得出最小间隙 Δtx，由此根据柜体外形设计要求计算出门板的宽度。同时可以按选定的铰链型号获得相应的 B 值、H 值，再根据确定的最小间隙 Δtx 值、所选的柜体旁板的厚度值，换算得出 C 值，最后根据 C 值来确定门板上所钻铰杯孔 d（大小为 ϕ35mm）中心到门板边的距离 S，即

$$C = 旁板厚度 + H - B - \Delta tx$$

而

$$S = C + d/2$$

这样就可以确定铰杯孔在门板上的具体位置，以画出板件图来指导生产。

下面通过具体例子说明如何通过计算的方法来确定杯状暗铰链的孔位，完成其设计安装。

例如图 3-38 所示低柜，总体宽度为 1610mm，旁板厚度为 16mm，门板厚度为 18mm，采用杯径 d 为 ϕ35mm 的杯状暗铰链，要求 4 扇门大小一致，从柜正面应基本看不到旁板端面。请设计门宽以及铰杯孔位。

计算：考虑到要求基本不露旁板端面，两边的门应装全盖门暗铰，中间两个门应装半盖门暗铰，按照门的结合方式取最小间隙 $\Delta tx = 1$mm，考虑到加工误差，两双开门之间的间隙取 $e = 1$mm。

则门宽尺寸：(1610mm$-4\Delta tx-2e$)/4 = 401mm。

铰链厂家提供的参数为：全盖门 $B_1 = 13$mm，$H = 2$mm，半盖门 $B_2 = 4$ mm，$H = 0$mm，门板上所钻安装暗铰链的铰杯孔 d 大小为 ϕ35mm。

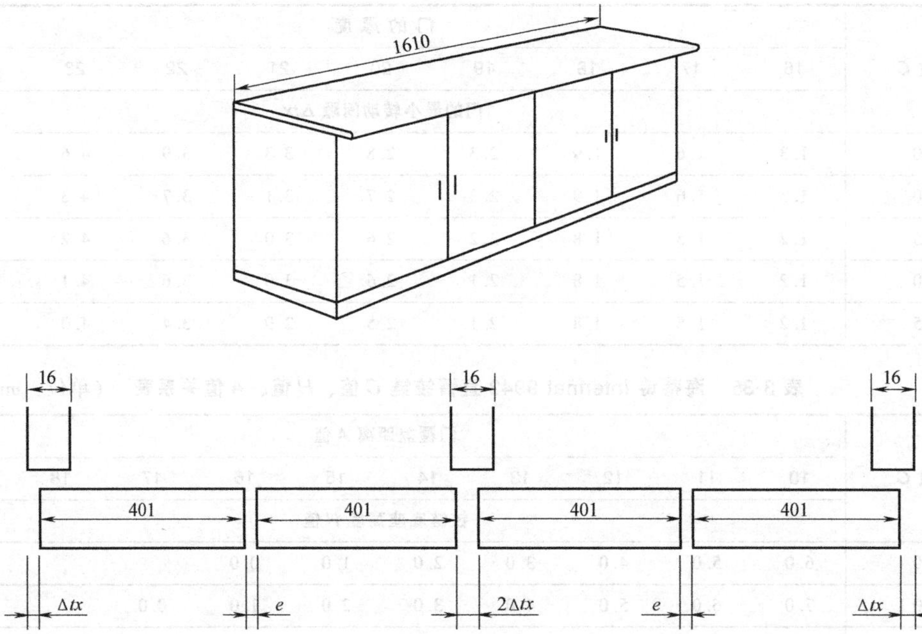

图 3-38　低柜

全盖门：C=旁板厚度$+H-B_1-\Delta tx=(16+2-13-1)\text{mm}=4\text{mm}$。

则全盖门上所钻铰杯孔中心到门板边的距离为：$S=d/2+C=(35/2+4)\text{mm}=21.5\text{mm}$。

半盖门：C=(旁板厚度$+2H-2B_2-2\Delta tx)/2=(16+0-8-2)/2\text{mm}=3\text{mm}$。

则半盖门上所钻铰杯孔中心到门板边的距离为：$S=d/2+C=(35/2+3)\text{mm}=20.5\text{mm}$。

则门的基本加工尺寸如图 3-39 所示。

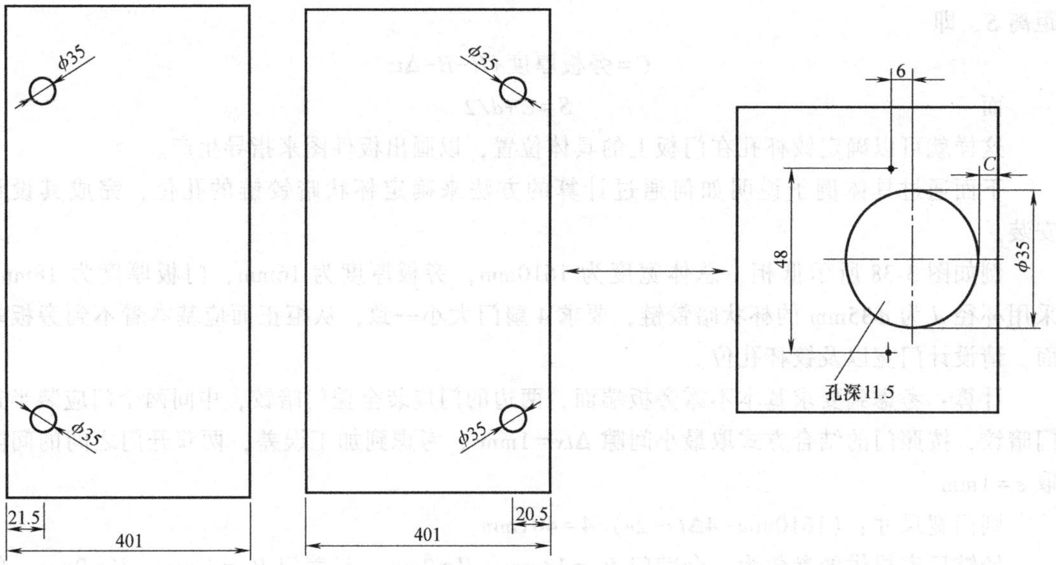

图 3-39　门的结构尺寸

杯状暗铰链的安装过程如下：先将铰杯置于门板的预钻孔上（通常 ϕ35mm）并用螺钉固定；再将底座固定在相应旁板上，然后将铰臂套置于旁板底座上，用紧固螺钉紧固即可。具体安装时，一扇门上铰链的安装顺序原则上是通过从上到下的交叉顺序来完成，最上部的铰链承担门全部的重量。而拆卸过程正好相反，是从下往上进行的。

现在国内外已经出现扳合式、拍合式杯状暗铰链。这类铰链的底座在工厂里已完成预装，安装门页时，只需将铰臂扳动或拍合即可，属于一类快装铰链。现在国外还出现了一种免工具拆装的快装暗铰链，只需将铰链底座对准预钻孔插入后一拍即可，它不用拧螺钉、不用上胶就可实现牢固连接，如图 3-40 所示。

图 3-40 快装暗铰链

如果门页存在位置偏差，可通过调节螺钉和紧固螺钉进行调节。

① 门覆盖距离调节（即侧边间隙调节）。螺钉右转，门覆盖距离变小；螺钉左转，门覆盖距离变大，如图 3-41a 所示。

② 深度调节（即前后间隙调节）。通过偏心螺钉的松紧直接和连续地调节，如图 3-41b 所示。

③ 高度调节。通过可调高度的铰链底座精确地调整高度，或通过偏心螺钉的松紧直接和连续地调节，如图 3-41c 所示。

3）玻璃门铰链的装配结构。不带木质框架的玻璃也可制作开门，目前常见的玻璃门铰链有两种。

一种是带夹头的玻璃门头铰链，如图 3-42 所示，适用于嵌门。装配时，先在顶、底板上钻出套管孔，将套管打入孔内；再将玻璃门头铰链装入套管中；最后将玻璃门页插入铰链“U”形槽中，内侧衬上软质材料，用螺钉拧紧即可。此结构简单，价格便宜，装配方便，开关灵活，但其承载能力较小，较大、较重的玻璃门不能用此种铰链。另外，此种铰链外露，影响美观。

另一种是弹簧玻璃门铰链，如图 3-43 所示，其结构与杯状暗铰链基本相同。安装时，需在玻璃门的相应位置加工圆孔（ϕ25mm），然后将门固定座穿过圆孔后用螺钉紧固，再与旁板上的底座套装连接，最后在门固定座的外表加一个装饰盖板。这种铰链美观华丽，承载能力强，但价格较贵，玻璃钻孔也需用专门设备。

4）开门上安装的铰链数量。每扇门所需的铰链数取决于门的宽度、门的高度和门的材料重量。图 3-44 列出了不同情况下所需铰链的参考数据（其前提条件是使用 18mm 厚刨花板，密度为 750kg/m^3），实际操作中根据具体情况而定。一般出于稳定性方面考虑，铰链之间的距离应尽量大一些。

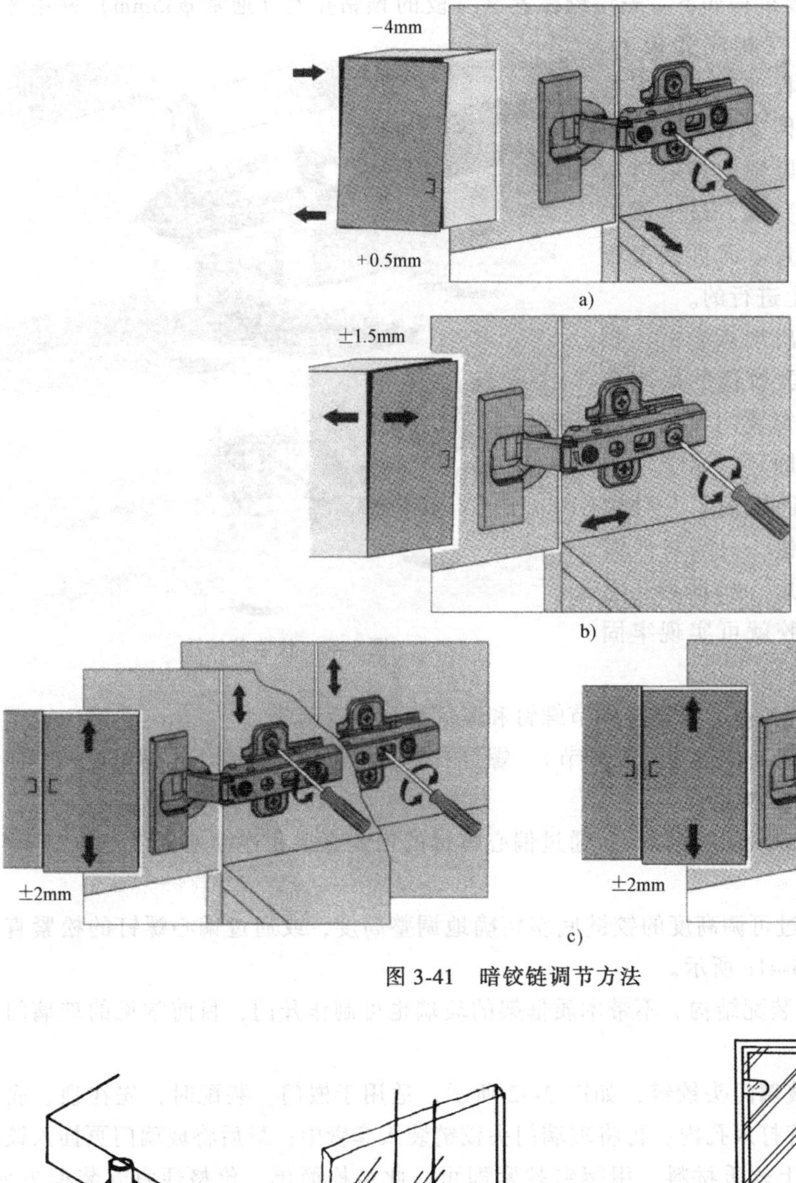

图 3-41 暗铰链调节方法

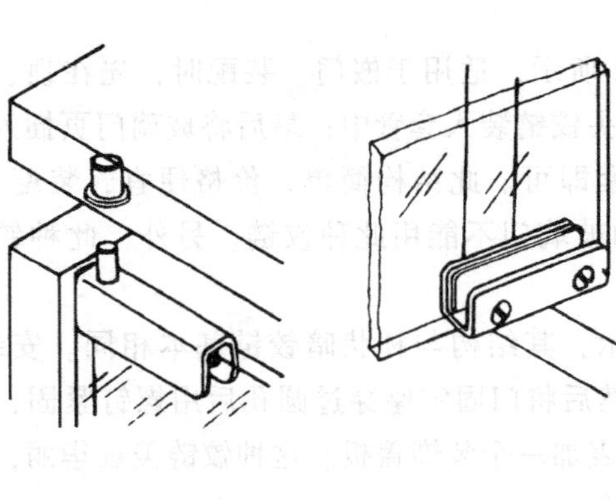

图 3-42 玻璃门头铰链

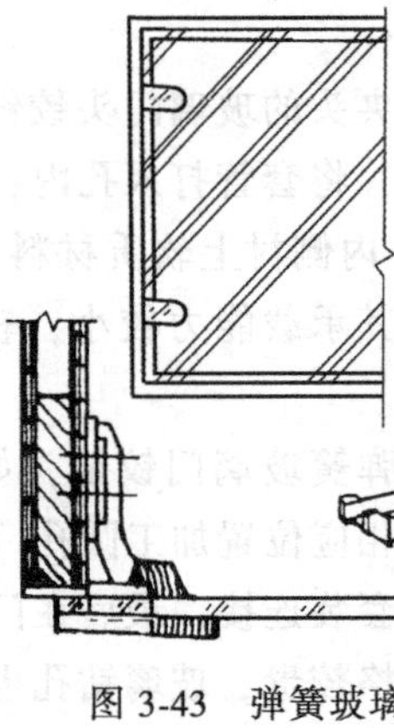

图 3-43 弹簧玻璃门铰链

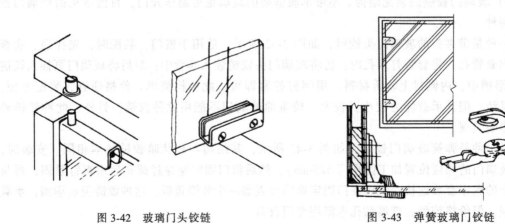

5）开门的尺寸。开门常用铰链挂在柜体上，为了使门扇不过分地受力，开门门扇的高度尽可能大于宽度。家具上开门门扇的宽度界限为 650mm。门扇如果过宽，家具需要的空间则相应增大，如图 3-45 所示。

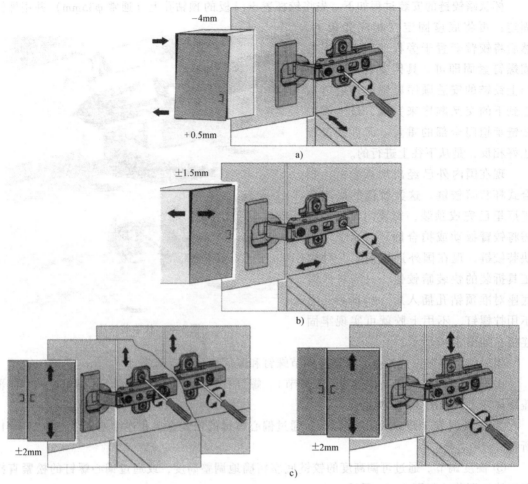

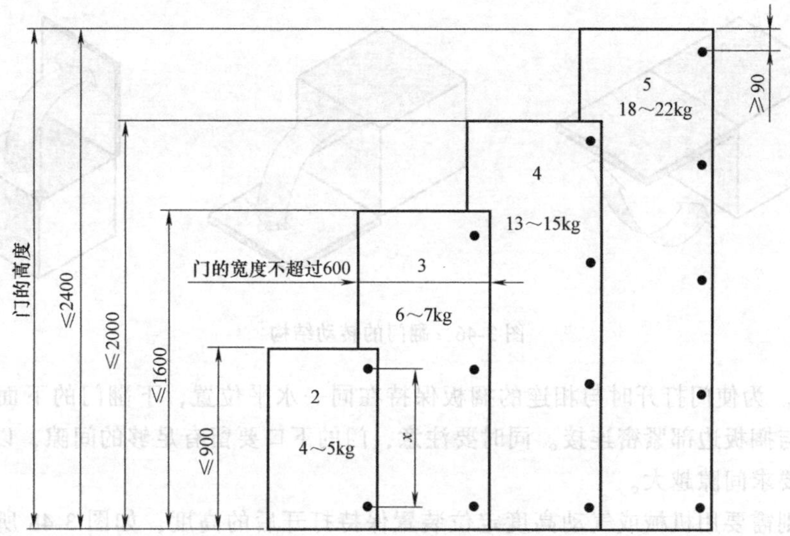

图 3-44　每扇门所需的铰链数

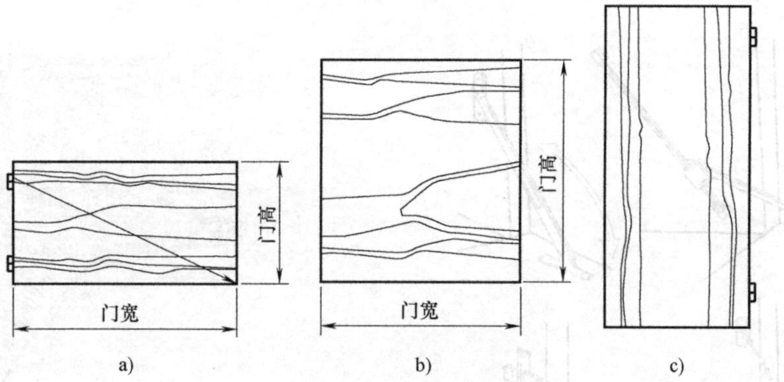

图 3-45　开门尺寸

a) 不合适　b)、c) 合适

(2) 翻门的接合方式　翻门是围绕水平轴线转动实现开合的门，又称翻板门、摇门。翻门能使垂直的门页转动到水平位置，打开时可以充分展示柜内空间，常用在多功能家具中，如可以利用打开的翻门作为陈设物品、梳妆或写字台面用。另外很多空芯结构的床头也采用翻门开合，可在床头内放置凉席等杂物。

1) 翻门的结构形式与安装方法。翻门的转动结构与开门相似，门板多固定在顶板、搁板或底板上，沿水平轴线向下或向上翻转开启，其与柜体的连接可用普通铰链，也可用专用的翻门铰链。翻门按其安装位置和开闭方向可分为上翻门和下翻门。上翻门的上侧板边固定，门板从下向上翻转开启；下翻门的下板边固定，从上向下转动开启，可开到水平位置，如图 3-46 所示。

2) 翻门的定位。为了确保翻门打开时的可靠性，即经受载荷的能力，则必须安装定位装置。如下翻门，为防止其突然向下开启，可安装翻板吊撑、液压支撑或气动阻尼制动筒使翻门慢慢地开启到水平位置。它们通常一端固定在柜旁板上，另一端固定在翻门里侧，如

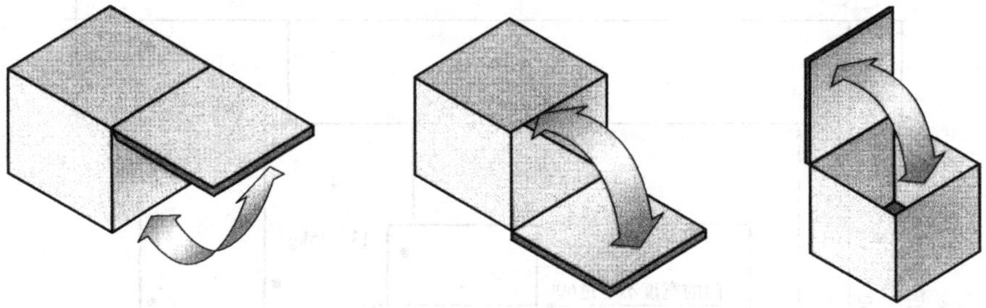

图 3-46　翻门的转动结构

图 3-47 所示。为使门打开时与相连的搁板保持在同一水平位置，下翻门的下面边部要做出型面，使之与搁板边部紧密连接。同时要注意，门的下口要留有足够的间隙，以防碰擦，并且门板越厚要求间隙越大。

上翻门则需要用机械或气动高度定位装置保持打开后的高度，如图 3-48 所示。另外还有专用的垂直升降门支撑、上掀摺门（又称水平双折门）支撑，可以变换出多种新式翻板门，如图 3-49、图 3-50 所示。

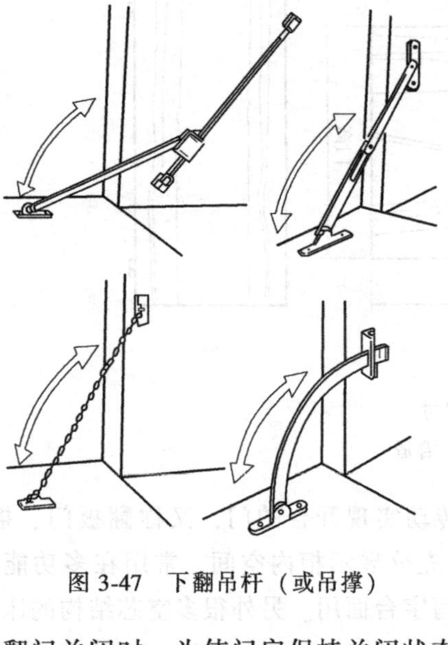

图 3-47　下翻吊杆（或吊撑）

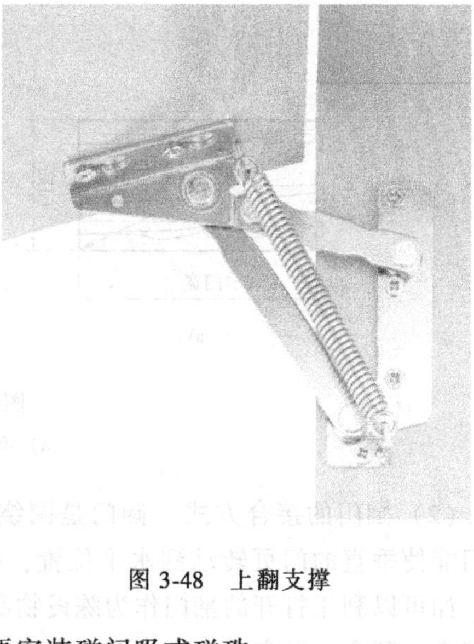

图 3-48　上翻支撑

翻门关闭时，为使门扇保持关闭状态，通常还要安装磁门吸或碰珠。

3）翻门的尺寸和铰链使用数量。考虑到铰链及定位装置的承重能力，翻板门的门扇宽度一般不要超过 900mm。门板上铰链的使用数量要根据铰链的种类、门扇的重量以及稳定性来确定。

（3）滑动门的接合方式　滑动门是指只能在水平滑道和导轨上左右滑动而不能转动的门，又称趟门、移门、拉门、推门。滑动门平行于家具正面安装，侧向运动以达到开、关门的作用。这种门只需要一个很小的活动空间。当开门受到缺少空间而又需要大幅面的门扇时，这是一个很好的替代解决方法，并且滑动门打开或关闭时，柜体的重心不至偏移，能保持稳定，所以常用于各种柜类和厨房家具。但滑动门的缺点是，它的开启程度只能达到柜体空间的一半。

图 3-49 垂直升降门

图 3-50 上掀摺门

1）滑动门的结构形式与安装方法。滑动门按门体的存放位置分，有柜体内滑动门和柜体前侧滑动门。按导向类别分，有单轨道滑动门和双轨道滑动门。单轨道滑动门一般采用单行道的滑道系统，适用于书架或其他搁架类家具；双轨道滑动门一般指两扇门（或三扇门）前后错开，分别在平行的两滑道内左右滑动，实现门的开闭，它一般在两旁板之间滑动。另外，双轨道滑动门上通常采用不凸出表面的凹孔拉手，以免相碰，并使两面都能开关。

常见的滑动门装配结构如图 3-51 所示。

滑动门可以采用滑轨式滑动（用于轻型门）或辊轮式滑动（用于重型门），其在柜体上的安装可采用专用的滑道系统。这种滑道系统有上滑动和下滑动之分，上滑动系统即在柜的顶板上安装滑动槽，在下面的底板上安装导向槽；而下滑道正好与之相反。滑动槽和导向槽的材料通常为塑料和铝合金，其摩擦力越小越好，以便使门扇能轻便地滑动。通常，可以根据不同的柜脚设计、不同门的形式选择不同型号的滑道系统，以便与家具的整体造型协调。一般重型滑动门采用上滑动系统，同时还应安装制动及止位装置，其安装结构如图 3-52 所示。

以一种简单的双轨道滑动门（适用于内嵌门、下滑动的滑道系统）为例，其具体的安装方法为：在相同的顶板和底板中开上沟槽，然后将按此长度裁剪的滑动槽和导向槽压入其中，再将其滑动部件和弹簧插销压入门上预先钻好的孔中。安装时先将带导向鼻的门翼插入到下面滑动槽的滑动部件中，然后将弹簧插销往上推，直到被插入到上面的导向槽中，如图 3-53 所示。门拆卸时，同样简单。

2）滑动门的尺寸。当门板的宽度和高度相等时，门板的滑动性能最佳。也就是说，高度与宽度相等时，门边特别是下滑动门边的滑动是非常轻便的。对于高度较大的滑动门应采用上滑动导向装置。图 3-54 所示为滑动门尺寸和导向系统对滑动稳定性的影响。

3）滑动门的材料。滑动门可以是木质门、玻璃门、铝框门。木质滑动门较厚，占据内部空间大，分量也重，为使滑动顺利，多采用带滚轮的滑动装置，多用于大衣柜门；玻璃门和铝框门则较轻巧，且具有一定的装饰效果，多用于食品柜、书柜、装饰柜等。小型玻璃滑动门的下侧门边可以直接在底板上嵌入的槽轨内滑动，上侧门边可插入顶板开槽内，上侧滑轨内要留有余地，以便门板的装卸。因为滑动门要经常滑动，所以一定要坚实，不变形，不能发生歪斜，滑动应轻松灵活，这就要求在制造时必须仔细地选择材料。

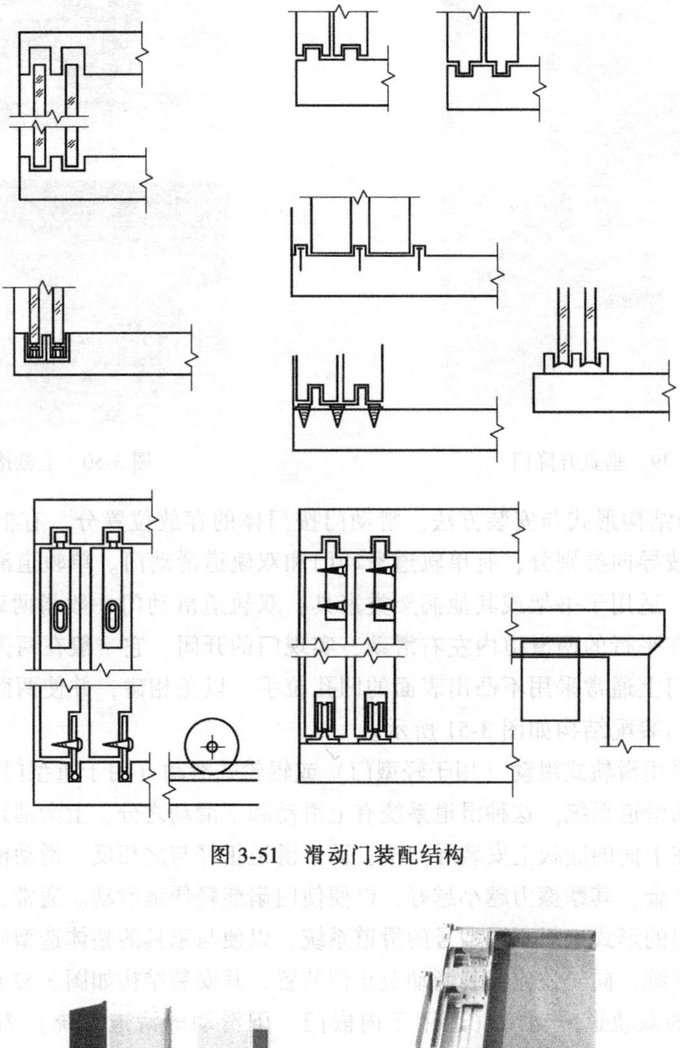

图 3-51　滑动门装配结构

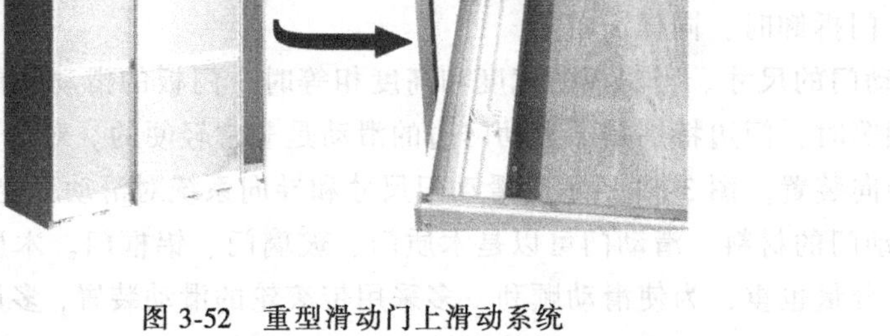

图 3-52　重型滑动门上滑动系统

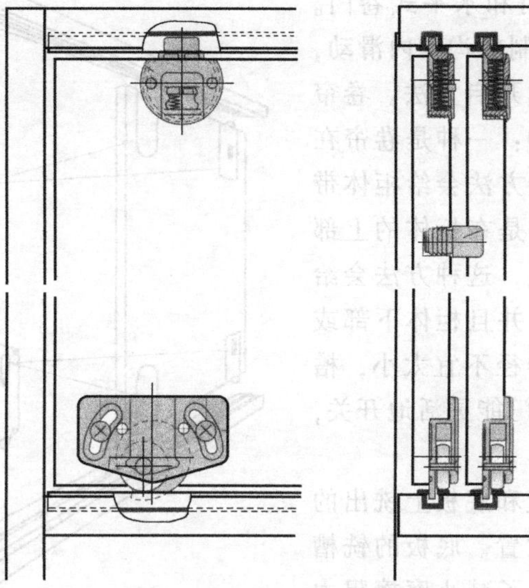

图 3-53　双轨道滑动门安装示意

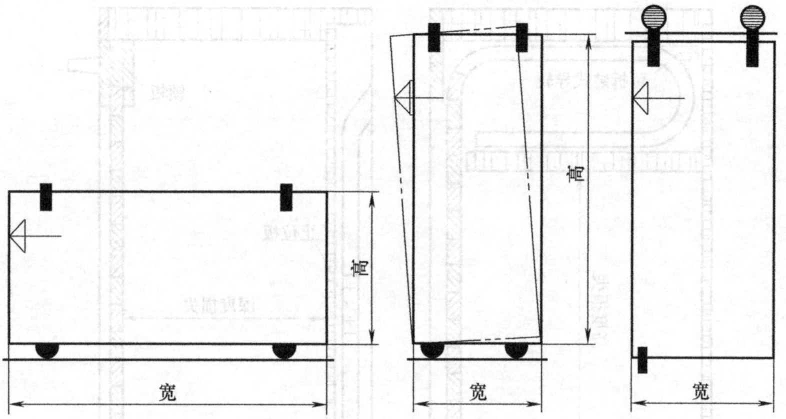

图 3-54　滑动门尺寸和导向系统对滑动稳定性的影响

对于大衣柜的木质滑动门，柜门较厚重，为了增加门移动的灵活性，可采用新型滑动门滑轨装置，其装置结构如图 3-55 所示。其装配过程如下：先在顶、底板上开出导轨槽，装上导轨；在门页的上部和下部开出槽口，分别安装导向组件和滑轮组件，此时导向组件拆装按钮的销轴还处于收进状态，然后将门页上的滑轮组件的滚轮放入底板导轨槽内，导向组件对准顶板导轨槽，按动按钮，则销轴弹出导向组件，弹进顶板导轨槽内。如滑动门上部的间隙过大或过小，可通过滑轮组件的调节螺钉进行调整。这种滑轨装置使门页移动十分平稳，轻便灵活。

（4）卷门的接合方式　卷门是能沿着弧形轨道卷入柜体隐藏起来的帘状滑动门，又称百叶门或软门。卷门打开时，它的本身被置入柜体内部，不影响柜体前侧的使用空间，又能使柜体全部敞开。采用这种封闭形式的家具具有朴素、整洁的正面。

1）卷门的结构形式与安装方法。卷门按活动方向可分为垂直式卷门和水平式卷门。垂直式卷门在柜体旁板上铣制的沟槽内滑动，可以采用上滑式或者下滑式开启方法。卷帘在柜体内的存放方式有两种：一种是卷帘在柜体后部沿背板滑动，这种方法会给柜体带来深度的损失；另一种方法是在柜体的上部或者下部造一个卷帘存放室，这种方法会给柜体的高度方向带来损失。并且柜体下部或上部的螺旋形槽道的弯曲半径不宜太小，槽道要加工得很光滑，以便卷门能灵活地开关，如图 3-56 所示。

水平式卷门必须在顶板和底板上铣出的沟槽内沿旁板滑入背板的位置。底板的铣槽将承受卷帘的全部重量。为了减小摩擦阻力使卷门滑动轻便，应在底板滑槽内加装塑料滑轨，如图 3-57 所示。

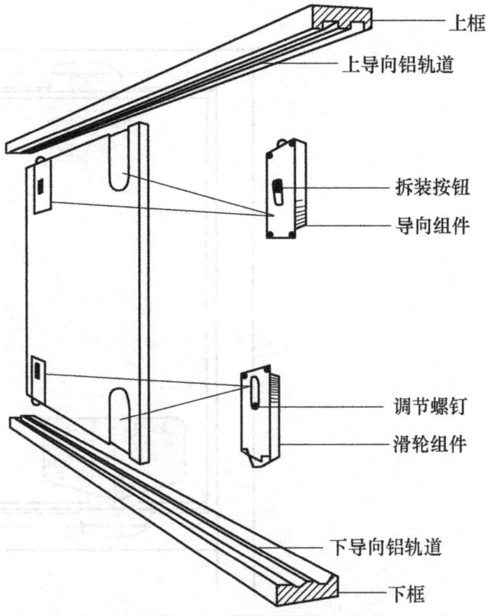

图 3-55　滑动门滑轨装置

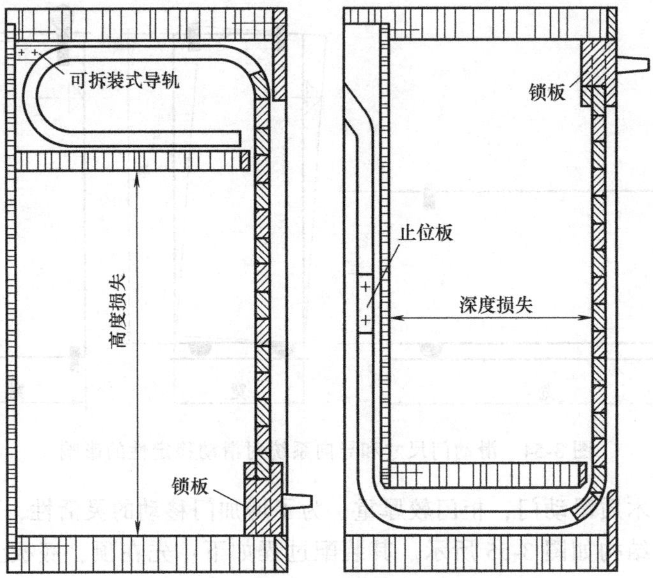

图 3-56　垂直式卷门的安装结构

2）卷门的制作和安装要求。卷门的材料有木制和塑料两种。木制卷帘是把许多小木条排列起来胶贴于帆布或尼龙布、亚麻布上加工而成的。对于小木条，应有较高的质量要求，因为只要其中一根变形或歪斜，就将妨碍整个门的开关。小木条的厚度通常为 10~14mm，必须纹理通直，没有节疤，含水率应为 10%~12%。因此，需用专门挑选的木板裁截，并将表面磨光。塑料卷帘则是用塑料异型条相互连接组成的，有各种色彩可供选择，但整个卷帘一定要是一个整体。

卷帘的滑动槽只能在实木上铣制，不能在刨花板上铣制。卷帘应该在柜体各部分全部制成胶合后，通过滑槽从背板处或者前侧装入柜体，以便于再次将其取出柜体修理。柜体前侧，即卷帘滑入部位应该用一块活动的宽挡板掩盖。卷帘在拐入柜体处开始弯曲向内滑动。垂直向上滑动的卷帘当达到最大的开启位置时，滑槽应该有止位装置，否则卷帘有在锁板处撕裂的危险。

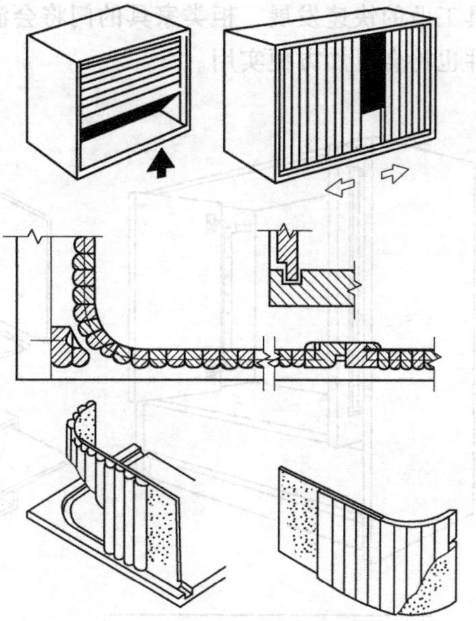

图 3-57　水平式卷门的安装结构

卷门由于具有独特的门页结构，过去常应用于装饰性的柜面上，不仅使用方便，而且美观大方。但是由于其制造时很费工，劳动消耗大，现在人们很少使用，为达到同样的效果，而更多地采用内藏门。

（5）内藏门的结构形式与安装方法　内藏门其实是一种类似于卷门结构的特殊滑动门，又称为转动滑动门或装有内藏导轨的开门。内藏门的开启方式与开门相同，打开后再向柜体内滑动，可将门页藏于柜体内。内藏门可提供最佳的柜内空间，并且不占用室内空间，特别适用于电视柜、音响柜等家具。

内藏门是将一般开门或翻门的门铰装在专用的滚珠滑道的滑块上，当门开启 90°之后，便可以通过滑道将门连同滑块推入到柜内。常见的是双开门，两门扇分别推入左右两侧。还有一种内藏门类似于翻门，向上开启后推入顶板下面的柜体内，这种门常常还装有附门，以便门推入柜体后真正地隐蔽起来，不影响整个柜体的外观效果。其安装结构如图 3-58 所示。对于两种不同形式的内藏门，分别有相应的滚珠滑轨与之相配用。

（6）折叠门的接合方式

1）折叠门的结构形式。折叠门是需要门扇存放位置的特殊滑动门，又称折叠式滑动门，形式如图 3-59 所示。其本身可以转动折叠，又可以在滑道中任意滑动，因而它提供了最佳的柜内空间，且每扇门页的尺寸较小，打开后占用空间也小。配以专用的折叠门配件，可以通过一个导向轮将折叠门一端沿轨道滑动，同时与柜旁板相连，只需轻轻一拉，柜内的所有空间即可敞开，舒适方便，并且滑动轻，幅度大。

2）折叠门的安装方法。折叠门的安装一般采用专用的折叠门配件。以海蒂诗 Wing Line 26 折叠门配件为例，其具体的安装方法为：先将 L 形导向槽与顶板固定，把折叠门的两扇门翼用专用的折叠门中间铰链连接起来，在门上安装导向部件，并装上铰链和其他配件，再将整个折叠门通过铰臂和底座固定在柜的旁板上，在折叠门处于打开的状态下，通过插销将带导向轮的导向部件固定在导向槽中，如图 3-60 所示。

3）折叠门安装的主要技术参数。折叠门单扇门最宽至 250mm，门翼高度 800～1800mm，一般门翼的全部重量由固定在旁板的铰链承受，顶板不需加厚。当柜体顶板承受折叠门重量时，其弯曲不应超过 1.5mm，中间和底板至少后退 40mm。

上述几种基本形式的门虽然都有自己不同的结构特点，但都应要求尺寸精确、配合严密，以防灰尘进入柜内；同时还必须形状稳定，并且具有足够的强度，以便于开关。随着家具工业的快速发展，柜类家具的门将会演绎出更多的新形式，借助于科技含量更高的五金配件也将会更加方便实用。

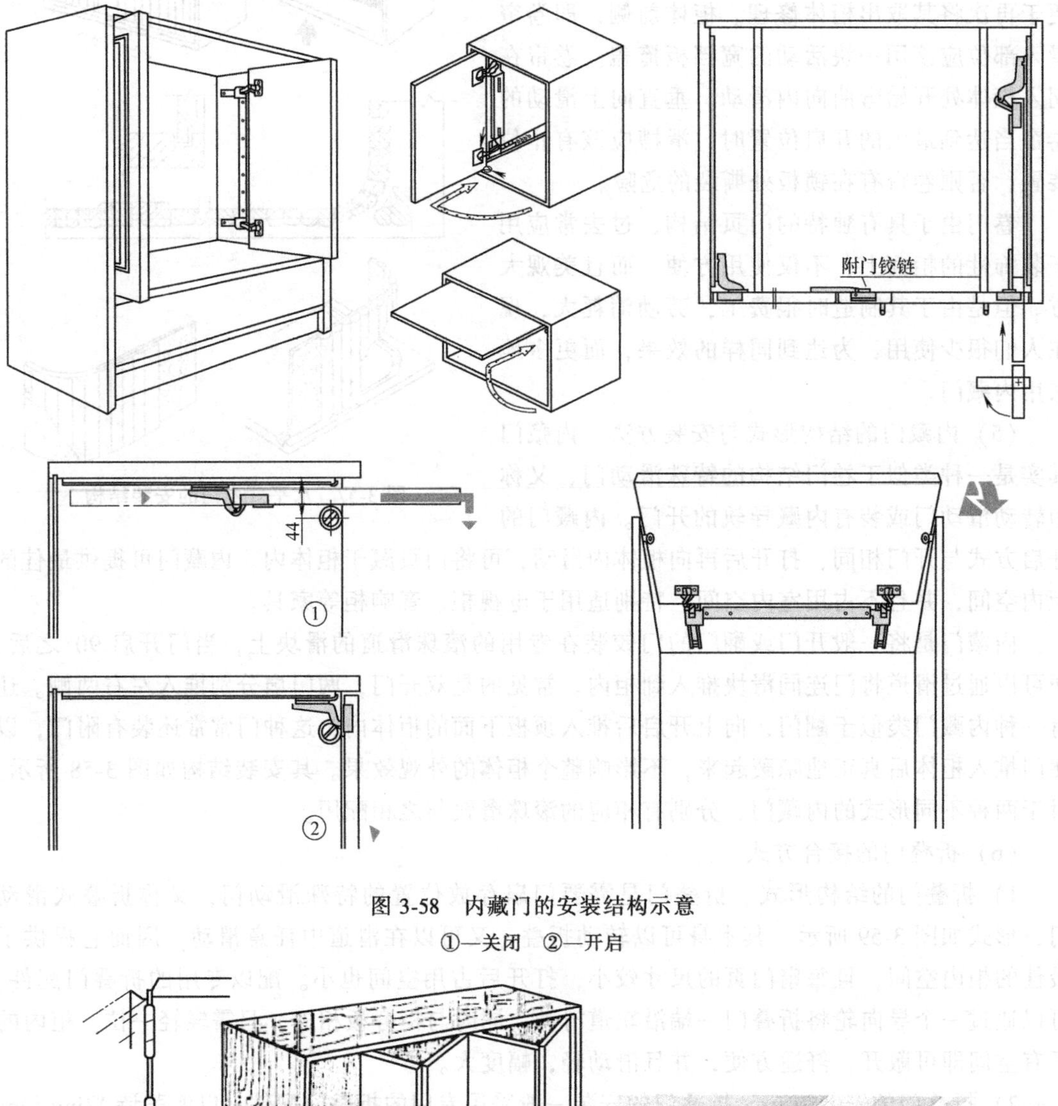

图 3-58　内藏门的安装结构示意

①—关闭　②—开启

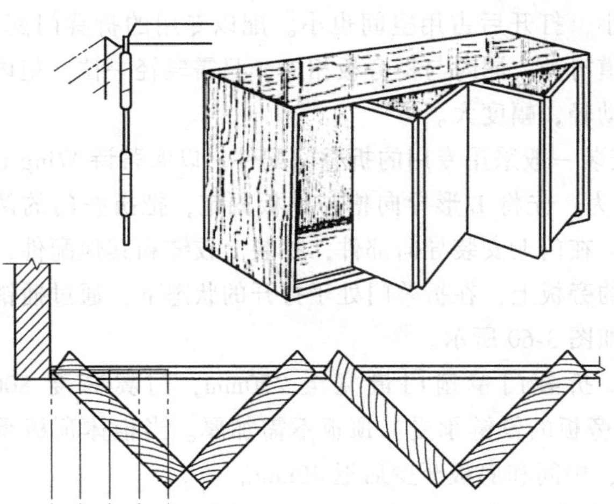

图 3-59　折叠门

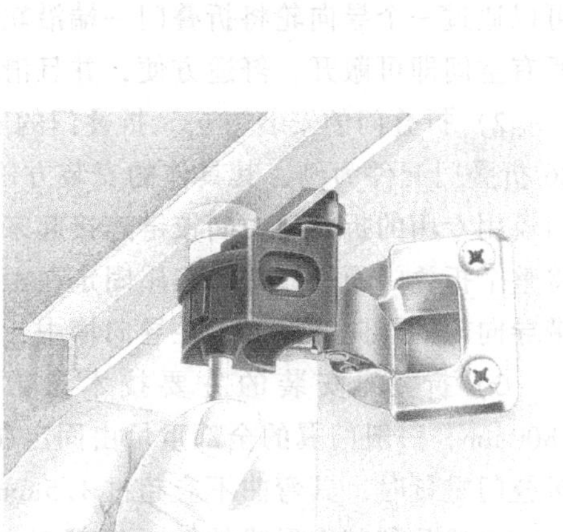

图 3-60　折叠门的安装

3.5　整体橱柜和整体衣柜结构技术

3.5.1　整体橱柜的结构技术

1. 整体橱柜的结构特点

整体橱柜从产品结构上来说与板式家具类似，但这类产品受使用功能、环境条件及厨房面积大小的制约，其结构又有别于板式家具，其主要特点如下：

（1）分体构成　整体橱柜大都采用分体构成的结构形式，即整套橱柜由台面、柜体、门板三大部分构成，而柜体也是由一个个独立的单元柜体组成的，台面则为一整体。安装时，需将单元柜体摆放在相应的位置，调平高度，再在柜体上固定整体台面（图3-61）。

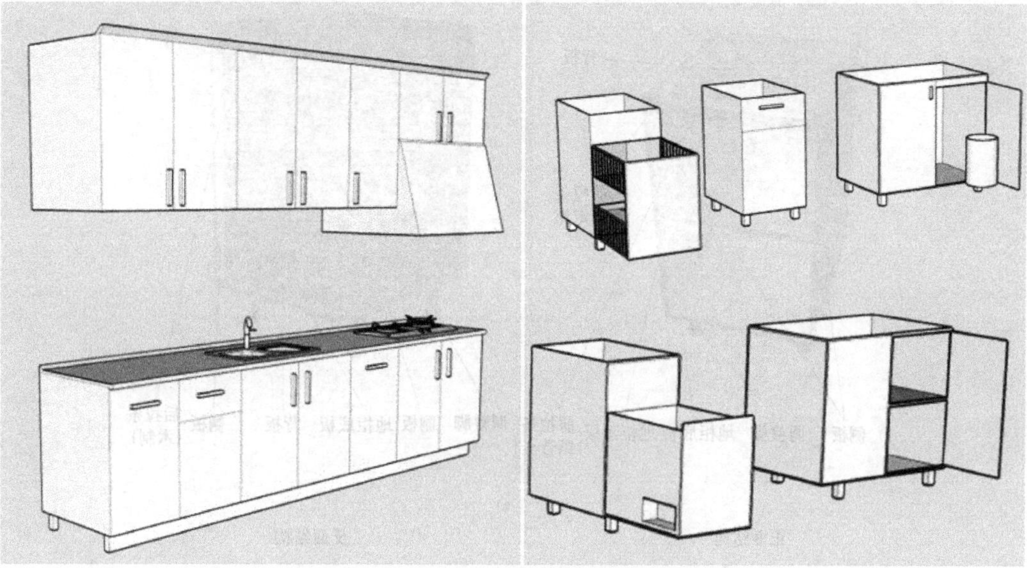

图3-61　整体橱柜分体构成的结构形式

（2）材料多样组合　由于整体橱柜各个部分功能不同，性能要求也不一样，所以整体橱柜大都为多种材料制造，如台面用人造石材，柜体用各种人造板材，门板表面则可用防火板、有机玻璃、PVC及涂料等材料进行装饰。

2. 影响整体橱柜结构设计的主要因素

整体橱柜虽然在产品结构上类似于板式家具，但因其功能和生产设备等原因，其结构较一般的板式家具复杂，在进行橱柜结构设计时，应考虑如下几点：

（1）功能　相对其他板式家具而言，从功能上来说，整体橱柜应满足储备、洗涤、烹饪三方面的操作要求，所以其表面应具有耐高温、耐腐蚀、耐冲击、不渗漏等性能，内部应便于储物并具有防潮、耐腐蚀、不生虫、不霉变的性能。这些都对整体橱柜的结构提出了特殊的要求。

（2）厨房设施配置　为满足操作和储藏的需要，一般厨房都配置了相应的设施，如灶具、洗盆、消毒柜、抽油烟机等，这些设施需要与橱柜柜体有机结合，并直接影响橱柜结构及尺寸。

(3) 具体的生产方式　对于每个橱柜生产企业来说，大多都有一些自己已经使用习惯了的生产工艺、材料、配件，所以必须了解其相关生产工艺，熟练掌握这些材料及配件的性能、尺寸参数等设计资料，然后才能进行合理的结构设计。

(4) 生产设备　不同的橱柜生产企业，其生产设备会有较大差异，所以需要根据企业具体设备状况来调整产品结构，做到最大限度地利用现有设备，达到高效、低耗的目的。

3. 柜体结构

柜体包括地柜及吊柜，它们都由一个个单元柜体构成，主要用于储物及安装相关厨房设施（如灶具等）。

柜体形状一般为矩形分格形式，考虑到便于人造板套裁，每个单元柜宽度最好不大于800mm。常见的单元柜体结构如图 3-62 所示。

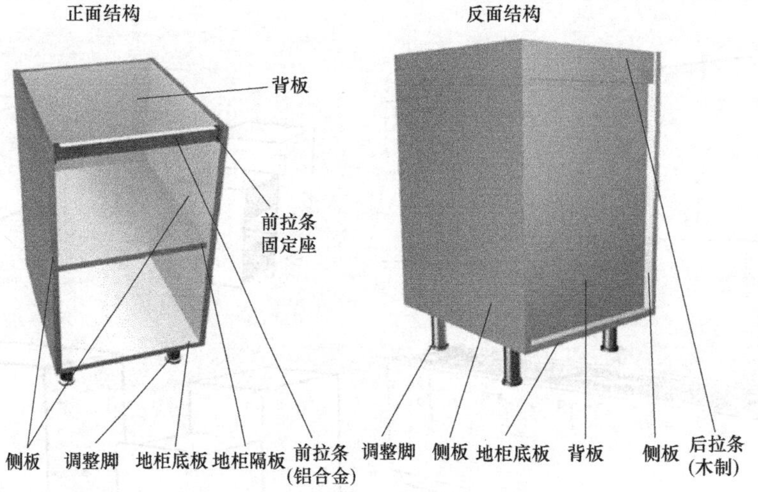

a)

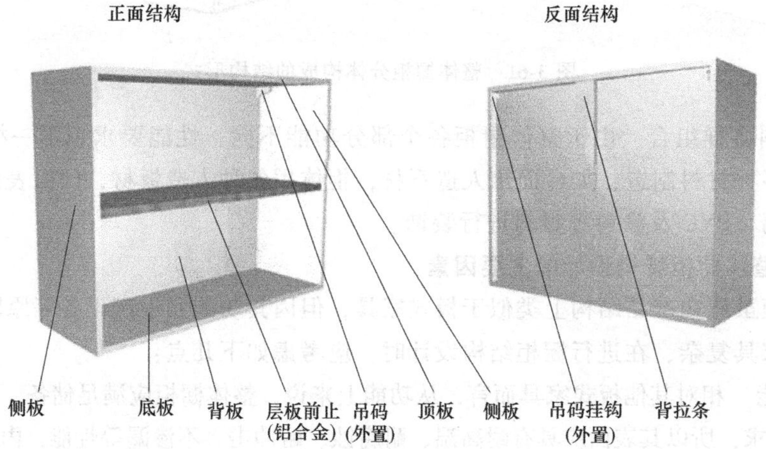

b)

图 3-62　单元柜体结构形式

a) 单元地柜结构　b) 单元吊柜结构

柜体背板装配大多采用旁板开槽、插入背板，再由木螺钉固定的结构形式。

柜体内水平隔板一般直接用各种层板托支撑，其结构形式如图3-63所示。

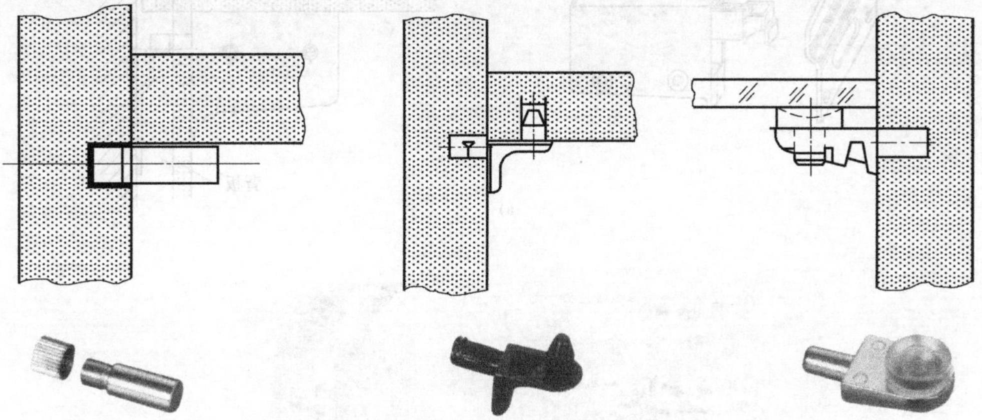

图3-63 隔板支撑结构

地柜一般直接摆放在厨房地面上，而地面并非绝对平整，且台面是整块最后才装上去，当橱柜布局为“L”形、需现场胶接台面时，对拼缝要求很高，所以地柜下部由可调高度的调整脚支撑，以便于调整柜体上表面水平。调整脚有多种形式，图3-64所示为一种形式的调整脚，它通过转动调节螺钉实现地柜某点升降调节，从而将整个地柜调整水平。地柜的扫脚板（底封板）系整张结构，用于遮挡调整脚。考虑到便于清扫柜体底部，扫脚板应可以快速拆装，一般用弹性夹（柜脚夹）将扫脚板夹持在调整脚上。弹性夹由木螺钉固定于扫脚板背面，并将扫脚板卡装在调整脚上，需要清扫时，用力往外拉扫脚板，即可实现扫脚板快速拆装。

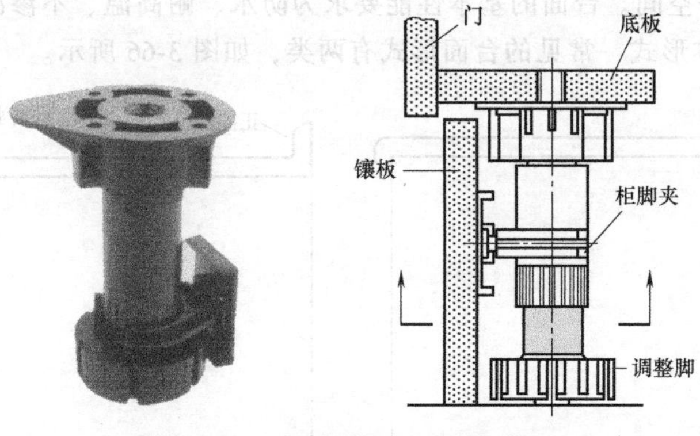

图3-64 调整脚形式及安装结构

吊柜需由吊挂件安装于墙体上，吊挂件由固定于墙面的挂板和带有挂钩的吊码两部分组成，吊码有明吊码和暗吊码两种。明吊码装于吊柜旁板内侧，其形状及安装结构如图3-65a所示，挂板由膨胀螺钉（或水泥钉）固定在墙面上，吊码则由木螺钉固定于吊柜旁板上，通过其内部的调节螺钉可调整挂钩伸出量，以保证吊柜安装横平竖直。暗吊码装于吊柜后面，通过吊码销固定在旁板上（图3-65b），所以采用暗吊码的吊柜，背板应适当前移安装，以保证暗吊码有足够的安装空间。

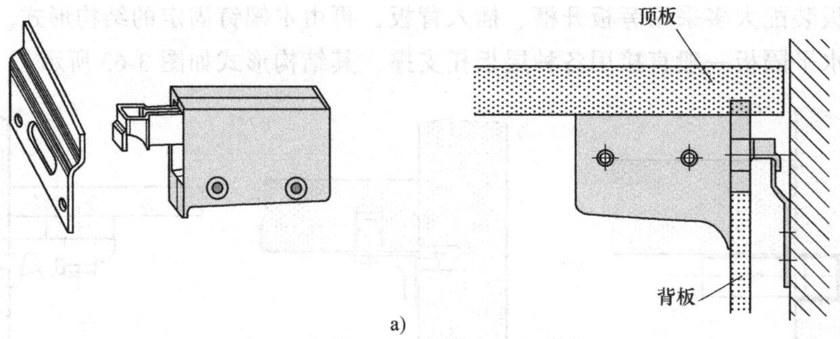

a)

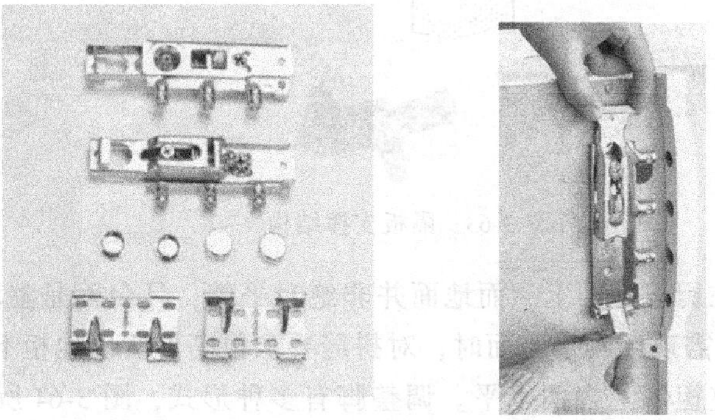
b)

图 3-65 吊挂件及安装结构

a）明吊码及安装结构 b）暗吊码及安装结构

4. 台面结构

整体橱柜的台面主要用于洗涤及烹饪操作，台面上一般要安装洗盆、灶具等厨房设备，还要留有相应的准备空间。台面的基本性能要求为防水、耐高温、不渗漏、抗冲击。

（1）台面的基本形式 常见的台面形式有两类，如图 3-66 所示。

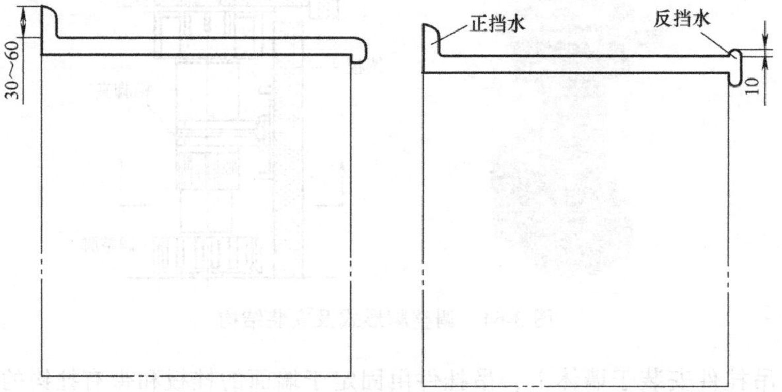

图 3-66 台面形式

考虑到防渗漏的要求，台面后面（靠墙面）设置正挡水（又称后挡水），正挡水的高度一般为 30~60mm，需和台面本体无缝连接且圆滑过渡。有的橱柜除设置了正挡水外，还在台面前面设置了反挡水。反挡水高度一般为 10mm 左右，这样可使台面上的水不至于流到厨房地面，但设置了反挡水的台面，洗盆必须采取嵌入式或台下式安装，使洗盆平面低于台面平面，以便于排除台面上的水分。考虑到冷热水管的安装，洗盆水龙头到台面后面的距离不应小于 80mm。

（2）台面的支撑结构　图 3-67 所示为目前常见的高档橱柜台面断面结构。为保证强度及刚性，人造石台面下部需用框架支撑，支撑框架一般用铝型材或塑料型材制作。当台面长度超过人造石板材长度或台面形状为“L”形时，都需进行拼接。虽然人造石台面可无缝拼接，但为防止接缝部位产生裂缝或断裂，其下部应设置加强肋，加强肋一般用同种人造石制作，胶接在台面接缝部位。

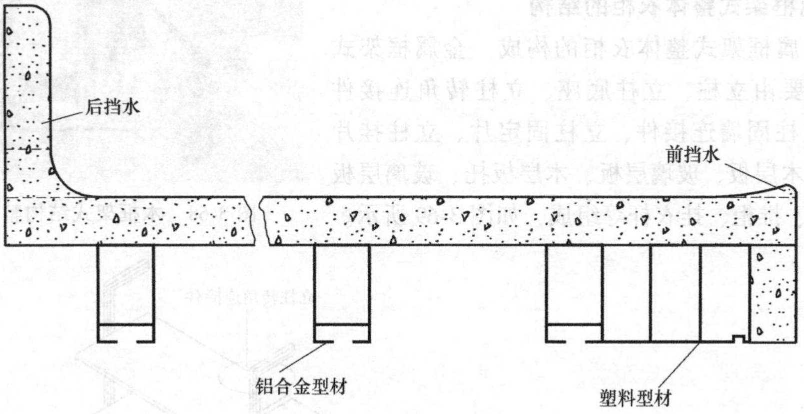

图 3-67　台面支撑结构

3.5.2　整体衣柜的结构技术

整体衣柜的柜体根据结构不同又分为板式结构和框架式结构。

板式结构是目前整体衣柜常采用的结构形式，其结构与板式家具相同，柜体均采用板式结构，符合 32mm 系列设计，由不同规格尺寸的板件组成，用专用五金连接件连接而成。

框架式结构的整体衣柜与框式家具是完全不同的两个概念，柜体不是用榫结合，而是由框架和板件构成。根据框架材料的不同还可分为木框架式和金属框架式。与传统的板式结构相比，框架式结构取消了柜体的侧板，款式更简洁时尚，取放衣物也比较便捷，更符合年轻人的审美需求，目前也最受年轻一族的青睐。

框架式结构整体衣柜是由立柱与板材组合而成的。相比于板式结构，其优点比较突出。首先，金属框架更为牢固美观，不限高宽尺寸；其次，使用板材的量大大减少；再者，其结构更加灵活多变，不仅搁架可简单位移，甚至拆开重新组装也非常简单。这类衣柜可做成开放式，放在衣帽间使用，衣物拿取非常方便；还可做成封闭型，底板可以省去，墙上贴壁纸即可。

1. 木框架式整体衣柜的结构

顾名思义，木框架式整体衣柜是指衣柜的柜体是使用木质材料作为框架的。它不需要使用背板，由顶板、底板、层板和立栅板通过五金连接件连接构成，再配以抽屉、裤架、挂衣杆等功能配件使其功能完善。底部的抽屉柜脚部采用滚轮设计，使其具有一定的灵活性及移动性。这种框架式结构要求板材的厚度高于一般的板式结构，以保证强度，并且从心理层面来说，具有一定厚度的板材才能使得这种木框架式结构看起来更牢固、更美观。

图3-68所示的木框架式结构整体衣柜采用的板材厚度为36mm，以刨花板为基材，采用上下贴面处理，按照32mm系统的要求设计顶板、底板、层板与立栅板的连接孔位，使衣柜既美观又牢固。采用木框架结构的更衣间，由于结构牢固，存放衣物的数量和柜体式相同，但由于对板材的要求高，因此造价偏高。

图3-68　木框架式结构整体衣柜

2. 金属框架式整体衣柜的结构

(1) 金属框架式整体衣柜的构成　金属框架式整体衣柜主要由立柱、立柱底座、立柱转角连接件(弯管)、立柱固墙连接件、立柱固定片、立柱挂片(子母件)、木层板、玻璃层板、木层板托、玻璃层板夹、吊抽柜、推柜、挂衣杆等组成，如图3-69所示。

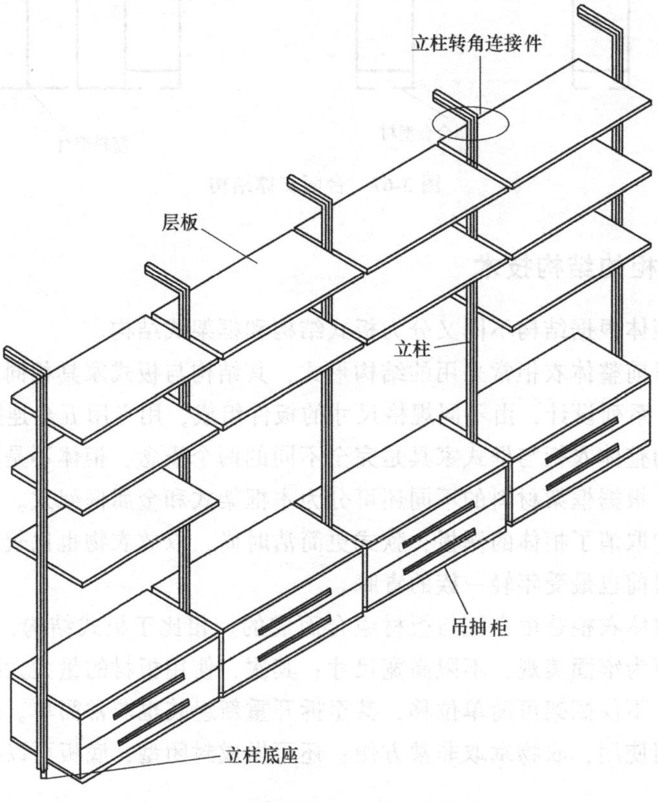

图3-69　金属框架式整体衣柜的构成

金属框架式整体衣柜的立柱材料主要是铝合金、铸造件、型材、方管等，表面采用阳极氧化技术，光滑无砂粒，框架多为竖向，很少采用横向。板件则需要借助于专用连接件与框架结合，使用可以快速拆装的卡子，在立柱上设置相应的滑槽，并有止动装置，这样层板就可根据需要快速地任意调节高度，适合不同季节因服装变化带来的所需要收纳空间的变化，同时给人钢木结合的新潮感，而且整体稳定性强。金属框架结构还能够很好地解决人造板家具易受潮、易变形、有甲醛释放等缺点；同时不受安装环境不规整的影响，不受房间高度与宽度的限制，避免了传统板式柜体由于墙壁不直导致与门之间出现缝隙的问题。

（2）金属框架式整体衣柜与建筑的结合　金属框架式整体衣柜与建筑空间的结合主要是通过金属立柱的固定。其主要有以下两种方式：

1）金属立柱与地面和顶棚固定。金属立柱通过五金件和膨胀螺栓将其直接固定在地面和顶棚之间，如图 3-70 所示。

图 3-70　金属立柱与地面和顶棚固定

2）金属立柱与地面和墙面固定。金属立柱通过五金件和膨胀螺栓将其固定在地面和墙面上预先固定好的特殊金属连接件上，如图 3-71 所示。

图 3-71　金属立柱与地面和墙面固定

立柱与墙面的连接方法有两种：一是在立柱上端直接连接立柱弯管并与立柱固墙连接件锁紧，如图 3-72 所示；二是先用立柱转角连接件把竖向和横向切好 45°斜口的立柱进行拼接，再与墙体已经固定好的立柱固墙连接件进行连接固定，如图 3-73 所示。

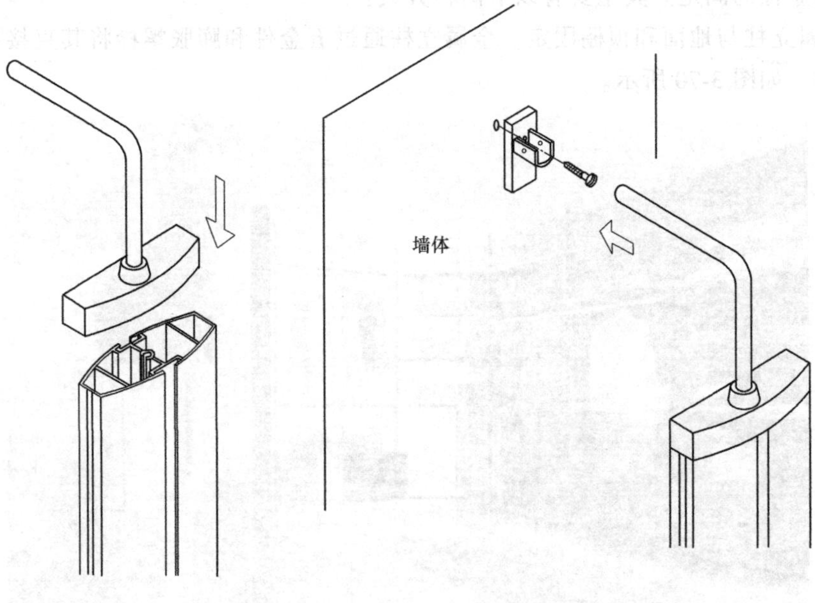

图 3-72　金属立柱与墙面固定方法 1

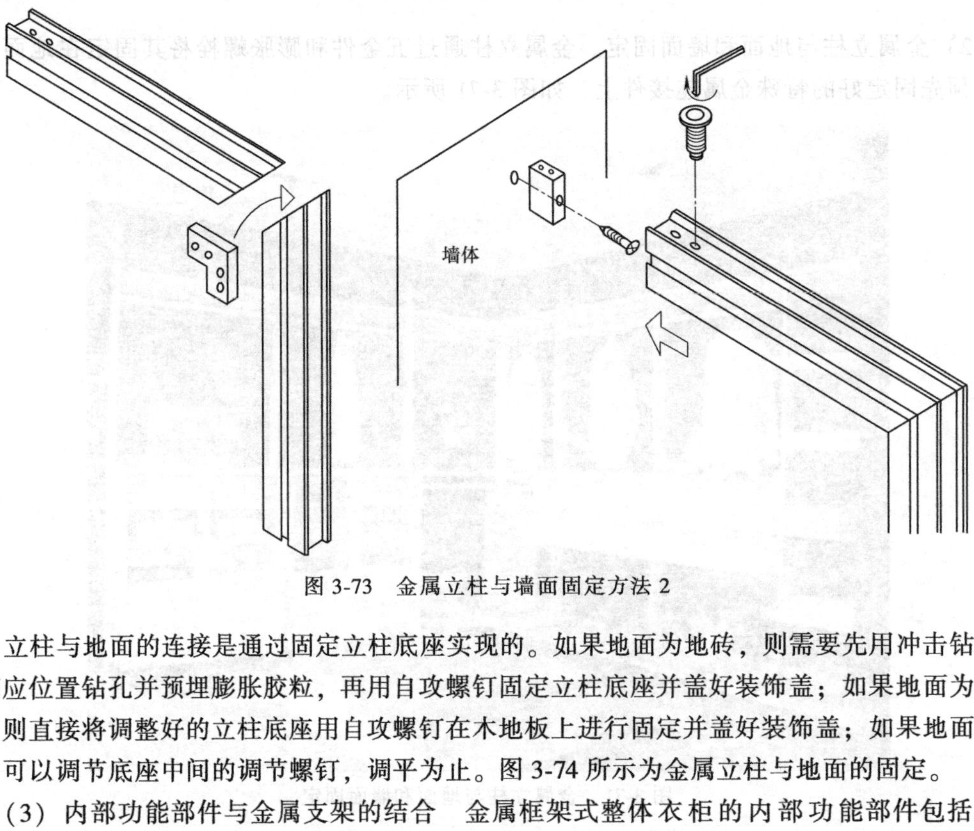

图 3-73　金属立柱与墙面固定方法 2

立柱与地面的连接是通过固定立柱底座实现的。如果地面为地砖，则需要先用冲击钻在地面相应位置钻孔并预埋膨胀胶粒，再用自攻螺钉固定立柱底座并盖好装饰盖；如果地面为木地板，则直接将调整好的立柱底座用自攻螺钉在木地板上进行固定并盖好装饰盖；如果地面不水平，可以调节底座中间的调节螺钉，调平为止。图 3-74 所示为金属立柱与地面的固定。

（3）内部功能部件与金属支架的结合　金属框架式整体衣柜的内部功能部件包括木层

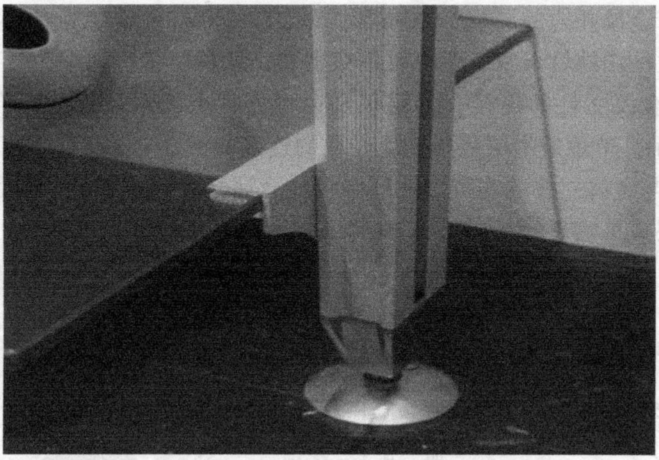

图 3-74 金属立柱与地面的固定

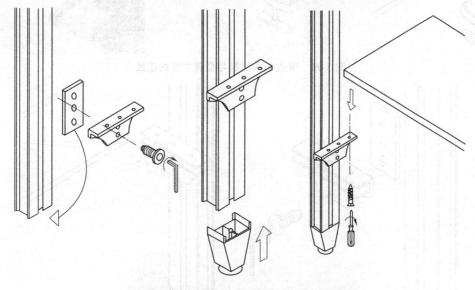

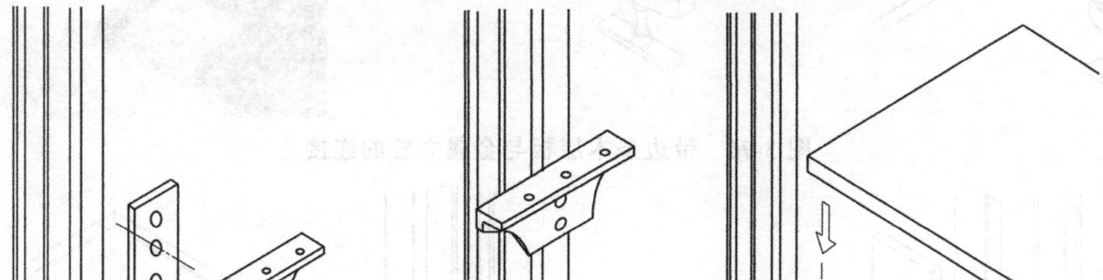

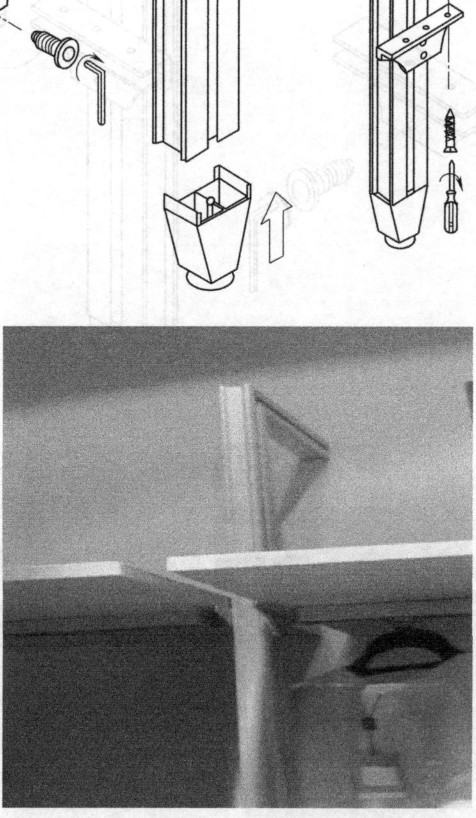

图 3-75 木层板与金属立柱的连接

板、玻璃层板、带金属托边的层板、抽屉柜、裤架、挂衣杆、鞋架等。这些功能部件通过各种连接件与金属立柱用螺钉卡紧，位置可以根据自己的需要进行固定。

1）木层板与金属立柱的连接。木层板是通过立柱上的木层板托用自攻螺钉连接固定的，如图 3-75 所示。带边条木层板与金属立柱的连接如图 3-76 所示。

2）玻璃层板与金属立柱的连接。玻璃层板与金属立柱的连接是通过固定玻璃层板与装在立柱上的玻璃层板夹实现的，如图 3-77 所示。

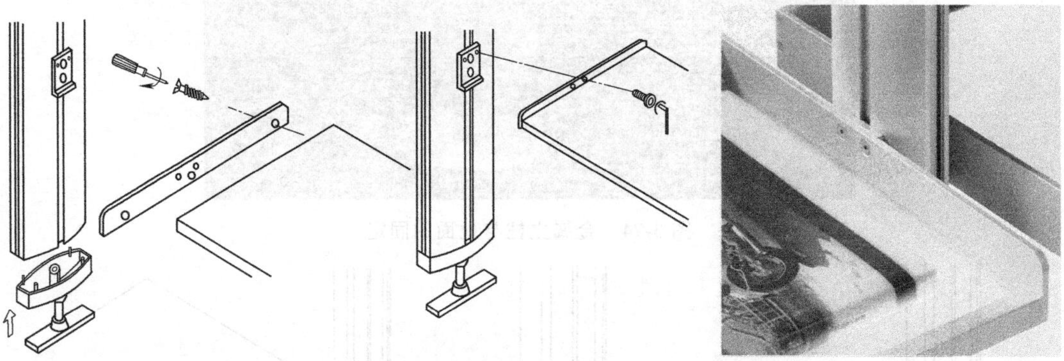

图 3-76　带边条木层板与金属立柱的连接

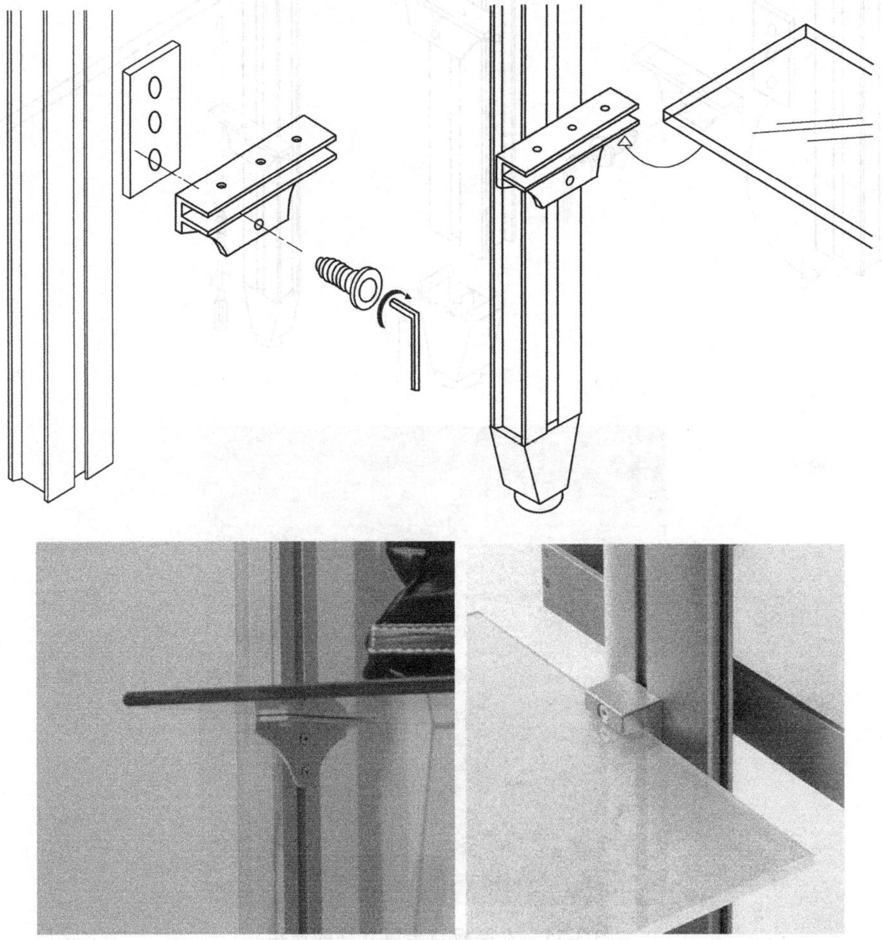

图 3-77　玻璃层板与金属立柱的连接

3）吊抽柜与金属立柱的连接。将立柱挂片（子片）装在立柱的槽中，在已经组装好的柜体的左右两侧装上立柱挂片（母片），然后将子母挂片进行吊立固定，如图 3-78 所示。带边条吊抽柜与金属立柱的连接如图 3-79 所示。

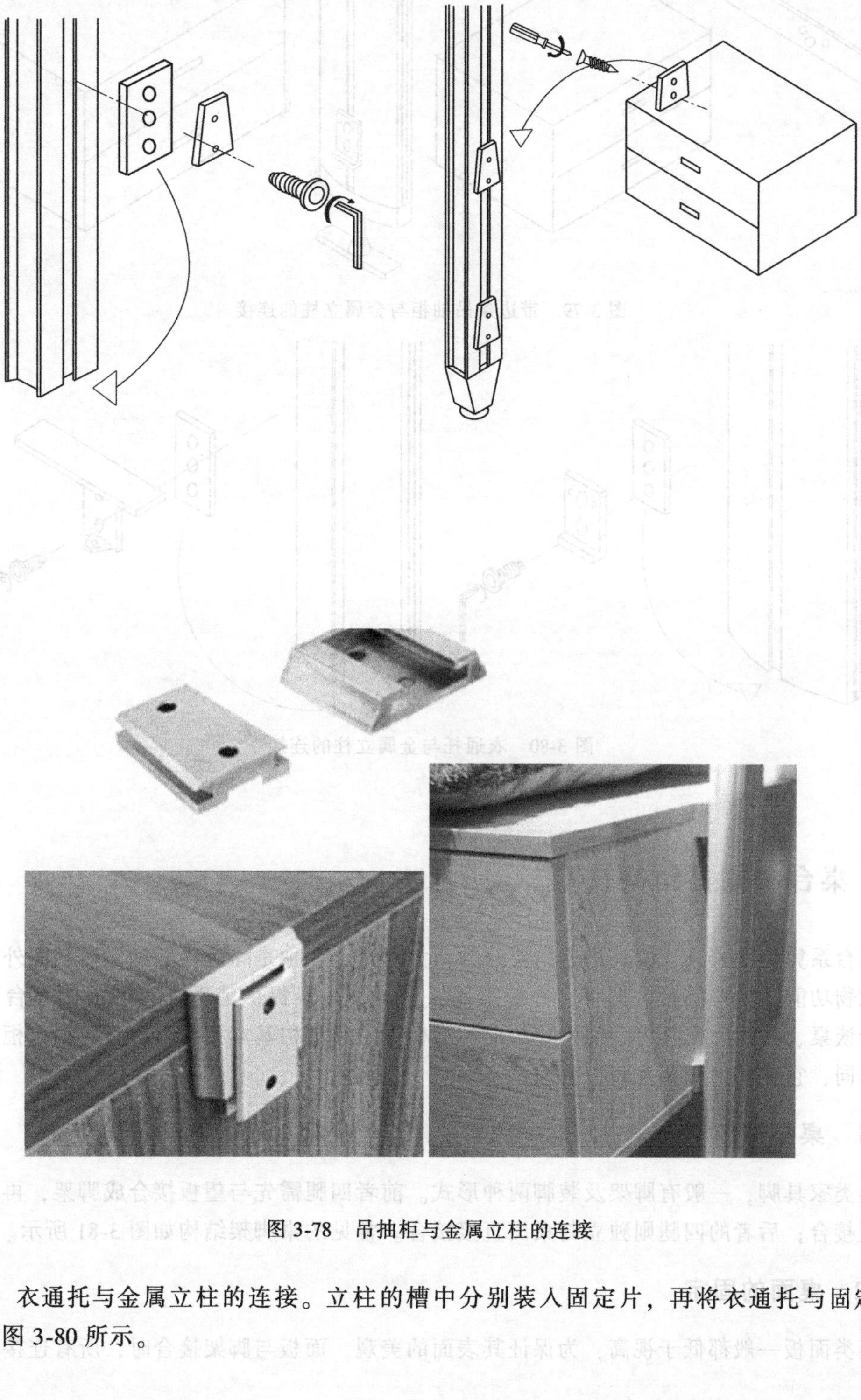

图 3-78 吊抽柜与金属立柱的连接

4）衣通托与金属立柱的连接。立柱的槽中分别装入固定片，再将衣通托与固定片连接，如图 3-80 所示。

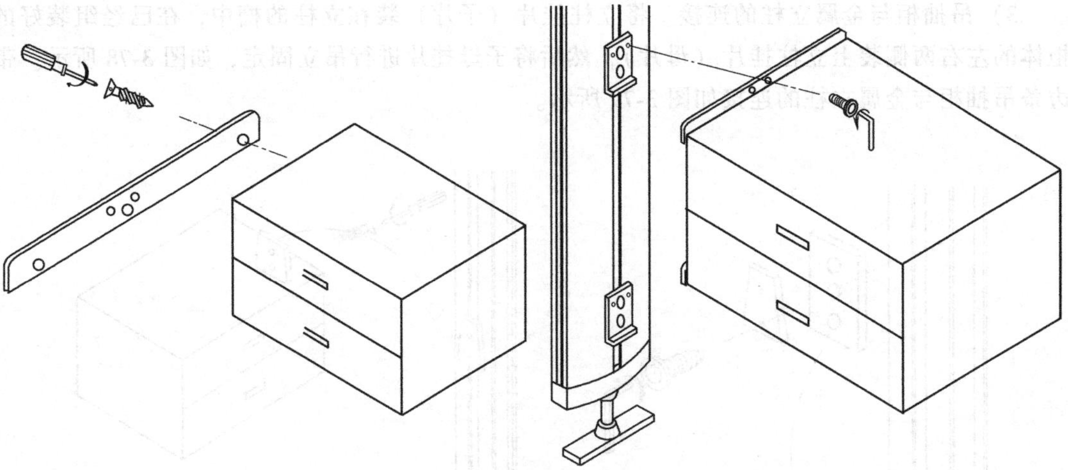

图 3-79 带边条吊抽柜与金属立柱的连接

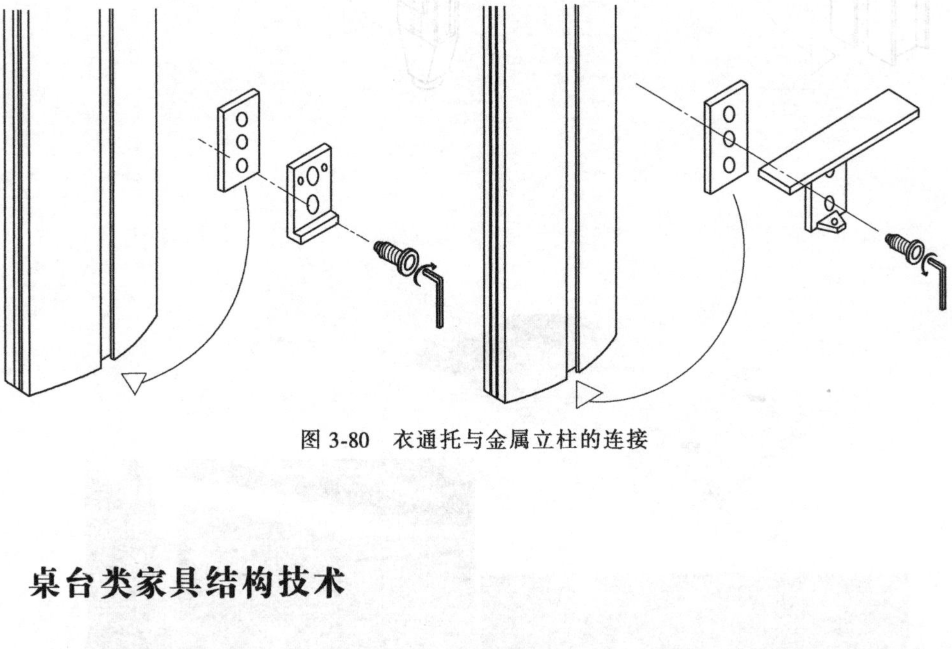

图 3-80 衣通托与金属立柱的连接

3.6 桌台类家具结构技术

桌台系凭倚性家具，按其用途主要分为两大形式：一种是除提供辅助支撑平面外还有较强的贮物功能，如写字台、书桌、办公桌等；另一种是只提供辅助支撑平面的桌台，如餐桌、会谈桌、茶几、花几等。前一种的结构与柜类家具结构基本相同，后一种则与柜类家具有所不同，它主要由脚架及面板构成。

3.6.1 桌脚架结构

桌类家具脚，一般有脚架及装脚两种形式。前者四腿需先与望板接合成脚架，再将脚架与面板接合；后者的四腿则独立与桌面直接接合。常见的桌脚架结构如图 3-81 所示。

3.6.2 桌面的固定

桌类面板一般都低于视高，为保证其表面的美观，面板与脚架接合时，所有连接件都不应暴露在面板表面。其接合方式除偏心件、直角件等接合外，还有一些接合方式应用也很广，见表 3-36。

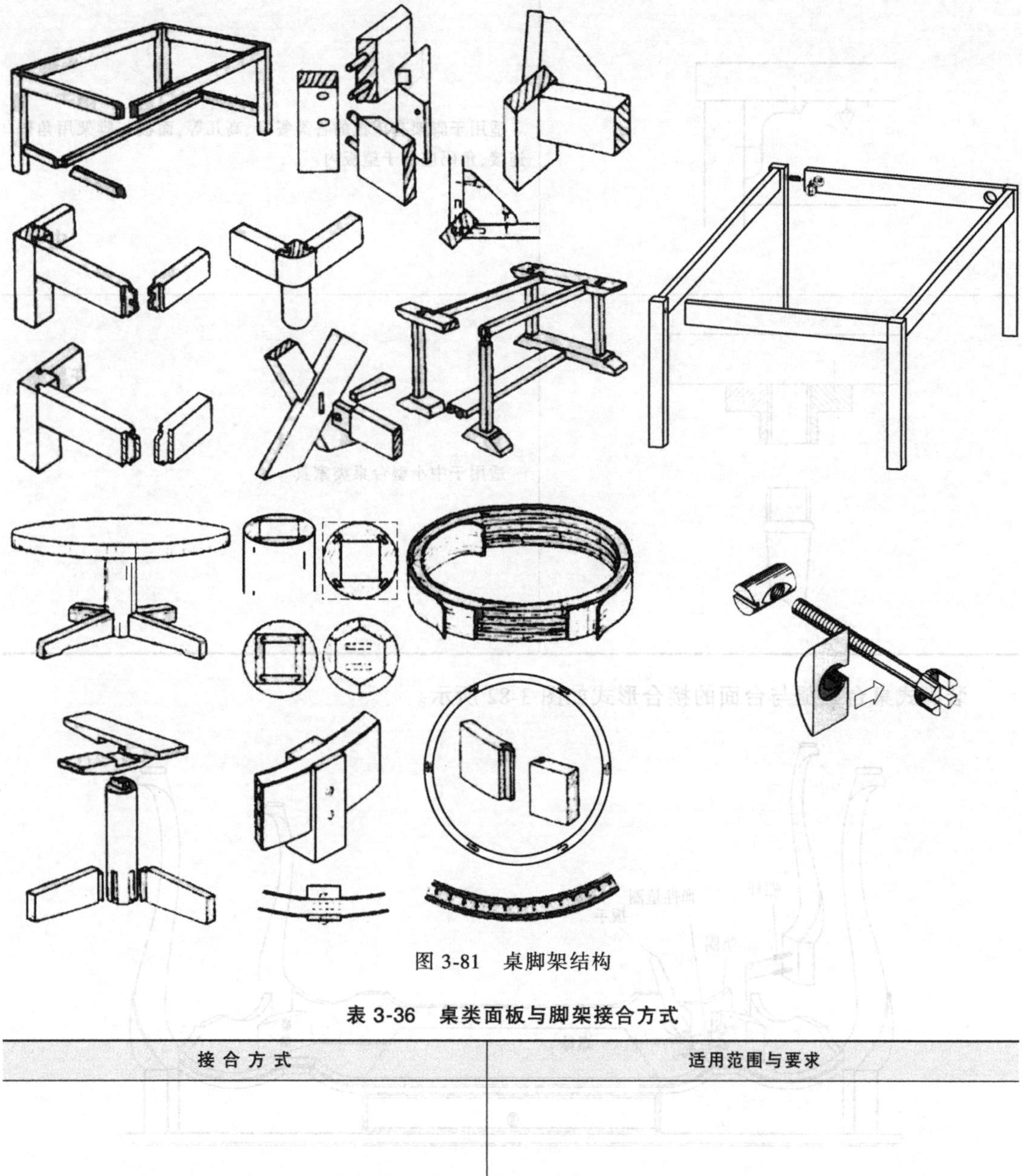

图 3-81　桌脚架结构

表 3-36　桌类面板与脚架接合方式

接合方式	适用范围与要求
	适用于实木类餐桌、屉桌等。面板与脚架由木螺钉接合，木螺钉需开沉头孔

（续）

接 合 方 式	适用范围与要求
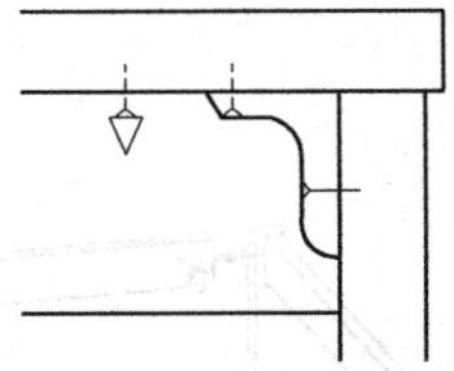	适用于脚架有望板的各类餐桌、高几等，面板与脚架用角码连接，角码应藏于望板内
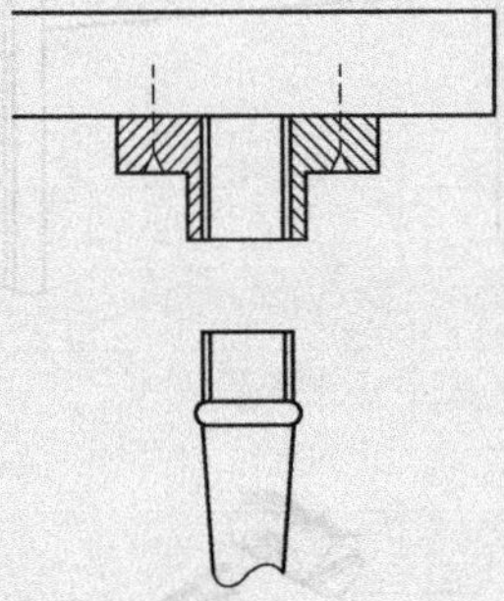	适用于中小型台桌类家具

装脚式桌台四腿与台面的接合形式如图 3-82 所示。

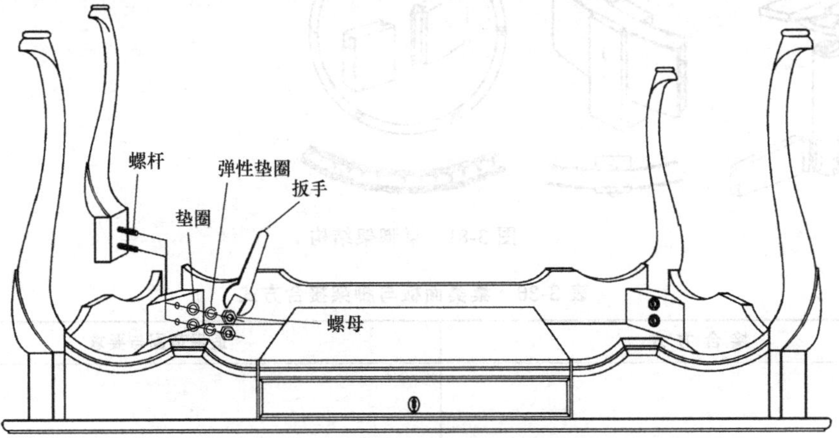

图 3-82　装脚式桌台四腿与台面的接合形式

第 4 章

软体家具结构技术

4.1 软体家具概述

4.1.1 软体家具的概念

凡支承面含有柔软而富有弹性软体材料的家具都属软体家具。软体家具包括沙发、软椅、软凳、弹簧软床垫、软坐垫等。表面用软体材料装饰的床屏家具也属于此类。随着家具行业的不断兴起，人们对新材料、新技术、新领域的不断研究探索，现代软体家具也得到了空前的繁荣与旺盛，主要体现在产量与销售额的增长，生产工艺技术水平的提高，产品覆盖面广泛，品种丰富多样等方面。

4.1.2 软体家具的分类

现代软体家具可按其结构、材料、功能等方式分类，见表 4-1。

表 4-1 软体家具分类

分类依据	具体分类	特　性
按结构分类	内骨骼软包家具	内骨骼软包家具是目前国内市场上比较常见的一种，用软质材料将内部框架结构完全包覆，因而这种结构的软体家具一般材料的制作成本低，也容易被接受
	外骨骼软包家具	外骨骼软包家具是以外部框架为主体，在局部用软质材料包覆达到家具的舒适性与美观性。当然现在也有很多是内部四周和座面都有软垫或者软包的软体家具，如柯布西耶设计的大安乐椅就是典型的外部框架式结构，如图 4-1 所示
	无骨骼软体家具	随着材料与生活方式的变化，目前产生了诸如充气、充水、聚乙烯泡沫注模、全软垫等无框架式家具，这类家具往往受年轻一代人的喜欢，如图 4-2、图 4-3 所示
	软骨骼家具	软骨骼家具还可分为弹性结构软垫家具、弯曲木软垫家具、框架多处可调节家具。这些家具比较特殊，也是软体家具发展的趋势之一
按材料分类	皮革类软体家具	以真皮、人造仿皮革作为外套材料的软体家具，如牛皮沙发、皮革床等，如图 4-4 所示
	织物类软体家具	以布料等纺织材料为外套的软体家具，如布艺沙发等(图 4-5)
	塑料类软体家具	以塑料为主要材料所制成的软体家具，如外壳为塑料的软体椅
按功能分类	软体坐具	目前常用的软体坐具可分为五大类：软包座椅、沙发、沙发床、软体系统及软垫凳。软体坐具占软体家具的主要比例，它们问世与发展的主要原因是人们对于视觉和心理的需求
	软体卧具	软体卧具除了坐卧两用的多功能软体家具外就是各类软床与床垫的总称
	其他功能软体家具	包括多功能软体家具、软体贮物家具、软体家具装置等。由于技术的进步，软体家具产生了更多的家具类型，如软体箱柜、软体桌、室内软体隔断家具等，这些新类型的软体家具不仅体现了设计师的创意和新材料、新工艺的突破，也强调了一种新的视觉元素或者人们的环保、可折叠等观念

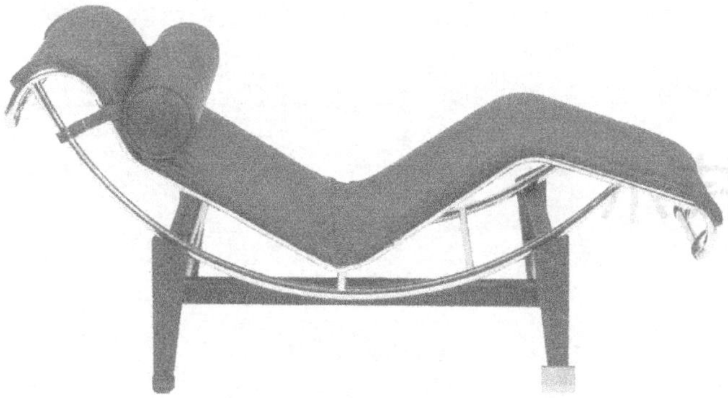

图 4-1　大安乐椅

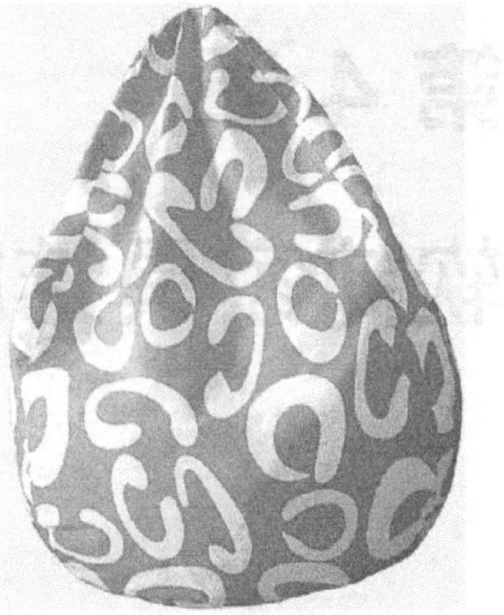

图 4-2　现代时尚袋椅

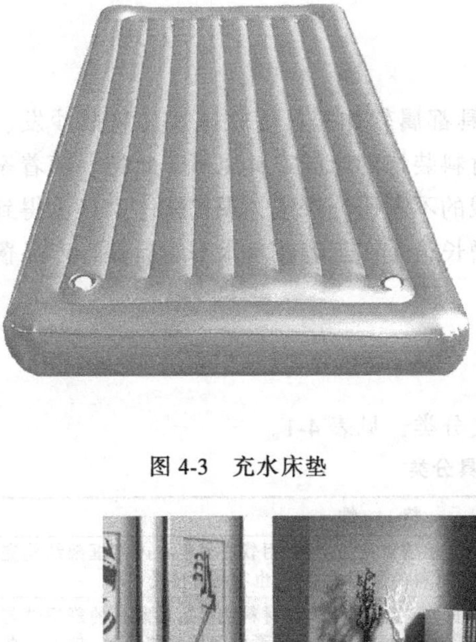

图 4-3　充水床垫

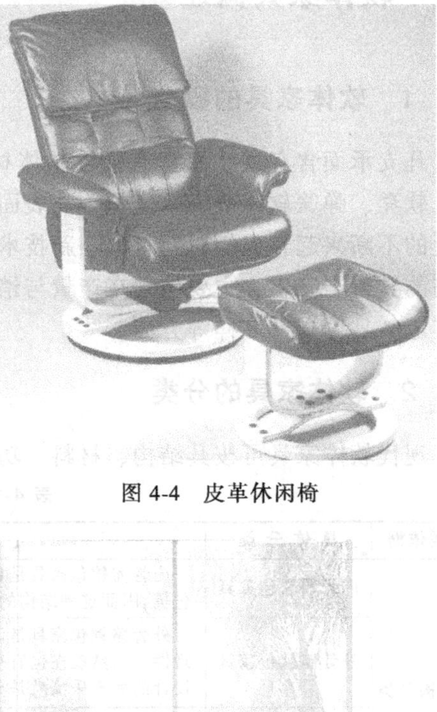

图 4-4　皮革休闲椅

图 4-5　布艺沙发

软体家具除含有软体部分外，多数还有支持软体的支架。支架常用木材、钢材、塑料制造，其中木质材料最为常用，塑料支架为模塑成形。软床垫、软坐垫无须支架。

4.2 软体家具支架结构技术

坐、卧具既承受静载荷，又要承受动载荷以及冲击载荷，因此，强度应满足要求。一般来说，软体家具都有支架结构作为支撑，支架结构有传统的木结构、钢制结构、塑料成形支架及钢木结合结构。但也有不用支架的全软体家具。

木支架为传统结构，一般属于框架结构，采用明榫接合、螺钉接合、圆钉接合以及连接件接合等方式连接。受力大的部件需挑选木质坚硬、弹性较好的材料，且无虫眼、死节等缺陷，有缺陷的木材，应安排在受力小的部位。因为有软体材料的包覆，除扶手和脚型等外露的部件外，其他构件的加工精度要求不高。

钢制结构一般采用焊接或螺钉接合，也有采用弯管成形的。

对于塑料支架结构，由于塑料的特点，可注塑、压延成形，常与软体结构一次成形。

4.2.1 沙发的木架结构

沙发的基本结构，有由靠背、座身、扶手、脚（脚支架）组成的包木沙发，有由靠背、座身、连接扶手、抵挡组成支架的出木沙发，以及具有多种使用功能的多用沙发等。虽然形式不同，但其基本结构是相似的。

沙发的工艺结构技术，主要是解决木架问题。因为沙发的木架像人体的骨骼一样，是构成沙发的骨架，赖以保持沙发的造型设计要求，并使沙发具有足够的强度。由于沙发是坐卧家具，要承受动载荷，甚至冲击载荷，所以要特别注意木架结构的强度。

沙发的木架由若干零件按不同形式与一定的接合方式装配而成，通常的接合方式有榫接合、木螺钉及圆钢钉接合。在榫接合中，明榫又多于暗榫。在主要部件用榫接合外，有些部位大多采用木螺钉及圆钢钉接合，因为沙发木架在包制软体材料时，受绷绳、底带、衬料、面料等的牵制，牢固度已经达到要求了。

传统沙发主要由支架和软体结构两部分组成。支架一般由木质材料构成，主要采用明榫接合、螺钉接合、圆钉接合、连接件接合等。为了保证沙发的使用效果和寿命，支架的用材要具有较高的强度和握钉力；除扶手、脚型等露在外面的构件之外，其他构件的加工精度要求不高。软体结构由螺旋弹簧、蛇簧、泡沫塑料、衬布、填料和面料等组成。螺旋弹簧下部缝连或钉固于支架底托上，上部用绷绳绷扎连接并固定于木架上，使其能弹性变形而又不偏倒；在绷扎好的弹簧上面先覆盖固定头层麻布，再铺垫棕丝，然后覆盖固定二层麻布，再铺少量棕丝后包覆泡沫塑料或棉花，最后蒙上表层面料，如图 4-6 所示。

现代沙发是相对于传统沙发而言的，与传统沙发相比，现代沙发在材料上以泡沫塑料为主，在工艺上以先成批预制后组装配套为主，在结构上以悬吊或悬浮的形式为主，在造型上以曲线为主。

现代沙发的框架或基座有构架式、箱体式、柱脚式。制作框架或基座的材料有木材、钢材、塑料等。不同的材料有不同的制作工艺。木框架的制作工艺与传统沙发基本相同，只是

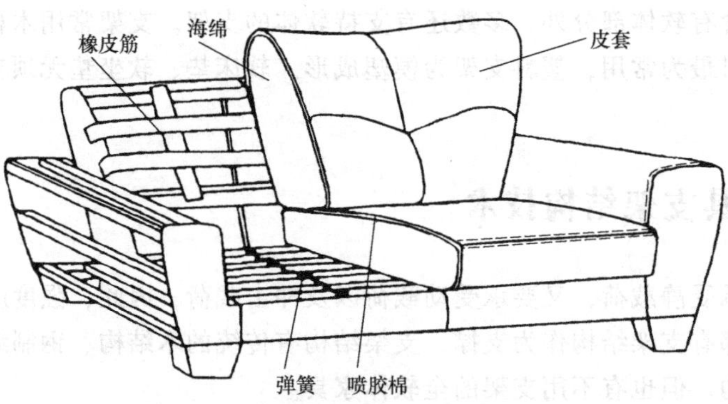

图 4-6 传统沙发结构

更为简单，木材显露的部分也较多，要求加工更为精细，充分显示木材的自然美。

软垫主要采用泡沫塑料为基材，常用的有乳液发泡橡胶、聚氨酯发泡塑料以及再生发泡塑料等。

现代沙发除了较少情况下采用传统的方法拴接弹簧组合体支承软垫外，更多的都是用简易的方法以悬吊的形式支承软垫。常用的方式有拉簧支承、橡皮绳支承、蛇簧支承、弹性橡胶带支承等。

图 4-7 所示为现代沙发木架结构。木架的结构技术要求见表 4-2。

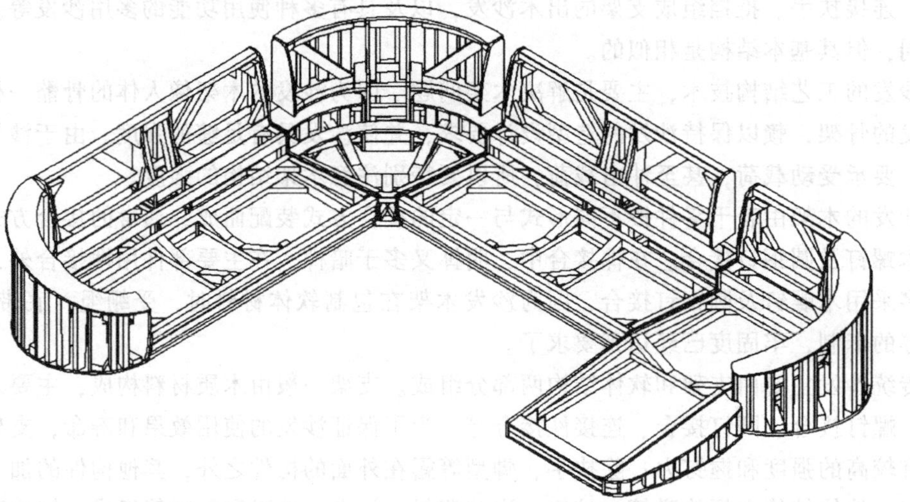

图 4-7 现代沙发木架结构

表 4-2 木架的结构技术要求

部　　位	部件举例	结构技术要求	表面要求
外露部分	实木扶手、腿	接合处需尽量隐蔽。结构与木家具雷同，宜用暗榫接合	光洁平整 需加涂饰
被包覆部分	底座框架 靠背框架	接合处不需隐蔽。结构需牢固，制作简便。可用圆钉、木螺钉、明榫接合，需持钉的木框厚度应不小于 25mm	可稍为粗糙 无须涂饰

现代沙发的金属支架结构如图 4-8 所示。

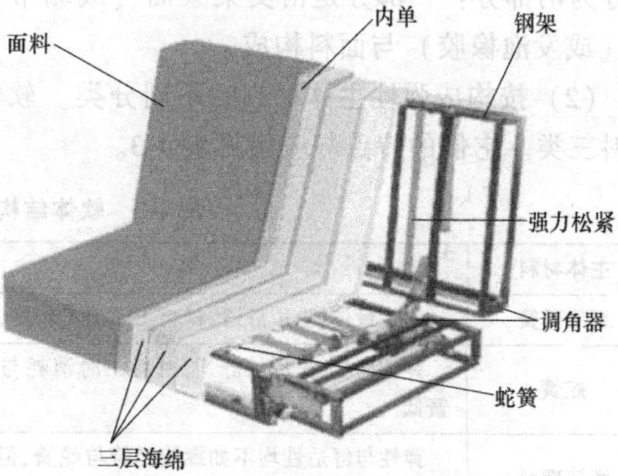

图 4-8 现代沙发的金属支架结构

4.2.2 床垫的支架结构

软体家具中的另一大类——床垫，一般是指弹簧软床垫，一百多年前起源于美国。弹簧软床垫的内部结构主要有弹簧钢芯和外层软包材料。弹簧钢芯（内胆）由各式弹簧结构组成，外层软包材料则由塑料平网、各类毡料（麻毡、棉毡、椰棕垫料等）和绗缝面料组成。而绗缝面料是由无纺布、海绵、面料等绗缝而成的。弹簧床垫的特点是弹性足、弹力持久、透气性好、与人体曲线有较好的吻合，使人体的骨骼、肌肉能处于松弛状态，从而得到充分的休息。图 4-9 所示为弹簧床与床垫结构。

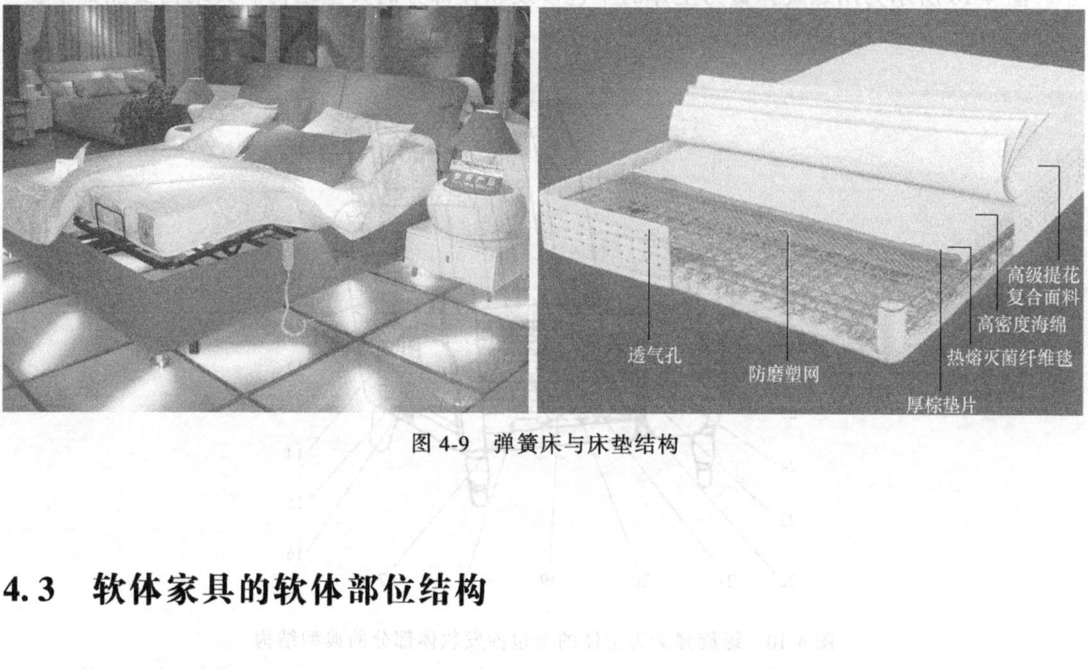

图 4-9 弹簧床与床垫结构

4.3 软体家具的软体部位结构

4.3.1 软体结构的种类

（1）按软体部分的厚薄分类

1）薄型软体结构。这种结构也叫半软体结构，如用藤面、绳面、布面、皮革面、塑料纺织面、棕绷面及人造革面等材料制成的产品，也有部分用薄层海绵的。这些半软体材料有的直接纺织在座框上，有的缝挂在座框上，有的单独纺织在木框上再嵌入座框内。

2）厚型软体结构。厚型软体结构可分为两种形式。一种是传统的弹簧结构，利用弹簧作为软体材料，然后在弹簧上包覆棕丝、棉花、泡沫塑料、海绵等，最后再包覆装饰布面。弹簧有盘簧、拉簧、蛇（弓）簧等。另一种为现代沙发结构，也叫软垫结构。整个结构可以分为两部分：一部分是由支架蒙面（或绷带）而成的底胎；另一部分是软垫，由泡沫塑料（或发泡橡胶）与面料构成。

（2）按构成弹性主体材料的不同分类　软体部位的结构可分为螺旋弹簧、蛇簧和泡沫塑料三类。它们的特点与应用见表 4-3。

表 4-3　软体结构的特点与应用

主体材料	特　点	应　用
螺旋弹簧	弹性最佳，坐用舒适，材料工时消耗较多，造价较高	为高级软体家具常用形式
蛇簧	弹性尚佳，坐用较舒适，材料工时消耗与造价较螺旋弹簧低	用于中、普级软体家具
泡沫塑料	弹性与舒适性均不如螺旋弹簧与蛇簧，但省料、省工、造价低	用于简易的软体家具及单纯装饰性包覆

4.3.2　使用螺旋弹簧的沙发结构

图 4-10 所示为用螺旋弹簧为主体的全包沙发软体部分的典型结构。其结构要点如下：

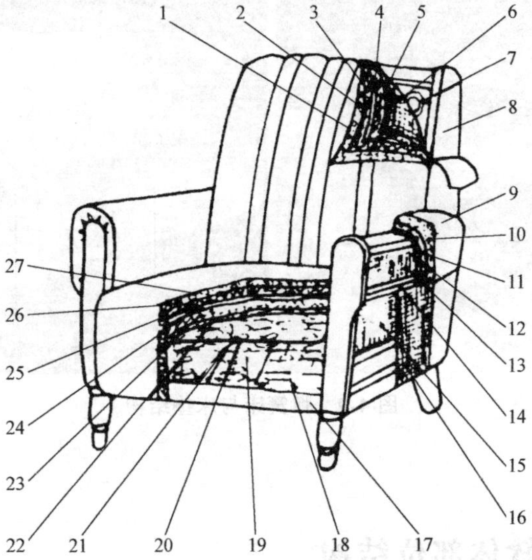

图 4-10　螺旋弹簧为主体的全包沙发软体部分的典型结构

1、9、27—面料　2、10、26—泡沫　3、5、12、23、25—棕丝　4、6、11、13、15、16、22、24—麻布　7、19—弹簧　8、14、17—木架　18—骑马钉　20—钢丝　21—绷绳

（1）全包沙发的软体结构　可分为座、背和扶手三部分，其中座、背均含有螺旋弹簧。螺旋弹簧的下部缝连或钉固于底托上，上部用绷绳绷扎连接并牢牢固定于木架上，使其能弹性变形而又不偏倒。在绑扎好的弹簧上面先覆盖固定头层麻布，再铺垫棕丝，然后覆盖固定两层麻布，再铺垫少量棕丝后包覆泡沫塑料或棉花，最后蒙上表层面料。其中弹簧的作用是提供弹性。棕丝、泡沫塑料、棉花等填料的作用在于将大孔洞的弹簧圈表面逐步垫衬成平整的座面。加两层麻布有利于绷平，减少填料厚度。非高级家具可酌情减免头层麻布上面的材料层次。填料除上述典型的材料外，亦可选用其他种类，如亚麻丝、剑麻丝、椰丝、橡胶浸

渍椰丝、木丝、木棉、西班牙苔藓、马毛、牛毛、猪毛、橡胶浸渍毛、羽绒、鸭毛、鹅毛等，根据产品档次和填料的回弹性能选用，回弹性能好的用于高档软家具。

绷绳织物作底托的绷带都用钉子固定。通常织物都用13mm长的鞋钉，钉距约40mm，其他用15mm长的鞋钉。

(2) 沙发的弹簧用量 单人沙发弹簧的最少用量见表4-4。

表4-4 单人沙发弹簧的最少用量

沙发结构 \ 最少数量 \ 部位	背	座
螺旋弹簧	4个	9个
蛇簧	3根	4根

双人、三人沙发的弹簧用量相应增加。

(3) 弹簧的规格选用 弹簧的规格选用见表4-5。

表4-5 弹簧规格

部位		弹簧规格选用范围	
		高/mm	钢丝号
座	可用	102~267	11~8
	常用	178~203	$11 \sim 10\frac{1}{2}$
靠背		102~254	14~12

(4) 软体高度设计 软体部分的高度由绷扎后的弹簧高度和填料厚度构成，填料厚度应小于25mm。弹簧绷扎后的高度根据弹簧软度而定，见表4-6。不过，弹簧绷扎压缩量不得超过弹簧自由高度的25%，为此，应适当选配弹簧高度，以满足这一要求。

表4-6 弹簧绷扎后的高度

弹簧软度	弹簧绷扎后的高度
硬中软	弹簧自由高度即弹簧标准高度+(25~38)mm 弹簧标准高度-25mm 弹簧标准高度-50mm

(5) 弹簧超出座望高度 弹簧超出座望上边至少75mm，如图4-11所示。

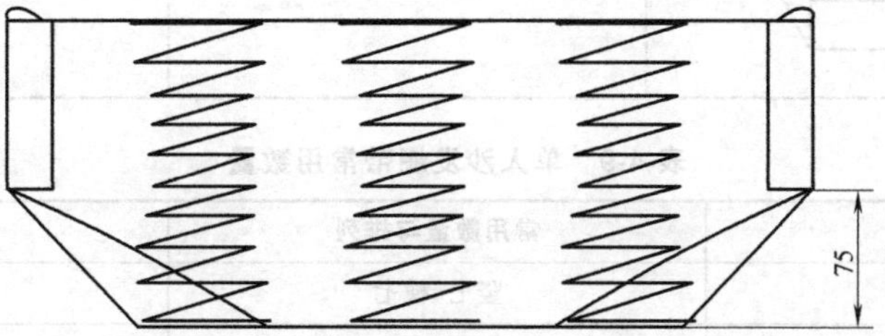

图4-11 弹簧超出座望高度

(6) 座背的表面形状 座背的表面形状见表4-7。

（7）底托　用于螺旋弹簧结构的底托有四种，见表 4-8。

（8）单人沙发绷带常用数量　其数量见表 4-9。

表 4-7　座背的表面形状

类型	形状特点	结构特点
平面	表面近于平面	座与背的靠外周边各设一根圈边的弹簧边钢丝，边钢丝绑接于螺旋弹簧的上外侧
弧面	表面呈弧形	不加边钢丝

表 4-8　底托的类型

类型	简　　图	结构特点	应　　用
绷带	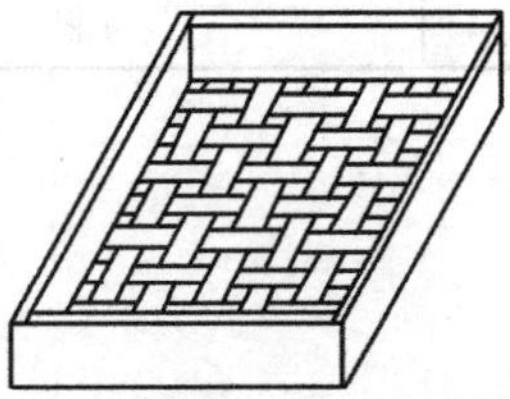	由相互交织的多行绷带构成，绷带常用麻织物，也可用尼龙橡胶或钢丝制作，绷带钉固于木架上	回弹性好，用于中、高级家具，钢绷带用于普级家具
整网式	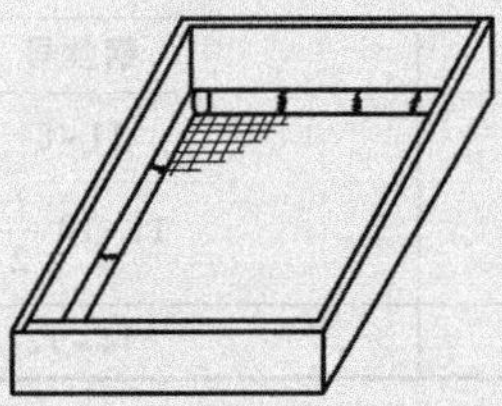	整网用纤维材料编织或用麻布制成，四周用螺旋弹簧牢牢固定于木架上	回弹性好，用于中、高级家具
板带	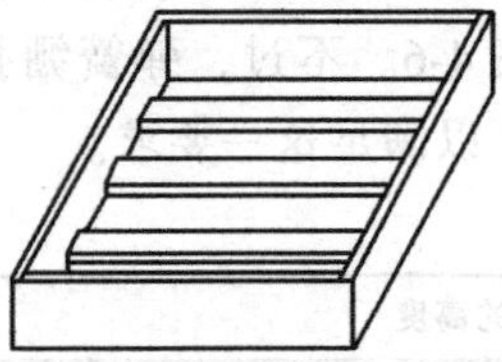	在每行（或列）弹簧下设置一木条，钉固于木架上	无弹性，用于普级家具
整板式	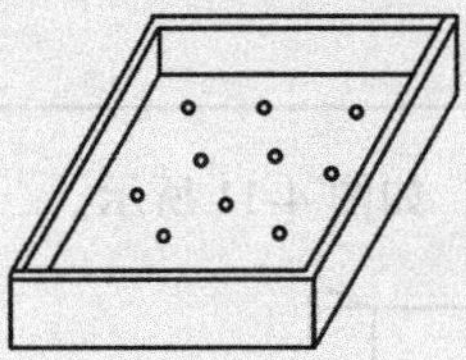	由钻有通气孔的整块木质板构成，钉于木架上	无弹性，用于普级家具

表 4-9　单人沙发绷带常用数量

部　　位	常用数量与排列	注
座	竖七、横七	
靠背	竖三、横三 竖三、横二	配 9 个螺旋弹簧 配 6 个螺旋弹簧

（9）聚醚型泡沫塑料的最小密度要求　其要求见表 4-10。

表 4-10 聚醚型泡沫塑料的最小密度要求

用　　途	最小密度/(kg/m³)
用于底座	25
用于其他部位	22
用泡沫塑料作主要弹性材料时	30

4.3.3 使用蛇簧的沙发结构

沙发可以用蛇簧作其软体结构的主体，充作座与靠背的主要材料。数根蛇簧使用专用的金属支板或用钉子固定于木框上。座簧固定于前望、后望，背簧固定于上、下横档，各行蛇簧用螺旋穿簧连接成整体，中部各行间亦可用金属连接片或拉杆代替螺旋穿簧。

蛇簧沙发上、下部的结构与螺旋弹簧沙发相同，即上部有麻布填料和面料，下部设底布。

4.3.4 泡沫塑料软垫结构

泡沫塑料外面包覆面料就可做成软垫直接使用。

以泡沫塑料为主要弹性材料的椅座、椅背，在泡沫塑料下需设底托支承。底托种类同螺旋弹簧结构，上面覆棉花与面料。软垫结构如图 4-12 所示。

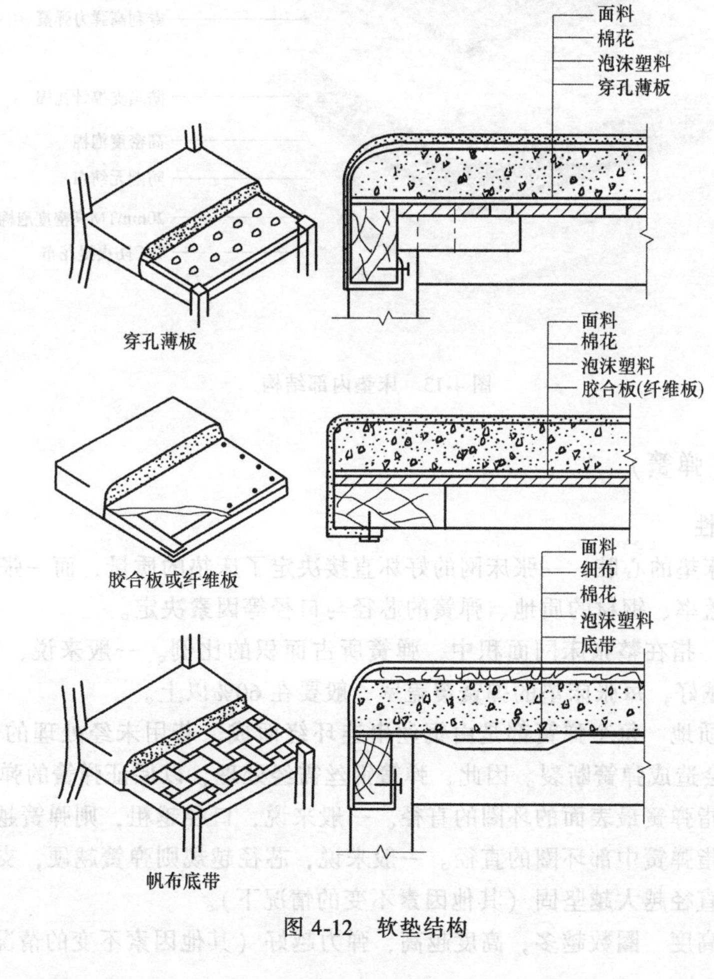

图 4-12 软垫结构

4.4 床垫的结构

床垫有三种基本类型——泡沫式、填充式和弹簧式。高质量的泡沫式床垫应当至少有11cm厚。填充式床垫的承受能力取决于它的弹性和填充物的质量，再加上是否有一个弹性底座支承。

一般来说，一张弹簧床垫基本由三大部分组成，即床网（弹簧）、填充物和面料。床垫内部结构如图4-13所示。

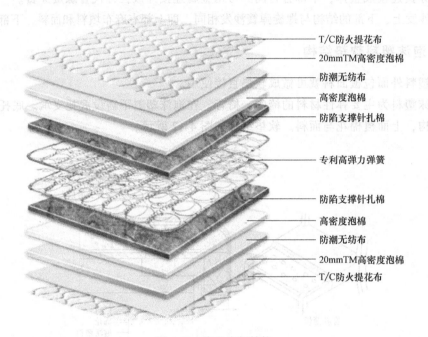

图4-13 床垫内部结构

4.4.1 床网（弹簧）

1. 弹簧的属性

弹簧是整个床垫的心脏，一张床网的好坏直接决定了床垫的质量，而一张床网的质量好坏则由弹簧的覆盖率、钢材的质地、弹簧的芯径与口径等因素决定。

（1）覆盖率 指在整张床网面积中，弹簧所占面积的比例。一般来说，弹簧覆盖率越高，床垫的质量越好，每张床垫的弹簧覆盖率一般要在60%以上。

（2）钢材的质地 每个弹簧都是由钢丝串连环绕而成，若用未经处理的普通钢丝制成弹簧则易碎，还会造成弹簧断裂。因此，弹簧钢丝需经处理，以保证弹簧的弹性和韧性。

（3）口径 指弹簧最表面的环圈的直径。一般来说，口径越粗，则弹簧越软。

（4）芯径 指弹簧中部环圈的直径。一般来说，芯径越规则弹簧越硬，支承力也越强。

（5）直径 直径越大越坚固（其他因素不变的情况下）。

（6）圈数及高度 圈数越多，高度越高，弹力越好（其他因素不变的情况下）。

2. 弹簧的分类

（1）连锁弹簧　弹簧床的弹簧相互连接成面，彼此牵制（图 4-14），只要一点受力，整张床都会歪斜，如果两个人同时睡在上面，那么翻身扭动时都会相互影响睡眠。其特点是牢固耐用。

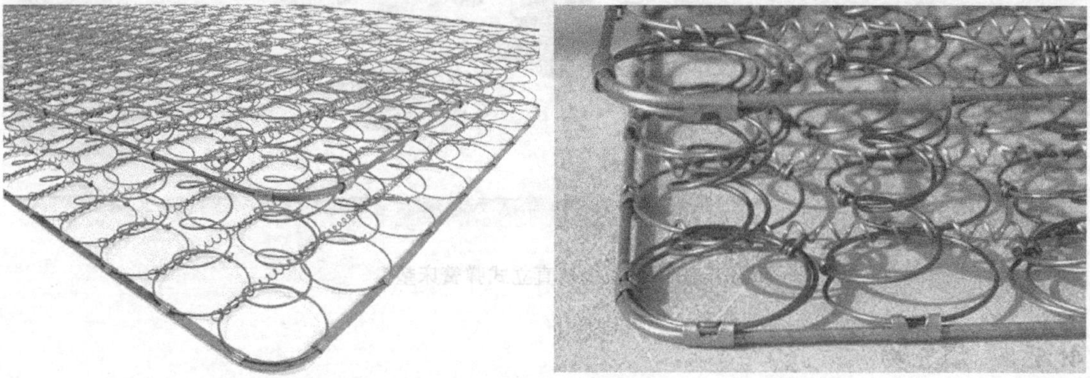

图 4-14　连锁弹簧

（2）独立筒形袋装弹簧　可分为椭圆形及橄榄形独立袋装弹簧。其特点是互不干扰，独立受力，弹力佳。独立筒形袋装弹簧是将每一个独立体弹簧施压之后装填入袋，再加以连接排列而成，如图 4-15 所示。其特色是每个弹簧体皆个别运作，独立支承，能单独伸缩，各个弹簧再以纤维袋或棉袋装起来，而不同列间的弹簧袋再以粘胶互相粘合，因此当两个物体同置于床面时，一方转动，另一方不会受到干扰。独立筒形弹簧无论是何种睡姿，都能完全顺着人体轮廓，让全身各部位都能受到最好的照顾；独立筒形袋装弹簧能够个别承受重量，让每一组独立筒弹簧都能依照不同的承受重量，发挥其应有的弹性。

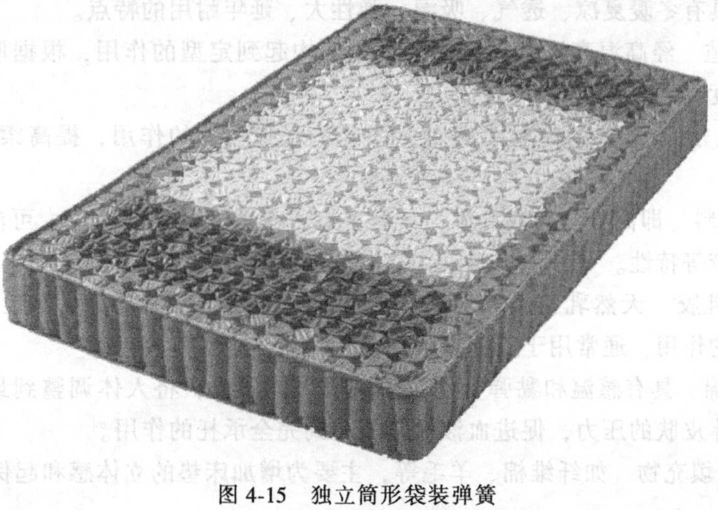

图 4-15　独立筒形袋装弹簧

（3）线装直立式弹簧　由一股连绵不断的精钢线，从头到尾一体成形排列而成。其特点是采取整体无断层式架构弹簧，顺着人体脊骨自然曲线，适当而均匀地承托，如图 4-16 所示。

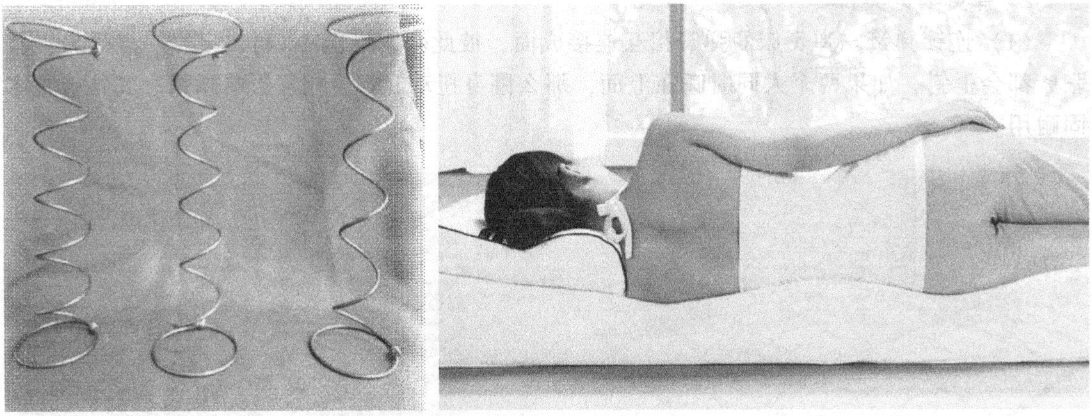

图 4-16　线装直立式弹簧床垫

4.4.2　填充物

为了提高床垫的使用功能和耐用程度，为了保证床垫的舒适度，在每张床网上面添加了一些填充物，包括平衡网、山棕、海绵、针织纤维棉、无纺布等。

(1) 无纺布　将床网与填充物分开，并能缓冲床网与填充物的摩擦力。

(2) 平衡网　由环保材料制成的韧性平衡网，对床垫的受力起到平衡作用，可延长床垫的使用寿命；平衡并分散人体带给床网的压力，能防止和分散软性材料因受压而陷入床网内。

(3) 白棉毡　较松软的棉毡可以有效地防止上下层材料之间的摩擦，起到缓冲和提高舒适度的作用。

(4) 山棕　经过脱糖处理，能吸湿、透气，健康环保，对整张床垫起到平衡加硬的效果。椰棕床垫具有冬暖夏凉、透气、吸湿、弹性大、延年耐用的特点。

(5) 热压毡　经高温高压制成，对床垫的结构起到定型的作用，根据厚度不同可以调节床垫的软硬度。

(6) 海绵　用于床垫的超软海绵对整张床垫起到缓冲的作用，提高柔软度、舒适度，更加贴身。

(7) 3D 材料　即高分子合成纤维，具有多点密集承托、通风透气、可洗快干、环保健康、可卷易携带等特性。

(8) 天然乳胶　天然乳胶柔软舒适，透气性好，健康环保，能很好地调节体位承重，起到完全承托的作用，通常用于高档寝具用品。

(9) 记忆棉　具有感温和黏弹特性，可吸收人体压力，将人体调整到最舒适的姿势状态，减少对人体皮肤的压力，促进血液循环，起到完全承托的作用。

(10) 其他填充物　如纤维棉、羊毛等，主要为增加床垫的立体感和起保暖作用。

4.4.3　面料

目前市面上出售的床垫面料多为织锦布和化纤布。一些优质织锦布除更结实、卫生外，表面还经抗菌处理，可杀菌除螨，更符合健康睡眠的要求。

4.5 充气家具

充气家具具有独特的结构形式，其主要的构件是由各种气囊组成，并以其表面来承受重量。气囊主要由橡胶布或塑料薄膜制成。其主要的特点是可自行充气组成各种家具，携带或存放方便，但单体的高度因要保持其稳定性而受到限制。充气家具多用于旅游家具，如各种沙滩椅、轻便沙发、浮床等。气囊可由透明 PVC 材料制成，可用胶直接粘在底盘上。

第 5 章

金属家具结构技术

5.1 金属家具概述

在现代社会中，金属的使用量多，应用范围也广。同样，金属家具在人们的生活中也扮演着相当重要的角色。金属家具是指以金属材料为主要构件的家具，它具有材料强度高、承重能力强、材料机械加工性好、有利于机械化生产、便于实现拆装等诸多优点，但金属家具的造型较为简单、质感较差、易腐蚀、使用寿命一般不长，大都属低档家具。

20 世纪 20 年代，德国包豪斯学院的设计师布劳耶利用钢管和布料设计制造了一系列的椅桌类家具，这使得金属家具第一次进入了人们的视野。从那以后，世界各地相继出现了许多金属家具的制造工厂，作为家具工业的一个大类产品，金属家具应运而生。

我国金属家具是在 20 世纪 50 年代后期才发展起来的。当时，产品设计大多是仿制，造型简单，品种单一，生产工艺也很落后。改革开放以后，金属家具也随着我国家具工业的崛起取得了长足的进步，产品设计不断创新，生产技术也发生了很大的变化。在产品设计上，已由原来的单件产品设计，发展到根据不同需求设计出完整的成套产品；在材料使用上，也由单纯使用钢材，发展到钢材、铝合金等多种材料综合应用；在生产技术上，大量采用新技术及新工艺，并研制了一批专门设备和专业生产线。

目前我国家具生产的原材料主要是木质材料，而木材是国家建设的重要物质，用途十分广泛，我国又是一个少林国家，木材资源很有限。所以，以金属材料取代部分木质材料来制造家具，不失为我们这个家具制造大国很好的补充。

根据材料种类的多少，金属家具可分为全金属家具、金属与木质材料结合的家具、金属与其他材料结合的家具三大类。

(1) 全金属家具　这类家具除少量装饰件外基本上由金属材料制成。由于金属材料的质感较差，全金属家具的数量较少，只用于一些特殊场合，如用金属薄板制作的文件柜、金属货架、生产线用控制台（桌）、公共厨房家具、户外公共家具等。

(2) 金属与木质材料结合的家具　这类家具以金属材料为主要结构骨架，装嵌木质板材制作而成，又称为钢木家具。其数量在金属家具中所占比重较大，如金属与木质材料结合的衣柜、折叠椅、折叠桌等都属此类。

(3) 金属与其他材料结合的家具　这类家具由金属材料与其他材料（纺织品、塑料、竹、藤等）结合制成，其在金属家具中所占比重也不小。

5.2 金属家具的主要材料

金属家具的主要构件材料是各种金属，包括钢材、铝及铝合金等轻金属材料。由于金属表面质感大都偏冷，所以金属家具的面层一般采用木质、布质、竹藤、塑料等材料。

5.2.1 钢材

钢材是金属家具的主要用材之一，实际应用较多的有钢管、薄钢板等，另外型钢及铸件也有一些应用。

5.2.2 钢管

钢管有很多品种，在金属家具制造中主要使用高频焊管。其性能主要有强度高、弹性好、易于弯曲、利于造型，也便于与其他材料连接，其表面处理一般为电镀和涂覆，常用于制造金属家具的支撑构架。我国目前金属家具用高频焊管的规格主要为：壁厚 1~1.5mm；外径有 13mm、14mm、16mm、18mm、19mm、20mm、22mm、25mm、32mm、36mm 等规格，其中外径为 14mm、19mm、22mm、25mm、32mm、36mm 的应用较广。

用于金属家具的管材形状除圆管外，还有方管、矩形管、菱形管、扇形管等异形管材，如图 5-1 所示。

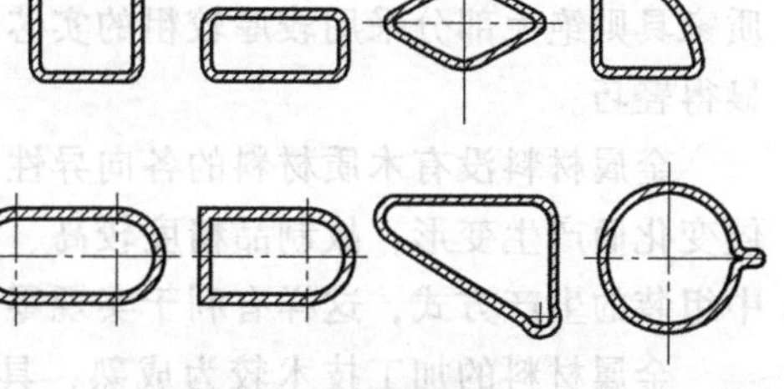

图 5-1 异形金属管

5.2.3 钢板

金属家具也常用一些冷轧薄钢板或不锈钢板冲压或弯折各种零件，钢板厚度大都为 0.8~3mm，不锈钢板的幅面一般为 2440mm×1220mm，冷轧钢板则有多种幅面尺寸。这类材料加工方便、设备简单，在技术上及经济上都有较高的优越性。不锈钢板虽然价格较高，但由于其特殊的耐蚀性以及较低的表面粗糙度值，所以在公用厨房家具、工业用操作台、户外家具等方面有广泛的应用。

5.2.4 铝及铝合金

铝合金是以金属铝为基础，加入一种或几种其他元素（如镁、锰、铜、硅等）构成的合金材料。由于其重量轻、强度高、塑性好，有优良的耐蚀性及着色性，所以在现代工业生产和室内装饰中有广泛的应用。用铝合金制造金属家具，可使家具轻便坚固、携带方便、色彩美观。

目前金属家具常用的是铝-镁-硅系合金家具专用型材，它具有足够的强度、可塑性和耐蚀性，焊接性能也很好。但铝合金弯折性能大都不太好，所以家具用铝合金都制成型材，目前大多数铝加工企业都生产这类家具专用铝合金型材，其形状有多种，如图 5-2 所示，使用时可根据用途及部位进行选择。

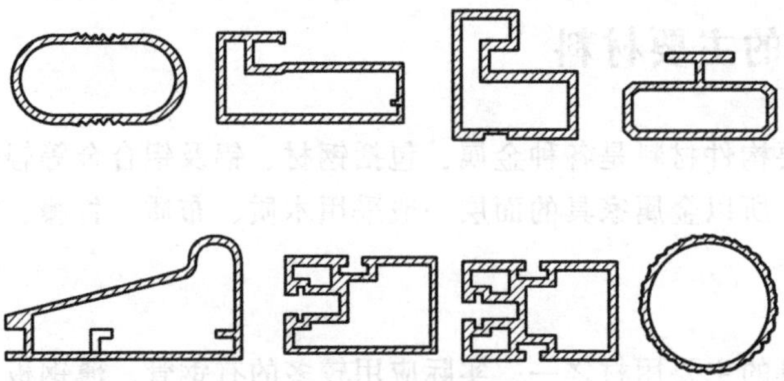

图 5-2 家具用铝合金型材

5.2.5 金属家具的材料特点

金属家具使用各种金属材料作为受力构件，而且金属材料的力学性能大大优于木材等其他材料，如最普通的 Q215 钢材，其抗拉强度为 320MPa，而木材中木质较硬的柞木，顺纹抗拉强度也只有 150 MPa 左右。因此，金属家具可采用薄壁管材或薄板材作结构材料，木质家具则绝大部分采用较厚较粗的实芯材料作结构材料，所以金属家具与木质家具相比大都显得轻巧。

金属材料没有木质材料的各向异性、不均匀性等缺陷，在家具制造及使用中，不会因气候变化而产生变形，故制品精度较高、互换性强。所以金属家具可采取零部件分散加工、集中组装的生产方式，这样有利于实现零部件专业化和标准化生产。

金属材料的加工技术较为成熟，具有实现机械化、自动化加工的有利条件。利用弯管机，薄壁管材能在一定弯曲半径范围内自由弯曲成形；利用折板机械或冲压机械，薄板材即可实现弯曲加工和冲压成形，所以加工工艺流程短、效率高。另外金属材料导电、导热性好，其表面处理可采用电镀、静电喷涂等先进的加工工艺。利用金属材料的可塑性和焊接性，还可进行锻、焊、铸等机械化加工。

5.3 金属家具的连接结构

家具的结构主要取决于造型要求、材料使用及加工工艺选择。由于金属材料的特性，所以金属家具的结构与木质家具有较大区别。金属家具适宜于采用拆装、折叠、套叠、插接等结构形式，零部件连接可采用焊接、铆接、螺纹连接、咬接等多种方式。

5.3.1 金属家具的基本结构类型

结构形式取决于造型、使用功能以及所采用的材料特点和加工工艺的可能性。金属家具的基本结构有下列几种：

(1) 固定式结构　这类结构是指产品零部件之间均采用焊接、固定铆接、咬接等连接方式，连接后不可拆卸，各零部件间也没有相对运动。这种结构形态稳定、牢固度好、有利于造型设计，常用于一些重载的柜类家具，如金属文件柜、书柜等（图 5-3）。但其体积较大、不便于包装及运输，加工中也给表面镀、涂带来困难。

（2）拆装式结构　产品中各主要部件之间采用螺栓、螺钉及其他连接件连接，使整个家具可以随意拆装（图 5-4）。其优点是便于加工和表面涂饰，有利于远途运输和减少包装费用，牢固性、稳定性也较好。其缺点是要求零部件加工精度高、互换性强，如多次拆卸，易磨损连接件而降低牢固性和稳定性。

图 5-3　金属文件柜

图 5-4　拆装式椅子

图 5-5　叠摞式椅子

（3）叠摞式结构　此种结构主要按照叠摞的功能要求而设计，其结构的主要连接方式为焊接、铆接和螺钉连接等固定连接，没有相对运动，但可在高度方向上多件重叠放置（图 5-5）。叠摞式家具可减少占地面积，有利于包装、运输，但部件的加工和安装精度要求较高，设计的尺寸要合理，否则会影响摞放的数量和安全性、稳定性。设计时还应注意套叠时的稳定平衡和防止上下工件碰撞摩擦。

（4）折叠式结构　主要部件通过铆钉、铰链和转轴等五金件连接。其优点是使用时打开，用完可折叠，大大缩小体积和占地面积，有利于包装、运输和携带。其缺点是对折叠零件的尺寸和孔距要求较高，其整体强度、刚度和稳定性略低。这类结构是利用平面连杆机构的工作原理，各相关零部件间以铆钉进行活动铆接，连接后，各零部件间可相互转动折叠，实现家具形体的变化，如各类折叠椅、折叠桌等，如图 5-6 所示。

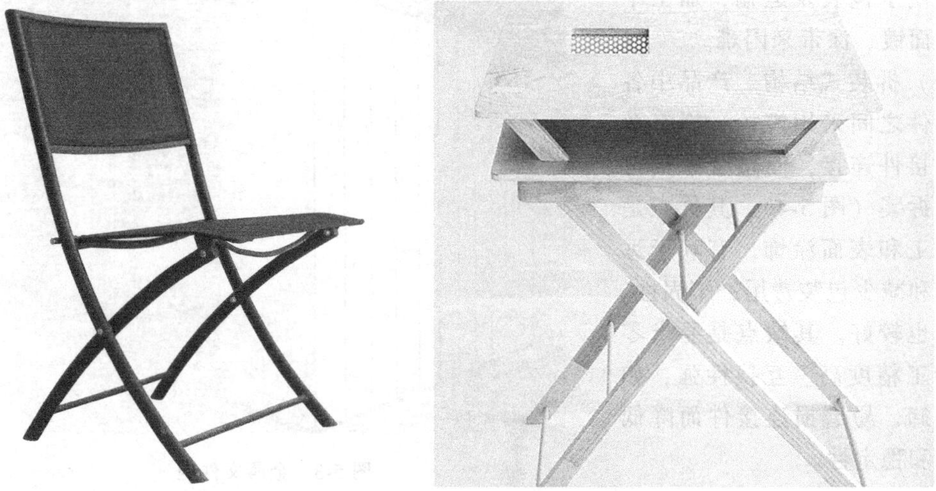

图 5-6 折叠椅与折叠桌

(5) 插接式结构　主要零部件通过套管和金属、塑料插接头连接。其优点是装卸方便，便于加工和涂、镀处理，减少包装、运输费用。其缺点是要求插接的部位加工精度高，具有互换性，整体牢固性、稳定性较差。

(6) 悬挂式结构　利用专门的金属构件，将小型柜体或撑板悬挂在墙体或搁板上，可以充分利用空间。其结构形式可为固定式、拆装式和折叠式，要求悬挂件及悬挂体本身设计得小巧而坚固，具有可靠的稳定性和安全性。

5.3.2 金属家具零部件的连接方式

金属家具的金属件与木质材料及塑料件之间大都采用螺栓或螺钉、铆接等方式进行连接；金属与玻璃之间往往采用胶接和嵌接。而金属零件之间的连接方式则较多，各种连接方式都有各自的特点，在结构设计时应根据造型及功能要求、材料特性、加工工艺来进行选择。

1. 焊接

焊接是利用两个物体原子间产生的结合作用来实现连接的。为了实现焊接过程，必须使两个被焊的金属零件相互接近到原子间的力能够发生作用的程度，也就是说，要接近到像在金属内部原子间的距离一样。因此，焊接就是通过加热或加压，或二者并用的方法，并且用或不用填充材料，促使两个被焊金属的原子间互相结合，以获得永久牢固的连接。

在金属家具制造中，焊接是零件连接的主要手段之一，其加工工艺简单、牢固度好、节约材料、操作灵活，但手工操作较多，难以实现自动化，而且因加热的缘故零件易产生变形。

金属家具常用的焊接方式主要有电弧焊、气焊、点焊、二氧化碳气体保护焊、储能焊和高频焊等，而具体的操作工艺有角焊、对焊、点焊等。气焊常用于铜、铝零件；电弧焊常用于厚钢板；高频焊常用于薄壁管件；点焊则用于薄板零件。

(1) 气焊　气焊是利用可燃气体燃烧时放出的热量来焊接金属的一种气体火焰加工方法。气体火焰是由可燃气体（乙炔、液化石油气）和助燃气体（氧气）混合燃烧而形成。火焰中的最高温度一般可达 2000~3000℃。

气焊早在19世纪初期就已得到广泛应用，到19世纪末期，虽然出现了电弧焊，但当时仅有光焊条，焊接质量较气焊差。随着药皮焊条、埋弧焊、气体保护焊的问世，才在某些方面取代了部分气焊。然而，由于气焊具有加热均匀和缓慢的特点，在焊接较薄的零件，特别是钢制家具中的薄钢板、薄壁钢管和熔点较低的金属（铜、铝等）时，仍广泛应用。

（2）电弧焊　电弧焊是利用电弧所产生的热量来熔化被焊金属的一种焊接方法。由于它所需要的设备简单，操作灵活，所以对空间不同位置、不同接头形式、短的或曲的焊缝均能方便地进行焊接。

（3）二氧化碳气体保护焊　二氧化碳气体保护焊是以二氧化碳气体为保护介质的电弧焊方法。它是用焊丝作电极，以自动或半自动方式进行焊接。二氧化碳气体保护焊的主要优点是生产效率高；焊接质量好；操作简便灵活，容易掌握；可以进行全位置焊接。但缺点是飞溅较大，焊缝成形不够光滑美观；大电流焊接时弧光强烈，烟雾较大，需加强防护。

（4）电阻焊　电阻焊是借强电流通过两个被焊零件的接触处所产生的电阻热，将该处金属迅速加热到塑性状态或熔化状态，并在压力下形成接头的焊接方法。

按接头形式电阻焊可分为对焊、点焊和缝焊三种。

1）对焊。对焊是使两个被焊零件沿整个接触面连接的焊接方法。根据焊接过程和操作方法的不同，对焊又可分电阻对焊和闪光对焊。

2）点焊。点焊是在被焊零件的接触面之间形成许多单独的焊点，而将两零件连接在一起的焊接方法。点焊的焊件，由于熔化的金属不与外界空气接触，故焊点强度高，被焊零件表面光滑，焊接件变形小。点焊主要用于薄板结构，可以用来焊接厚度为0.2～16mm的低碳钢。此外还可以焊接不锈钢、铜合金、铝镁合金等。在钢家具制作中广泛用于焊接箱柜、柜等薄板结构。

3）缝焊。缝焊又称滚焊，是在两个被焊零件的接触面间形成许多连续的焊点，而将两零件连接起来的焊接方法。其焊接过程与点焊相似，可以认为是连续的点焊过程，所不同的是缝焊是用转动的圆盘状电极来代替点焊时用的圆柱状电极。缝焊焊接表面平整光滑，而且焊缝具有较高的强度和气密性。缝焊可以焊接低碳钢、合金钢、铝和铝合金等材料。因此，常用来焊接要求密封的薄壁容器和要求较高的薄板结构的金属家具。

电阻焊是一种生产效率很高的焊接方法，可以在短时间内获得焊接接头，而不需要填充金属和焊剂，因而节省材料；焊缝表面平整，焊接变形小，可以焊接两种不同的金属；工作电压低，一般仅为几伏到十几伏，没有弧光和有害辐射；操作简单，易实现机械化、自动化。但是，电阻焊需要大功率焊接电源，焊前工件清洁处理要求较高，且受焊件大小及接头形式的限制。

（5）储能焊　储能焊是利用高电流能量的储存，瞬时放出热量把工件焊牢的一种焊接方法。储能焊接的优点是焊接时间短；因焊接时间短，温度梯度大，使焊点周围的金属来不及被加热而塑性软化和改变组织，在离焊点稍远处温度还未升高时，焊接已完成，所以焊接热影响区小。但储能焊目前只适用于“H”形钢管组件的焊接，而且两个焊件接触面要贴紧。

（6）高频焊　高频焊即高频电流电阻焊接。在钢家具生产中，主要是焊接钢管。钢家具上大量使用的钢管都是高频焊接管。高频焊已有数十年历史，早在1940年就被采用，直到1950年才得到发展。在美国、奥地利、德国和法国应用较为广泛。在我国，第一台高频焊设备于1960年在上海试验成功，以后陆续推广应用。

焊缝的基本符号见表 5-1。

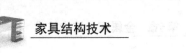

表 5-1 焊缝的基本符号（摘自 GB/T 324—2008）

名　称	示 意 图	符　号
卷边焊缝(卷边完全熔化)	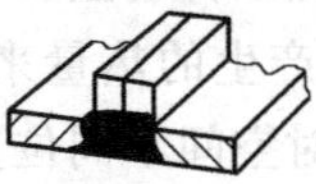	
I 形焊缝	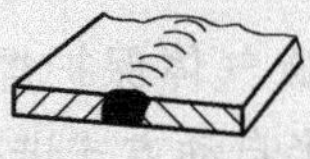	
V 形焊缝	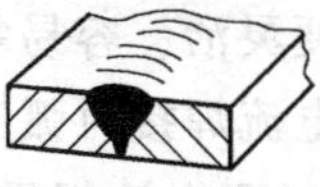	
单边 V 形焊缝	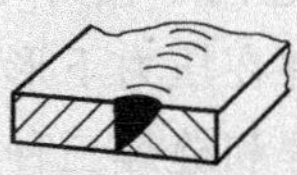	
带钝边 V 形焊缝		
带钝边单边 V 形焊缝		
带钝边 U 形焊缝	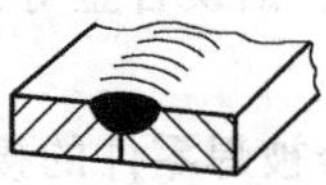	
带钝边 J 形焊缝	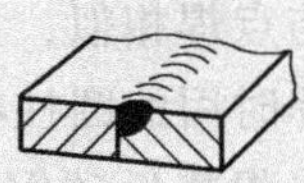	
封底焊缝	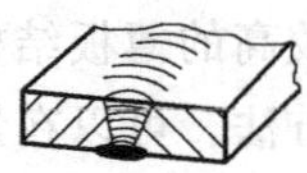	
角焊缝	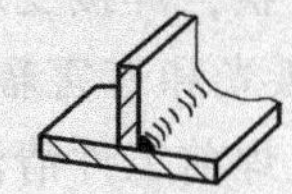	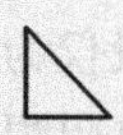
塞焊缝或槽焊缝		
点焊缝	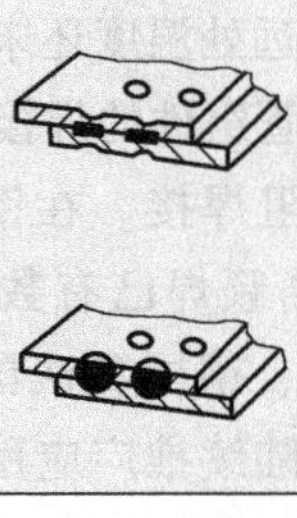	

（续）

名　　称	示 意 图	符　　号
缝焊缝	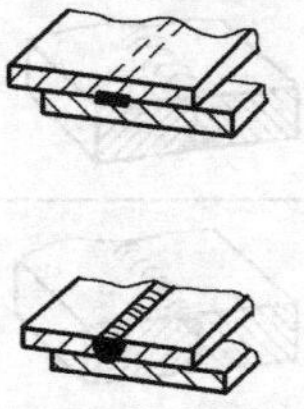	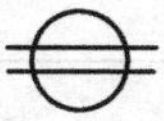
陡边 V 形焊缝	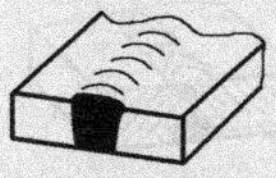	
陡边单 V 形焊缝	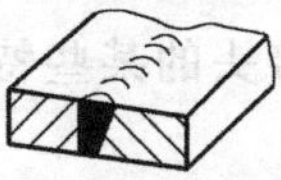	
端焊缝		
堆焊缝		
平面连接（钎焊）	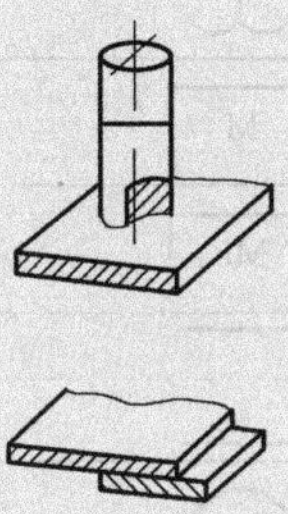	
斜面连接（钎焊）		
折叠连接（钎焊）	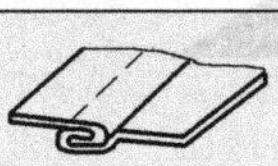	

标注双面焊焊缝或接头时，基本符号可以组合使用，见表 5-2。

表 5-2　基本符号的组合（摘自 GB/T 324—2008）

名　　称	示 意 图	符　　号
双面 V 形焊缝（X 焊缝）	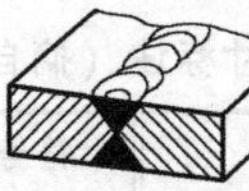	
双面单 V 形焊缝（K 焊缝）	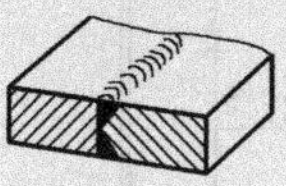	

（续）

名　称	示 意 图	符　号
带钝边的双面 V 形焊缝		
带钝边的双面单 V 形焊缝	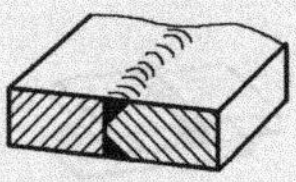	
双面 U 形焊缝		

补充符号用来补充说明有关焊缝或接头的某些特征（诸如表面形状、衬垫、焊缝分布、施焊地点等），见表 5-3。

表 5-3　补充符号（摘自 GB/T 324—2008）

名　称	符　号	说　明
平面		焊缝表面通常经过加工后平整
凹面		焊缝表面凹陷
凸面		焊缝表面凸起
圆滑过渡		焊趾处过渡圆滑
永久衬垫	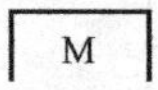	衬垫永久保留
临时衬垫	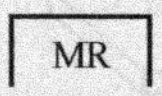	衬垫在焊接完成后拆除
三面焊缝		三面带有焊缝
周围焊缝		沿着工件周边施焊的焊缝 标注位置为基准线与箭头线的交点处
现场焊缝		在现场焊接的焊缝
尾部		可以表示所需的信息

必要时，可以在焊缝符号中标注尺寸。尺寸标注见表 5-4。

表 5-4　焊缝符号中尺寸标注（摘自 GB/T 324—2008）

符号	名称	示意图	符号	名称	示意图
δ	工件厚度	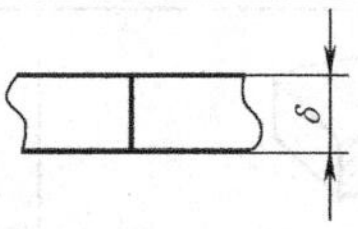	c	焊缝宽度	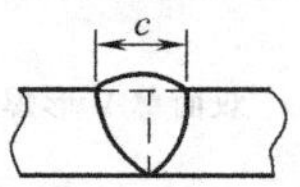

（续）

符号	名称	示意图	符号	名称	示意图
α	坡口角度	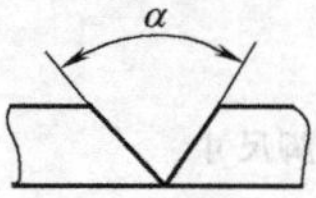	K	焊脚尺寸	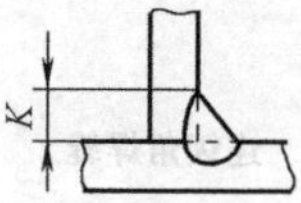
β	坡口面角度	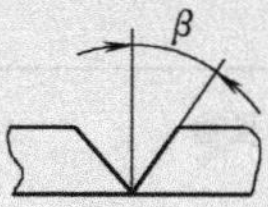	d	点焊：熔核直径 塞焊：孔径	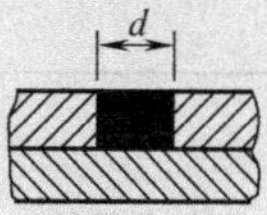
b	根部间隙	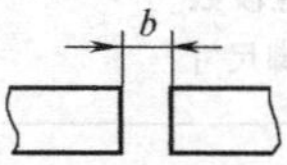	n	焊缝段数	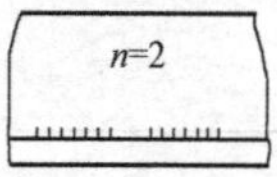
p	钝边	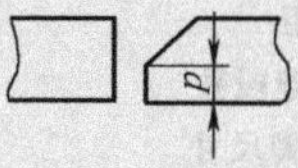	l	焊缝长度	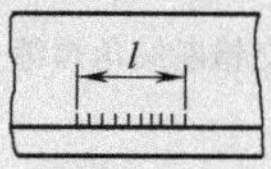
R	根部半径	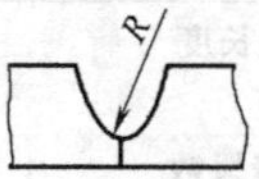	e	焊缝间距	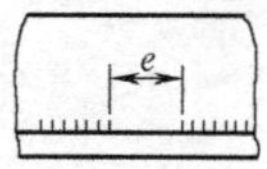
H	坡口深度	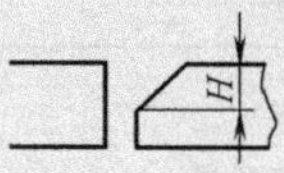	N	相同焊缝数量	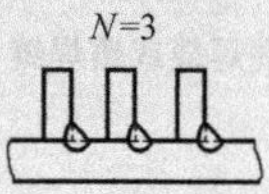
S	焊缝有效厚度	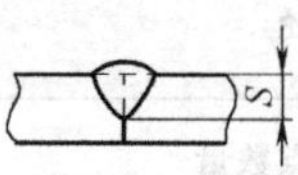	h	余高	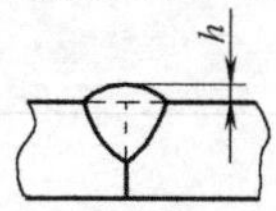

标注规则：

1）横向尺寸标注在基本符号的左侧；纵向尺寸标注在基本符号的右侧。

2）坡口角度、坡口面角度、根部间隙标注在基本符号的上侧或下侧。

3）相同焊缝数量标注在尾部；当尺寸较多不易分辨时，可在尺寸数据前标注相应的尺寸符号。

4）在基本符号的右侧无任何尺寸标注又无其他说明时，意味着焊缝在工件的整个长度方向上是连续的。

5）在基本符号的左侧无任何尺寸标注又无其他说明时，意味着对接焊缝应完全焊透。塞焊缝、槽焊缝带有斜边时应标注其底部的尺寸。

6）确定焊缝位置的尺寸不在焊缝符号中标注，应将其标注在图样上。

焊缝尺寸标注示例见表 5-5。

表 5-5　尺寸标注示例（摘自 GB/T 324—2008）

名称	示意图	尺寸符号	标注方法
对接焊缝		S：焊缝有效厚度	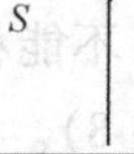

（续）

名称	示意图	尺寸符号	标注方法
连续角焊缝	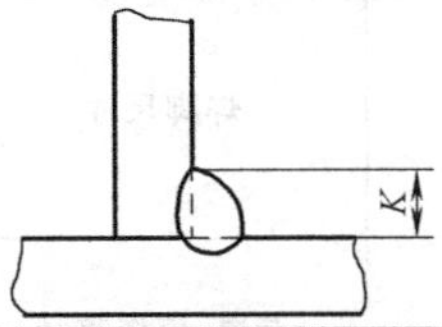	K:焊脚尺寸	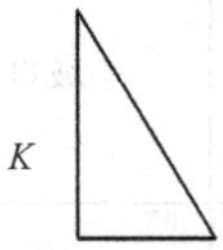
断续角焊缝	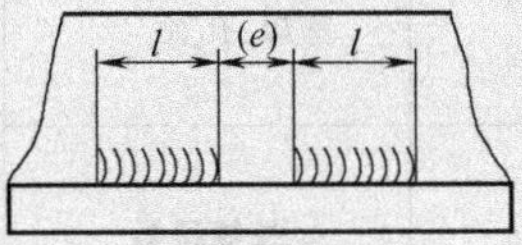	l:焊缝长度 e:间距 n:焊缝段数 K:焊脚尺寸	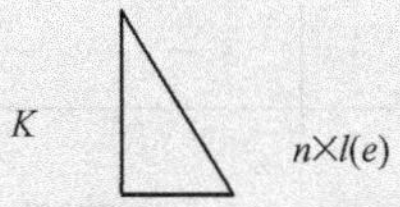
交错断续角焊缝	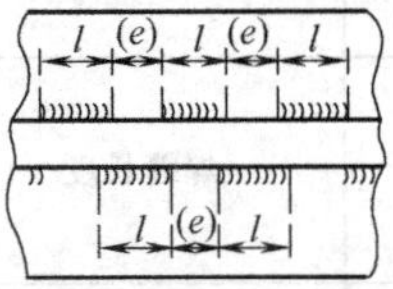	l:焊缝长度 e:间距 n:焊缝段数 K:焊脚尺寸	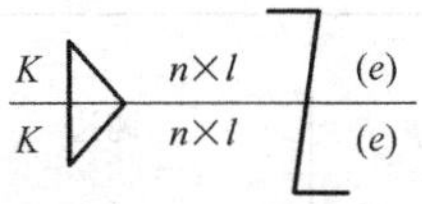
塞焊缝或槽焊缝	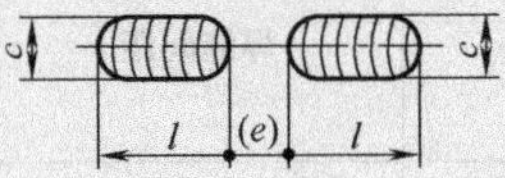	l:焊缝长度 e:间距 n:焊缝段数 c:槽宽	
	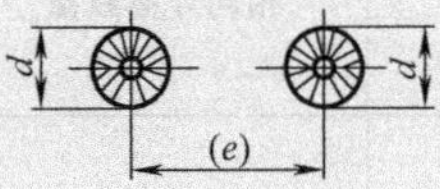	e:间距 n:焊缝段数 d:孔径	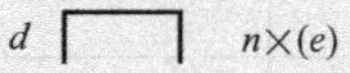
点焊缝	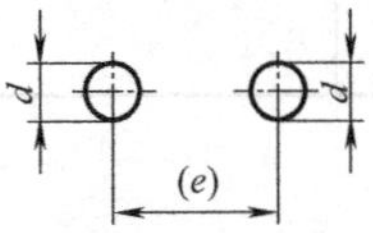	n:焊点数量 e:焊点距 d:熔核直径	
缝焊缝	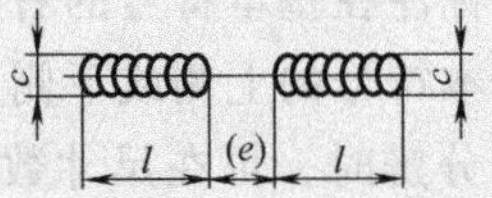	l:焊缝长度 e:间距 n:焊缝段数 c:焊缝宽度	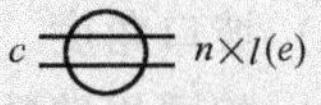

2. 铆接

铆接是指在两零件钻出通孔后再用铆钉连接起来，使之成为不可拆卸的结构形式。由于焊接技术的发展和广泛采用，金属家具的非活动部件大部分已被焊接所代替。

铆接连接方式具有较好的韧性和塑性，传力均匀可靠，且不会损伤原零件（如焊接热变形、镀涂层等），目前大多数铆钉用于金属折叠椅、凳、桌等的活动部件上，有些不宜焊接的固定式家具也可采用铆接（如铝合金零件等）。

铆接方法根据不同的分类方式有热铆、冷铆和混合铆，以及手工铆和机械铆等多种形式。一般金属家具用铆钉直径大都小于 8mm，故均采用冷铆，具体的连接方式则有活动铆接和固定铆接。活动铆接又称为铰链铆接，铆接后零件之间可以绕其结合部位相互转动，折叠家具常用这种方式，它靠零件绕结合部件转动来实现折叠（图 5-7）；固定铆接后两零件连为一体，不能相对运动或转动，铝合金零件、铸件以及金属零件与木质零件可用这种方式连接（图 5-8）。

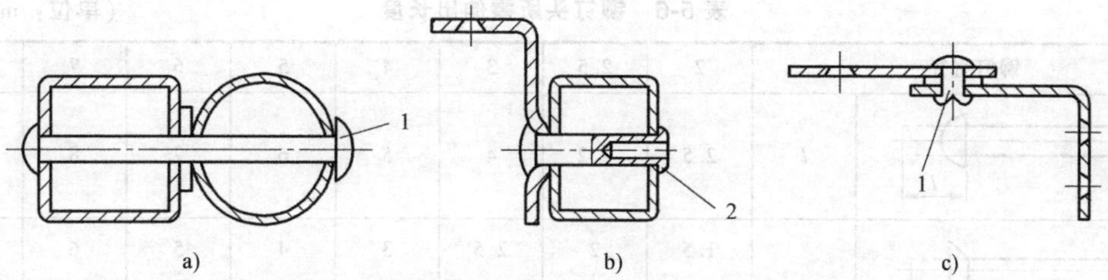

图 5-7 活动铆接结构

a）钢管与钢管铆接 b）钢管与配件铆接 c）配件与配件铆接

1—实心铆钉 2—空心铆钉

铆钉是铆接结构中最基本的连接件，由圆柱杆、铆钉头和镦头组成。

根据铆接结构的形式、要求及其用途不同，铆钉的形式也有所不同，其种类也很多。在金属铆接结构中，常见的铆钉形式有半圆头铆钉、平锥头铆钉、沉头铆钉、半沉头铆钉、平头铆钉、扁圆头铆钉、空心铆钉和最近发展的抽芯铆钉等。

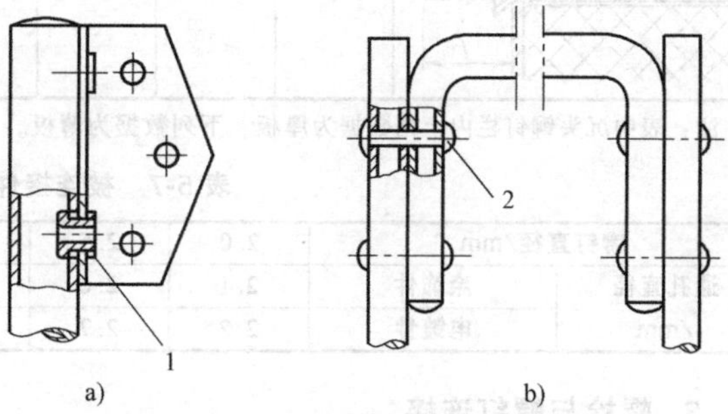

图 5-8 固定铆接结构

a）钢管与配件铆接 b）钢管与钢管铆接

1—抽芯铆钉 2—实心铆钉

铆钉是标准件，按国家标准的规定，其形式如图 5-9 所示，可根据需要进行选用。铆钉的直径、长度及被连接件钻孔直径则需根据相关要求合理选择。

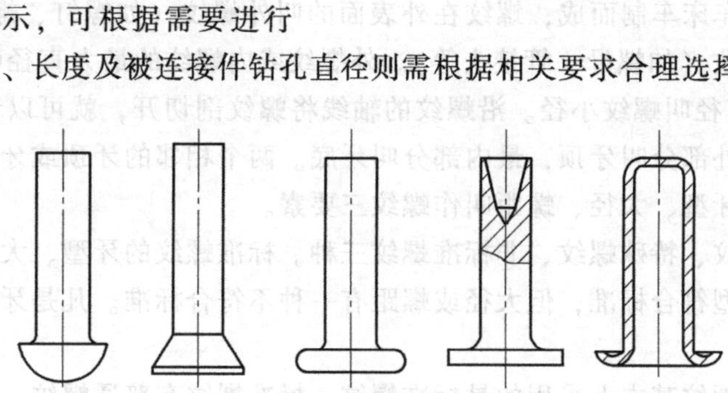

图 5-9 各类铆钉

铆钉直径需根据被连接件的大小、受力程度、连接部位的强度及刚度要求来选择。一般铆接板形零件，铆钉直径为板厚的 1.8 倍；铆接管件时，应根据管径、管壁厚及强度和刚度要求来选择。

铆钉长度除考虑铆接零件的厚度外，还须留有足够的伸出长度作为铆钉头所需长度。不同形式铆钉其铆钉头伸出长度有所不同，具体见表 5-6。

如采用手工铆接可留短些，机械铆接或电镀零件则应适当留长些。国家标准已规定了相应直径铆钉的标准长度，如选用标准铆钉，长度无法满足要求时，可用一些非标铆钉或选用更长一级的铆钉截去一段使用。

被连接件通孔大小应根据铆钉直径、零件表面装饰方式及连接要求来选择，具体见表 5-7。如果是管件与管件铆接，通孔直径可稍大于表中数值。

表 5-6　铆钉头所需伸出长度　　　　（单位：mm）

铆钉直径		2	2.5	3	4	5	6	7	8
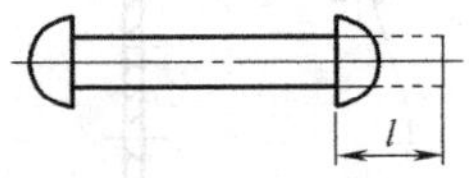	l	2.5	3.2	4	5	6	7	8	9
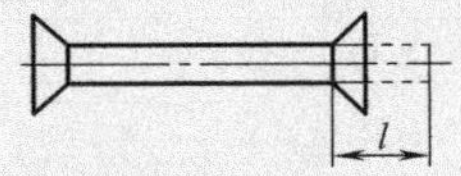	l	1.5	2	2.5	3	4	5	6	7
		1.2	1.3	1.5	1.6	1.7	1.8	1.9	1
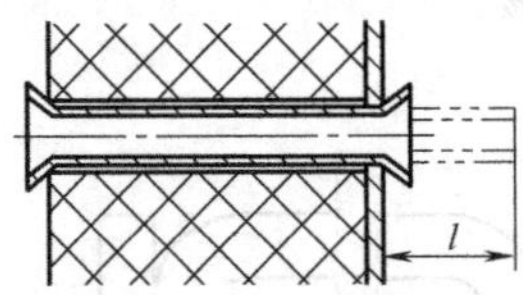	l			0.6	0.8	1.2	1.2		

注：表中沉头铆钉栏内上列数据为厚板，下列数据为薄板。

表 5-7　被连接件通孔大小

铆钉直径/mm		2.0	2.5	3.0	4.0	5.0	6.0	8.0
通孔直径/mm	涂饰件	2.1	2.6	3.1	4.2	5.2	6.3	8.3
	电镀件	2.2	2.7	3.3	4.3	5.4	6.5	8.5

3. 螺栓与螺钉连接

金属家具某些部件之间装配后又可以拆装的结构，称为可拆连接。而螺栓或螺钉是可拆连接的一种。它具有安装容易、拆卸方便的特点，同时便于零件电镀等表面处理。

螺纹是由专用车床车制而成，螺纹在外表面的叫外螺纹（如螺钉、螺栓、丝杠），螺纹在内表面的叫内螺纹（如螺母、管接头等）。外螺纹或内螺纹的最大直径叫螺纹大径（又叫公称直径），最小直径叫螺纹小径。沿螺纹的轴线将螺纹剖切开，就可以看到螺纹的断面形状，称为牙型，最外部分叫牙顶，最内部分叫牙底。两个相邻的牙顶或牙底之间的轴向距离叫作螺距。通常把牙型、大径、螺距叫作螺纹三要素。

螺纹有标准螺纹、特殊螺纹、非标准螺纹三种。标准螺纹的牙型、大径、螺距都符合标准。特殊螺纹是牙型符合标准，但大径或螺距有一种不符合标准。凡是牙型不符合标准的叫作非标准螺纹。

家具上所用的螺纹基本上采用的是标准螺纹，标准螺纹有普通螺纹、管螺纹、梯形螺纹等。这些螺纹只要知道它的大径和标准代号，就可以从有关的标准中查出全部尺寸。

螺纹连接是一类可拆的连接，它具有结构简单、连接件来源广、拆装方便等优点。螺栓、螺钉、螺母均为标准件，可外购，既可用于活动连接，也可用于固定连接。金属家具中的螺纹连接有普通连接和特殊连接两类。普通连接是指采用普通牙型的螺纹连接件（螺栓、螺钉、螺母）实现两零件间的连接，其螺纹直径一般在 8mm 以下；特殊连接是指采用特殊牙型螺纹连接件（如梯形螺纹等）进行零件间的连接，实现零件间的相对运动，如转椅的转动装置就属于此种。在不影响家具使用及造型的情况下，应直接选用标准的螺纹连接件（螺栓、螺钉、螺母），对不宜采用标准螺纹连接件的场合，可用一些非标准件或将标准件改制后使用。

根据连接件不同，螺纹连接有螺钉连接和螺栓连接等形式，如图 5-10 所示。螺钉连接中又有机制螺钉连接、自攻螺钉连接（图 5-11）、木螺钉连接。一般钢质件大都用机制螺钉

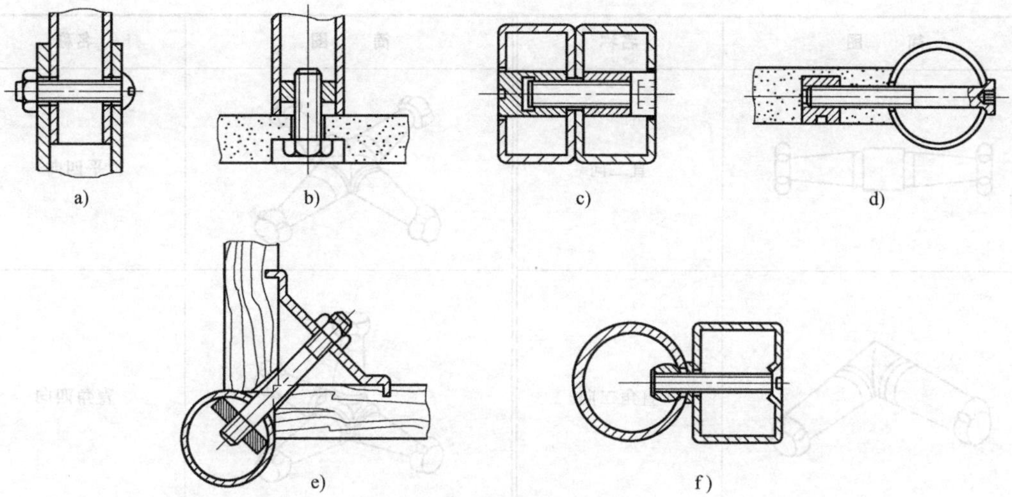

图 5-10 螺钉、螺栓连接

a）半圆头螺钉、螺母连接 b）螺栓、螺母片连接 c）圆柱头内六角螺钉、螺母芯连接 d）平头内六角螺钉、圆柱螺母连接 e）双头螺柱、螺母片连接 f）沉头螺钉、铆螺母连接

连接，铝合金件常用自攻螺钉连接，而木螺钉则用于金属件与木质零件的连接。薄壁钢管或薄钢板构件间采用机制螺钉连接，最好不要直接在构件上攻螺纹，而是使用螺母，如实在需要，应冲孔后再攻螺纹。

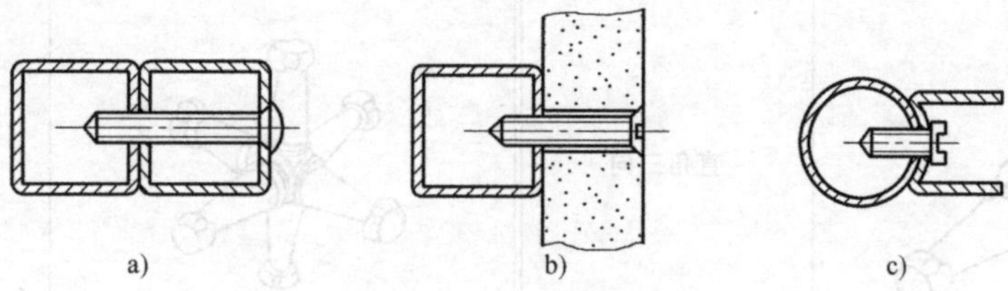

图 5-11 自攻螺钉连接

a）半沉头自攻螺钉连接 b）沉头自攻螺钉连接 c）平头自攻螺钉连接

4. 插接

主要用于插接式家具两个零件之间的滑动配合或紧配合（图 5-12）。

管件插接结构见表 5-8、表 5-9。

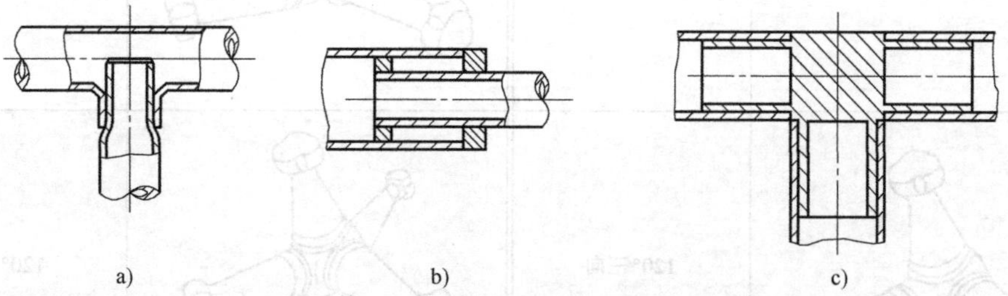

图 5-12 插接

a）缩口插接 b）滑动插接 c）三通插接

表 5-8　圆管插接结构

简　　图	名称	简　　图	名称
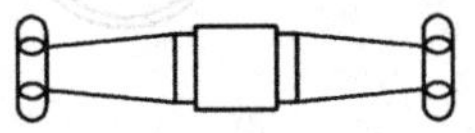	直二向	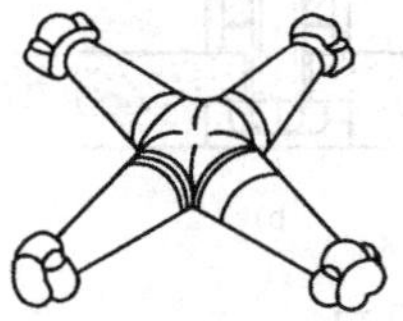	平四向
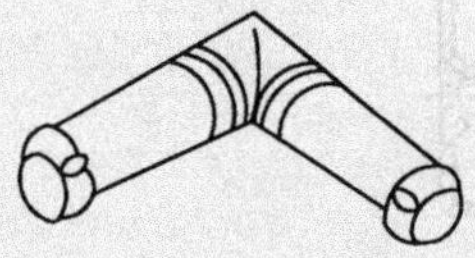	直角二向	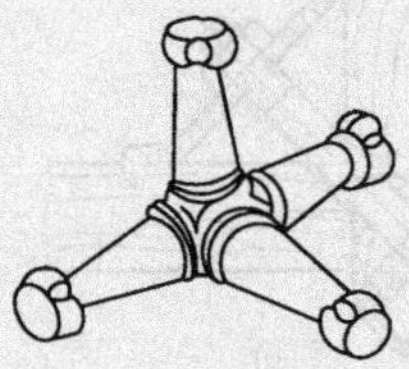	直角四向
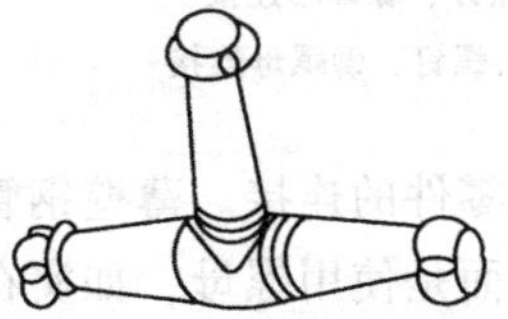	平三向	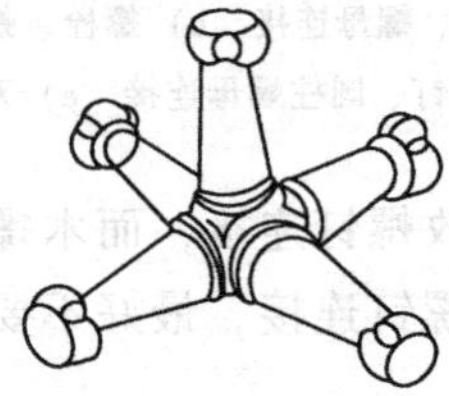	直角五向
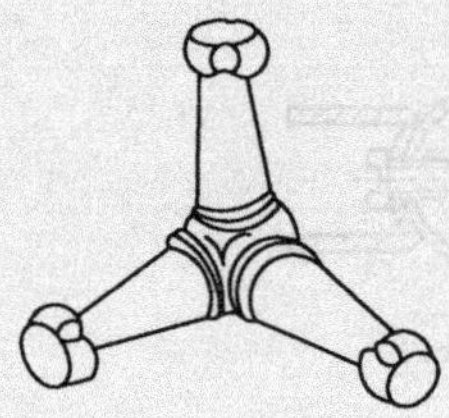	直角三向	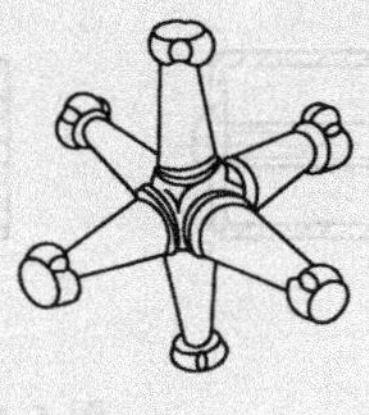	直角六向
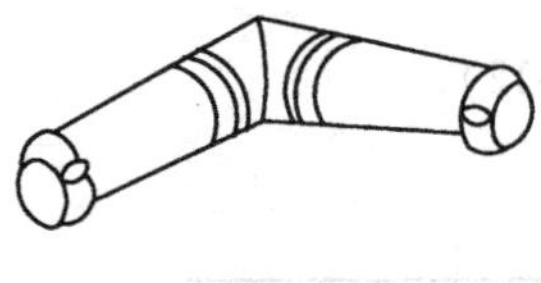	120°平二向	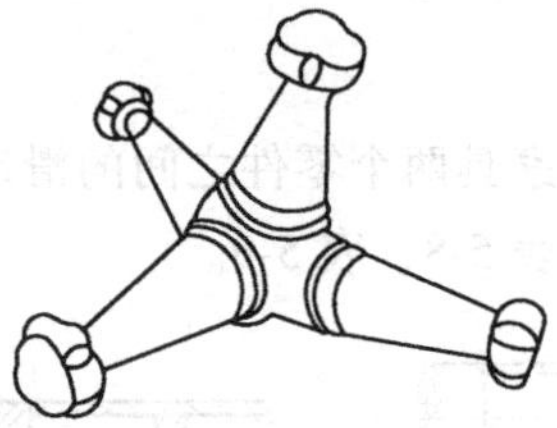	120°四向
	120°三向	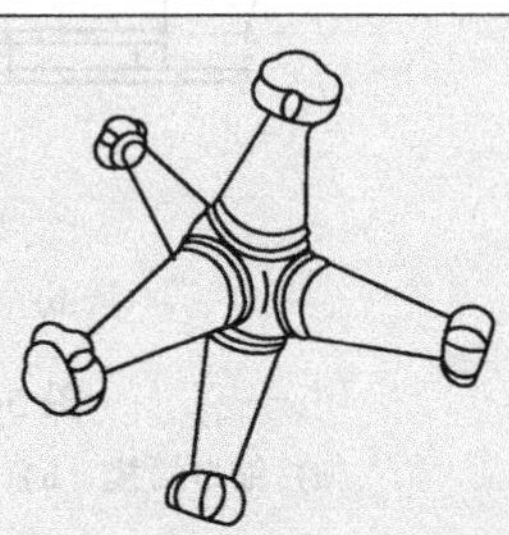	120°五向

表 5-9 方管插接结构

简 图	名称	简 图	名称
	直二向	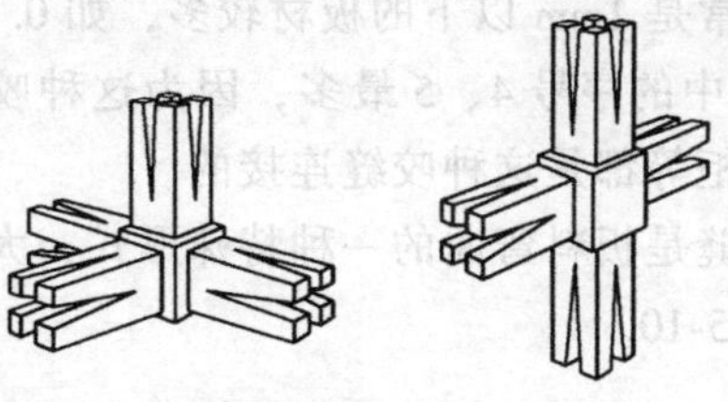	直角四向
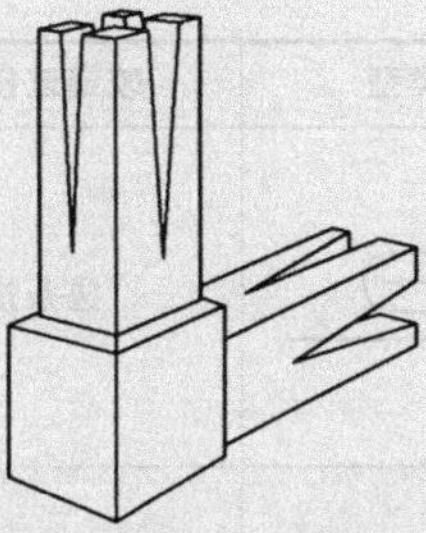	直角二向	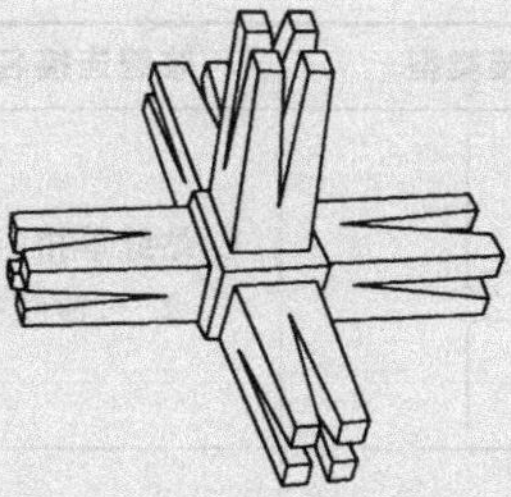	直角五向
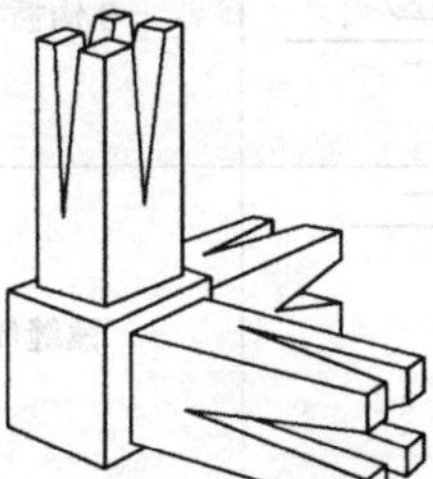	直角三向	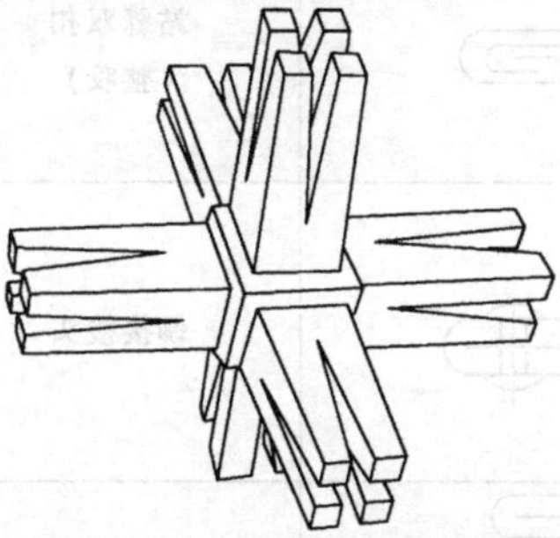	直角六向

5. 挂接

主要用于悬挂式家具和拆装式家具的挂钩连接，如图 5-13 所示。

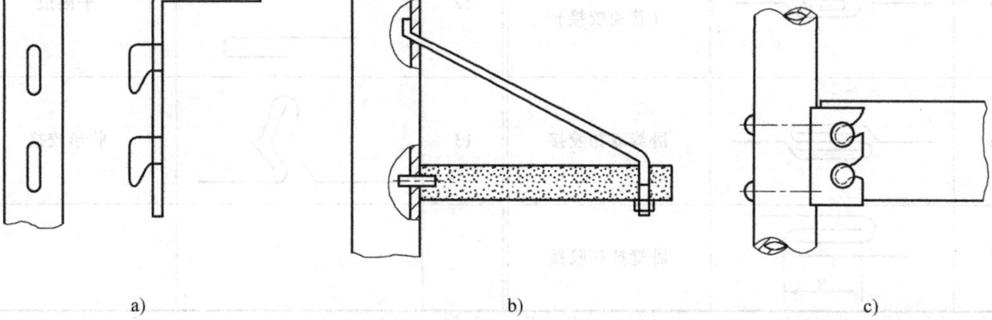

a) b) c)

图 5-13 挂接

a）双挂钩挂接 b）斜支撑挂接 c）床挂钩挂接

6. 咬缝连接

咬缝连接在金属家具的设计中也被广泛采用。把两块板料的边缘（或一块板料的两边）折转扣合，并彼此压紧，这种连接叫作咬缝连接。由于咬缝结构很牢固，几乎可以代替焊接。

咬缝根据需要可咬成各种各样的结构形式，就结构来分，有挂扣、单扣、双扣等；就形式来分，有站缝、卧缝；就位置来分，有纵扣和横扣。可以根据不同需要选择应用。

咬缝通常是 1mm 以下的板材较多，如 0.5~0.8mm 厚钢板、镀锌板（白铁皮），一般咬缝以表 5-10 中的序号 4、5 最多，因为这种咬缝有一定的强度，又平滑，如常见的盆、桶、水壶、文件柜等都是这种咬缝连接的。

薄板咬缝是板料弯曲的一种特殊形式，大批量生产一般在机械上进行咬缝，板材咬缝连接类型见表 5-10。

表 5-10　板材咬缝连接类型

序号	咬缝连接类型	咬缝连接名称	序号	咬缝连接类型	咬缝连接名称
1	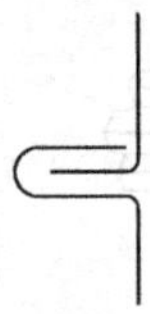	1. 站缝单扣(半咬) 2. 过渡咬接	8		搓条接头
2	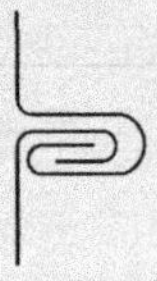	站缝双扣 （整咬）	9		S 钩插接头
3	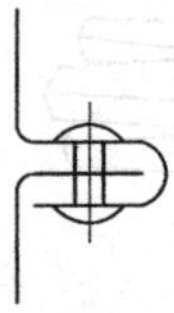	铆接接头	10	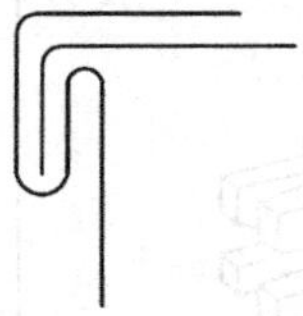	锤缝咬接
4	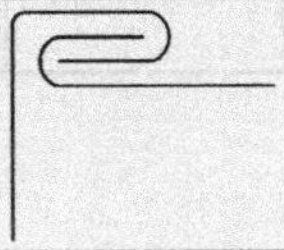	折角咬接	11		卷边接
5		卧缝单扣咬接 （普通咬接）	12	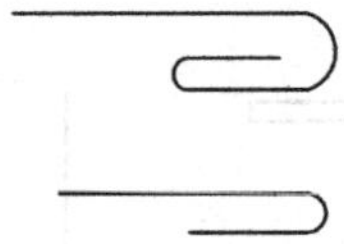	平滚边
6	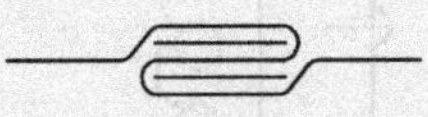	卧缝双扣咬接	13	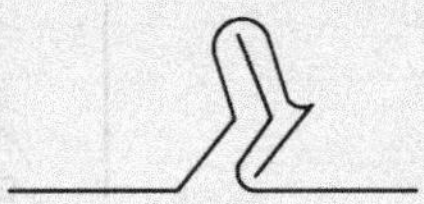	肋形咬接
7	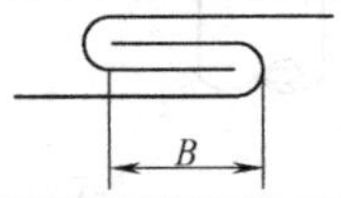	卧缝挂扣咬接			

注：可以根据长的零件选择，但两个零件的尺寸 B 应相同。

5.4　金属家具的加工及零件技术

在金属家具中常用的金属材料有管材、薄板材及型材等。不同的材料，不同的零件其加工方法都不太一致，其加工工艺流程大体上如图 5-14 所示。

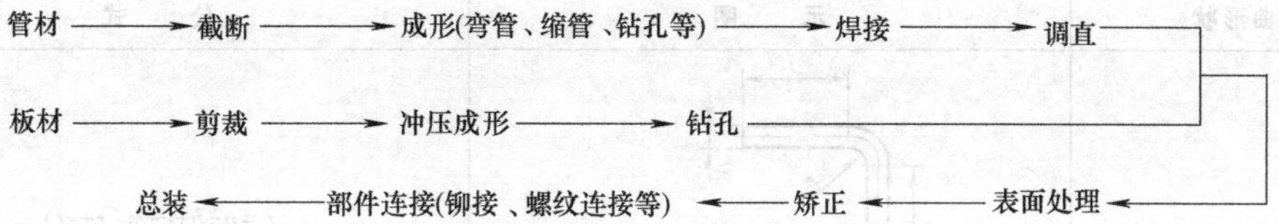

图 5-14 金属家具制造工艺流程

5.4.1 管件加工工艺及要求

在金属家具的管件加工工艺中，与零件设计关联度较大的工序主要有管材截断（下料）和弯管两个工序。

1. 管材截断

管材截断是管材加工的第一道工序。家具用金属管材的截断方法主要有割切、锯切、车切等，选用哪种截断方法应根据管材形状及零件要求而定。割切是通过割刀刃口与金属管材接触并进行相对运动而将管材截断的，这种方式设备简单，生产效率高，噪声小，切屑少；但只适用于圆管，且手工割切劳动强度较大。锯切是利用锯片（或锯条）与管材相对运动而截断管材的，这种方式适应面广，各种形状的管材都可用；但生产效率较低，管件端部易产生较大毛刺，噪声大，切屑多。车切是利用车床通过切刀将管材切断，其工艺适应性强，加工后工件无毛刺；但不宜切长管件，生产效率也较低，一般只用于端部要求较高的管件。

管材下料中应注意两个问题：一是保证管件质量；二是最大限度地合理利用材料。钢管在焊接或加工过程中，可能会产生裂缝、节疤、压痕、错位等缺陷，这些缺陷对零件及家具质量会产生较大影响，因而下料时应设法截去。另外在保证质量的同时，还要尽量使管材实现其长度上的最大利用，在计算出零件展开长度的基础上（常用管件展开长度计算方法见表 5-11），根据现有管材规格，将长短零件搭配下料，做到长材不短用，短件用短材。

表 5-11 金属家具常用管件展开长度计算公式（设弯曲时 $r\geqslant 0.5t$ 时）

弯曲形状	示 图	公 式
弯成圆形	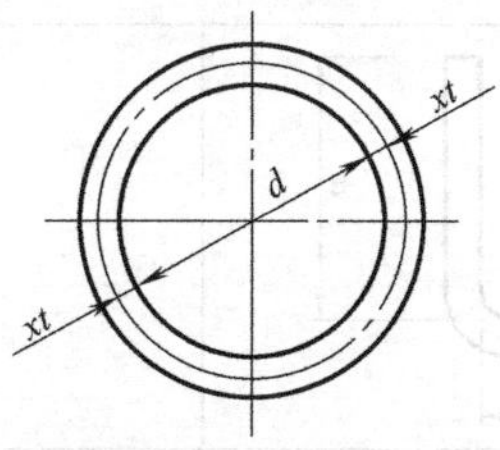	$L=\pi(d+2xt)$
一端弯成 90°角	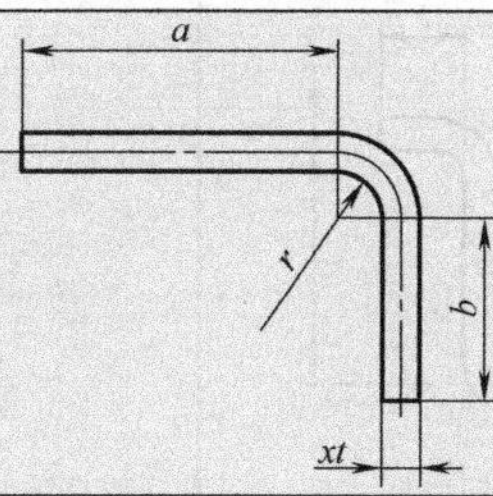	$L=a+b+\frac{\pi}{2}(r+xt)$

（续）

弯曲形状	示　图	公　式
两端弯成 90°角	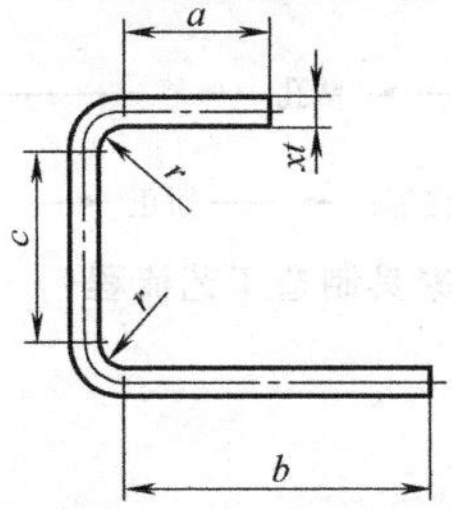	$L=a+b+c+\pi(r+xt)$
弯曲成四个 90°角	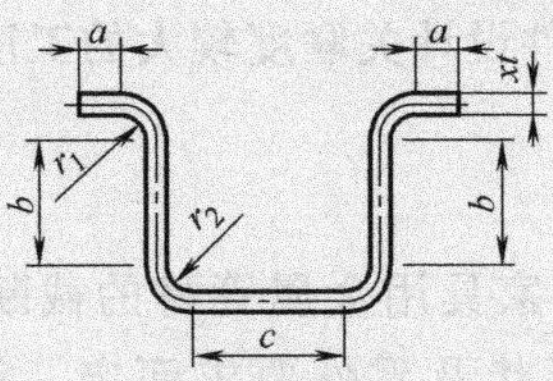	$L=2a+2b+c+\pi(r_1+xt)+\pi(r_2+xt)$
铰链式的零件	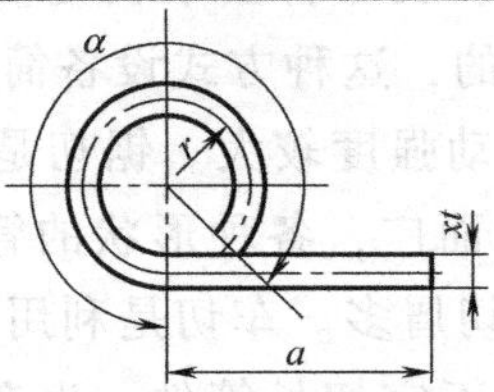	$L=a+\dfrac{\pi\alpha}{180°}(r+xt)$
一端弯成 α=90°	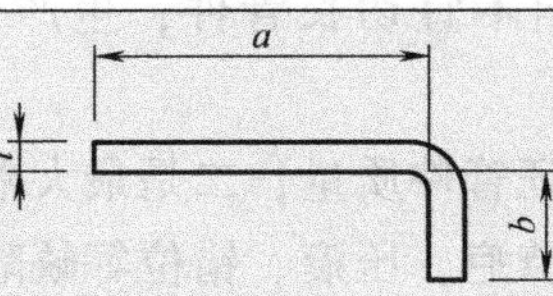	$L=a+b+0.5t$
一端弯成 α=180°	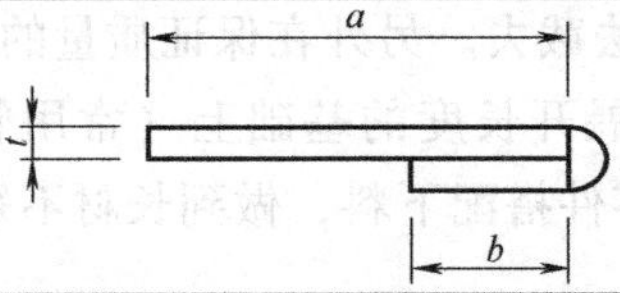	$L=a+b+2t$
一端弯成 α<90°	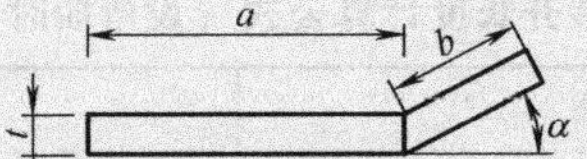	$L=a+b+\dfrac{\alpha}{90°}\times0.5t$
同时弯成两角	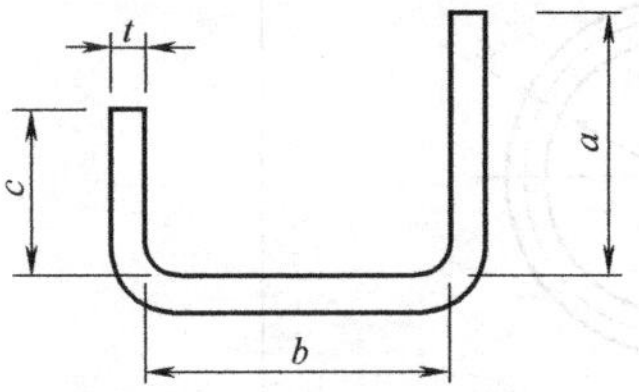	$L=a+b+c+0.5t$
同时弯成四角	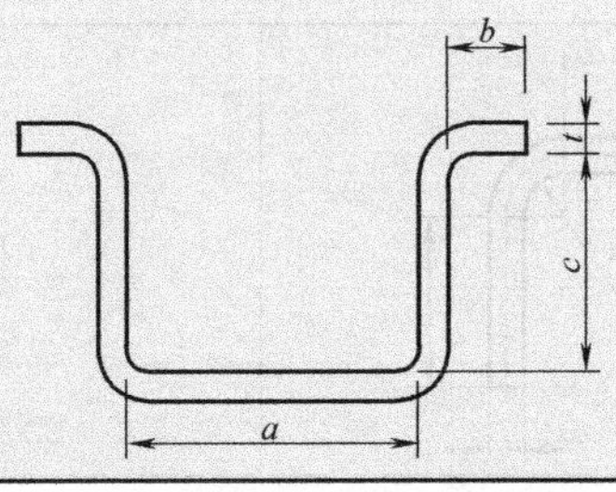	$L=a+2b+2c+t$

2. 弯管

长管件经弯曲成形而制成一定形状，这就是弯管加工，这种加工工艺可减少焊接等其他工序，生产效率较高，而且没有破坏管件的整体性，产品结构强度较好，所以金属家具中许多零部件都是采用管材弯曲成形制造的。弯管方式有冷弯和热弯，金属家具生产都采用冷弯，目前弯管大都用专门的弯管机来完成。

由于弯管过程中管材需产生塑性变形，且管件弯曲内缘受挤压而压缩，外缘受拉伸而拉长，所以管件弯曲部位的截面形状与弯曲前的截面形状会有差异，严重时还可能出现内缘皱折或外缘凸起的现象(图 5-15)，并且弯曲半径越小，这种现象越明显，所以弯曲管件设计时必须考虑其最小弯曲半径。

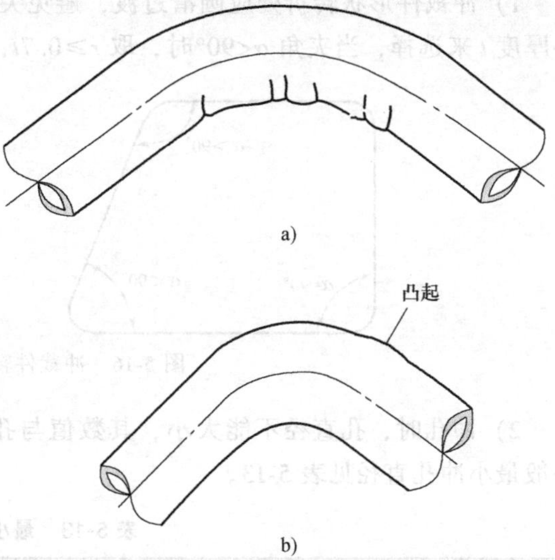

图 5-15 弯管皱折与凸起

最小弯曲半径是指管件弯曲后内缘圆弧半径所允许的最小值，设计弯曲管件时应注意使其弯曲半径大于最小弯曲半径。一般最小弯曲半径由管材材质、管径、管材壁厚等诸多因素决定，对于薄壁焊管来说，最小弯曲半径可根据表 5-12 选择。

表 5-12 薄壁焊管最小弯曲半径

管径/mm	壁厚/mm	最小弯曲半径/mm
13	0.8~1	32
14	0.8~1	35
16	0.8~1	38
19	0.8~1.2	44
22	0.8~1.2	50
25	1~1.5	60
28	1~1.5	80
32	1~1.5	120
40	1~1.5	150

5.4.2 板件加工工艺及要求

在板件加工中最重要的环节应该是冲压成形，它包括板件冲裁、板件弯曲、拉延成形等加工方法。在金属家具制造中，板件冲裁和板件弯曲都有较广泛的应用。板件拉延又称压延或拉深，是利用冲压设备及模具将板材制成筒形等形状的开口空心零件，它只是在一些特殊形状的成形零件加工中有些应用，所以板件冲裁及板件弯曲是与零件设计关联度最高的工序。

1. 板件冲裁

利用冲压设备及模具使板料相互分离的加工方式称为冲裁，它有落料和冲孔两种形式。

当将板料沿设定的封闭曲线进行冲裁分离后，若封闭曲线以内的部分为制件时称为落料；当封闭曲线以外的部分为制件时则称为冲孔。这两种形式在金属家具生产中都有应用，一般落料用于制造成形零件，冲孔则用于在板件上开孔。在冲裁件设计时应注意如下问题：

1）冲裁件形状转折处应圆滑过渡，避免尖角，如图 5-16 所示。其圆角半径 r 可根据板料厚度 t 来选择，当夹角 $\alpha<90°$时，取 $r\geqslant0.7t$；当夹角 $\alpha>90°$时，取 $r\geqslant0.5t$。

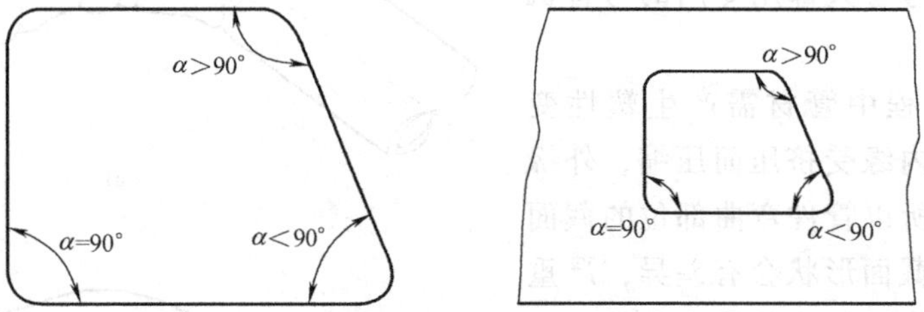

图 5-16　冲裁件转折处形状要求

2）冲孔时，孔直径不能太小，其数值与孔的形状、板件厚度及材料的力学性能相关。一般最小冲孔直径见表 5-13。

表 5-13　最小冲孔直径

材料	圆孔	方孔	长方孔	长圆孔
硬钢	$d\geqslant1.3t$	$b\geqslant1.2t$	$b\geqslant1.0t$	$b\geqslant0.9t$
软钢、黄铜	$d\geqslant1.0t$	$b\geqslant0.9t$	$b\geqslant0.8t$	$b\geqslant0.7t$
铝	$d\geqslant0.8t$	$b\geqslant0.7t$	$b\geqslant0.6t$	$b\geqslant0.5t$

注：表中 t 为板件厚，d 为圆孔直径，b 为方孔或长方孔边长。

3）设计冲孔零件时，零件上孔与孔之间的距离、孔与零件边缘的距离不宜过小，一般不小于板件厚度的 2 倍，并保证大于 4mm。

4）在弯曲件或拉延件上设计冲孔时，孔与制件壁之间也应保持一定的距离，如图 5-17 所示。

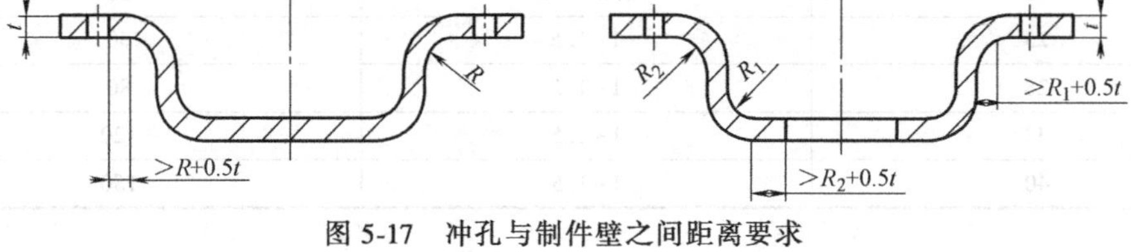

图 5-17　冲孔与制件壁之间距离要求

2. 板件弯曲

利用冲压设备及模具将金属板料弯曲成一定形状或角度称为板件弯曲，板件弯曲在金属家具制造中应用也较为广泛。

在板件弯曲过程中，由于弯曲件外层受到的拉应力最大，因而变形最大，也最容易损伤（断裂），其变形的大小主要取决于弯曲半径，弯曲半径越小，弯曲件越易断裂，所以必须对最小弯曲半径有所限制。设计弯曲板件时，其弯曲半径应大于板料许可的最小弯曲半径。影响材料最小弯曲半径的因素主要有材料的力学性能、热处理方式、材料的表面质量、零件弯曲角大小以及弯曲方向等。因为金属板材大都是轧制而成，由于轧制的方向性，从而导致材料在性能上的各向异性，所以当零件弯曲线方向与材料轧制方向垂直时，材料有较大的抗拉强度，外层不易损伤，可有较小的弯曲半径；当弯曲线平行于轧制方向时，其抗拉强度较差，弯曲半径则不能过小。

板件弯曲允许的最小弯曲半径见表5-14。

表5-14　板件最小弯曲半径

材料	退火或正火		冷作硬化	
	弯曲线方向			
	与轧制方向垂直	与轧制方向平行	与轧制方向垂直	与轧制方向平行
08、10	$0.1t$	$0.4t$	$0.4t$	$0.8t$
15、20	$0.1t$	$0.5t$	$0.5t$	$1.0t$
25、30	$0.2t$	$0.6t$	$0.6t$	$1.2t$
35、40	$0.3t$	$0.8t$	$0.8t$	$1.5t$
45、50	$0.5t$	$1.0t$	$1.0t$	$1.7t$
半硬黄铜	$0.1t$	$0.35t$	$0.5t$	$1.2t$
软黄铜	$0.1t$	$0.35t$	$0.35t$	$0.8t$
纯铜	$0.1t$	$0.35t$	$1.0t$	$2.0t$
铝	$0.1t$	$0.35t$	$0.5t$	$1.0t$

注：t为板件厚度。

为了保证弯曲板件质量及提高其工艺性，在进行弯曲件设计时还应注意以下问题：

1）弯曲板件弯边长度不能太小，如图5-18所示，应保证$h>R+2t$。

2）有孔板件弯曲时，孔位应与弯曲部位间隔一定距离，具体如图5-19所示。当$t<2\text{mm}$时，$l\geqslant t$；$t>2\text{mm}$时，$l\geqslant 2t$。

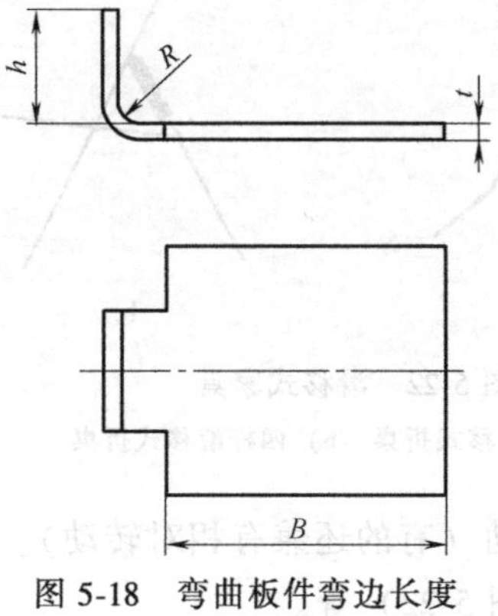

图5-18　弯曲板件弯边长度

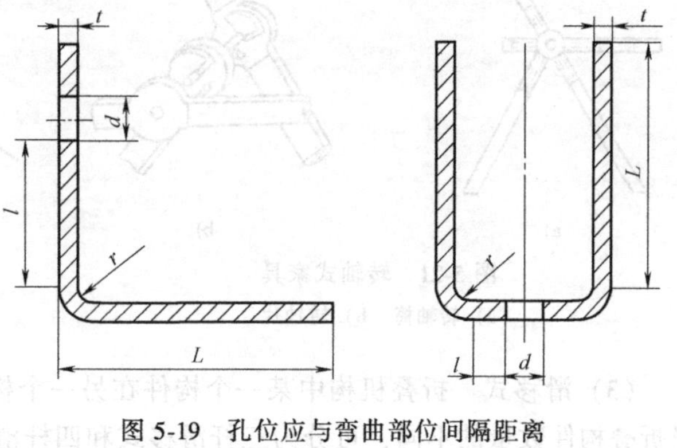

图5-19　孔位应与弯曲部位间隔距离

5.5　折叠家具的结构形式及折动点技术

目前我国金属家具中，绝大部分为折叠家具，如各类折椅、折桌、折几、折床等。它是利用平面连杆机构的工作原理，将折叠部位的各相关零部件以铆钉进行活动铆接，连接后，各零部件间可相互转动折叠，实现家具形体的变化。折叠结构体小轻巧、使用方便、造价较低，能充分利用空间，便于包装、携带、存放和运输；但其强度及稳定性略低，相关零部件制造精度要求较高，造型也有一定局限性。一般折叠结构较为适用于餐厅、会议厅等场所的桌椅类家具。

5.5.1 家具的折叠式结构形式

家具的折叠式结构不仅适用于金属家具，而且适用于木制折叠家具。家具的主要折叠形式有：

（1）折合式 折叠构件为非封闭型。使用时，将折叠构件摆成不同形状的三角形，以控制整个家具的功能角度。不用时，将各构件依次折合（图 5-20）。

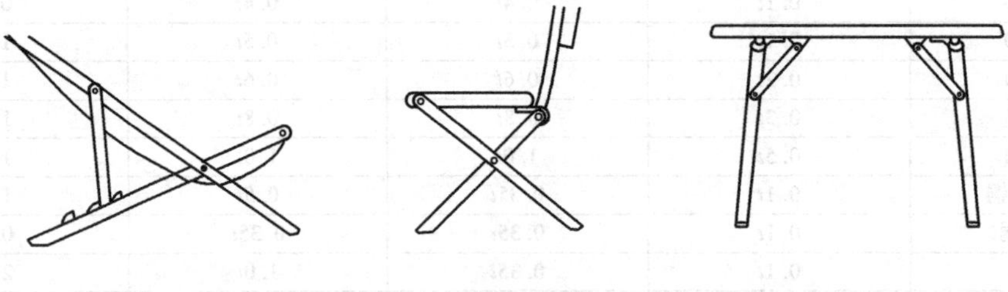

图 5-20 折合式家具

a）躺椅 b）折椅 c）折桌

（2）转轴式 折叠构件通过一组互相制约而且有一定相对转动角的轴片连接（图 5-21）。

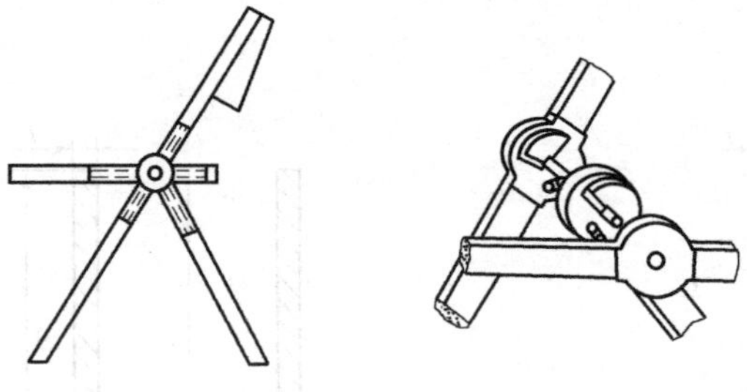

图 5-21 转轴式家具

a）转轴椅 b）转轴片

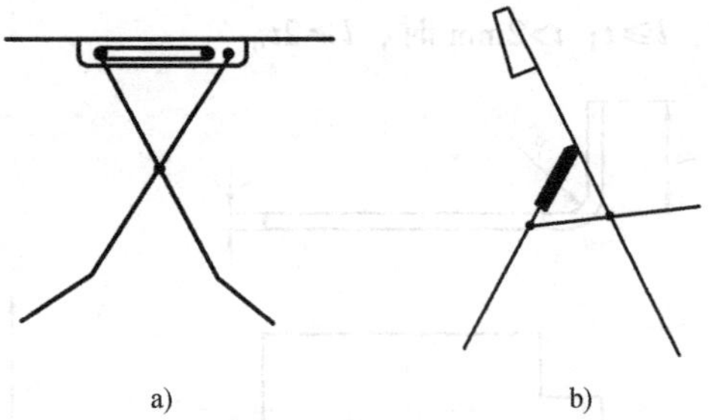

图 5-22 滑移式家具

a）三杆滑移式折桌 b）四杆滑移式折桌

（3）滑移式 折叠机构中某一个构件在另一个构件上移动（有的还兼有相对转动）。根据折叠构件数量的不同，可分为三杆滑移式和四杆滑移式（图 5-22）等。

（4）连杆式 折叠机构为多根连杆通过转动铰（通常为铆钉、螺栓）连接。根据连杆数量的不同，可分为四连杆、五连杆和六连杆式（图 5-23）等。

5.5.2 折椅结构形式及折动点技术

折椅一般要求折叠后前腿与后腿平行重叠（或平行靠拢），座面则应与靠背重叠或靠拢。根据这种要求设计的折椅结构形式有多种，如拉条式、压码式、托码式等，但其折动原理大同小异。折动装置结构尺寸设计方法主要有试验法、图解法及分析计算法三种。

试验法是通过模型试验来得到折动装置的相关尺寸的。这种方法所得的尺寸是近似值，最好用于其他方法的结果检验。

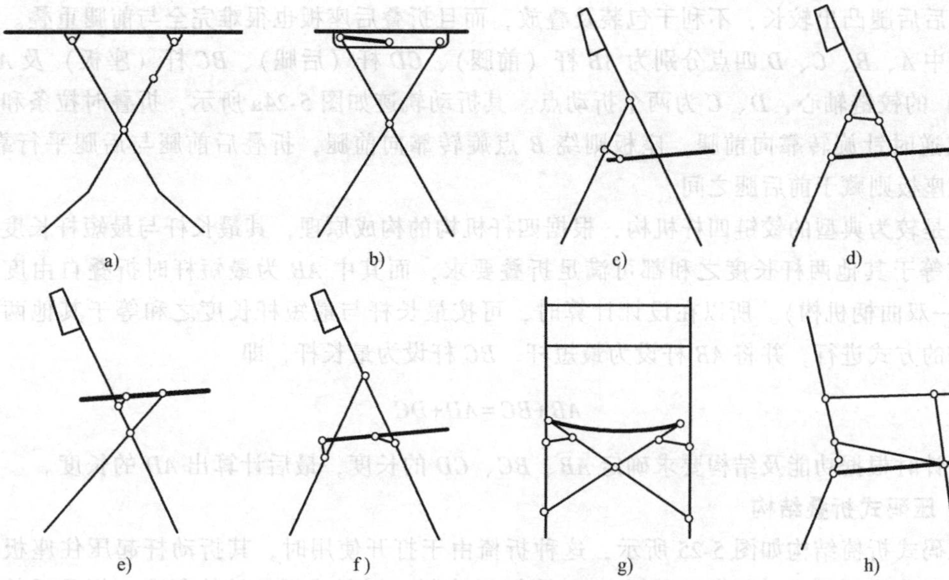

图 5-23 连杆式家具

a）四连杆折桌 b）四连杆折凳 c）、d）、e）四连杆折椅 f）五连杆折椅 g）、h）六连杆折椅

图解法是根据产品结构尺寸及折动点的运动轨迹，利用作图方式找出折动点的相关位置，再在图上按比例量出折动装置的相关尺寸。这种方法得到的数据还是近似值，但比试验法准确，一般可满足使用中的折叠要求，在实际工作中应用也较为广泛。

分析计算法的原理与图解法一样，也是根据产品结构尺寸及折动点的运动轨迹，通过几何计算求出折动装置的相关尺寸。这种方法最为准确，在大批量产品设计生产中最好采用这种方法。

1. 拉条式折叠结构

这类折椅折动形式如图 5-24 所示，这种形式结构简单、精度要求不太高、易于制造，

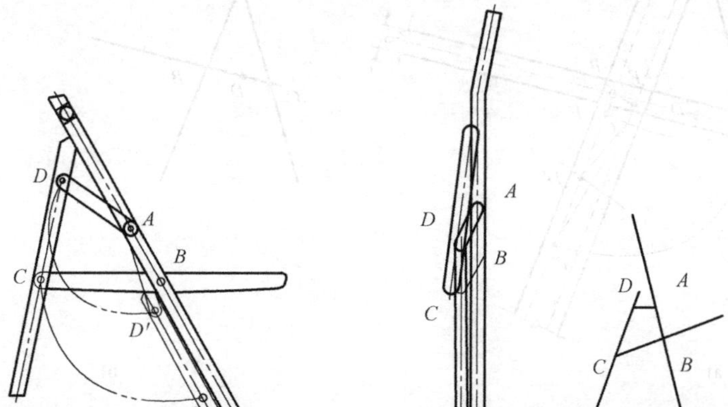

图 5-24 拉条式折椅结构

但折叠后后腿凸出较长，不利于包装及叠放，而且折叠后座板也很难完全与前腿重叠。

图中 A、B、C、D 四点分别为 AB 杆（前腿）、CD 杆（后腿）、BC 杆（座板）及 AD 杆（拉条）的铰链轴心，D、C 为两个折动点。其折动轨迹如图 5-24a 所示，折叠时拉条和后腿绕 A 点逆时针旋转靠向前腿，座板则绕 B 点旋转靠向前腿，折叠后前腿与后腿平行靠拢、拉条及座板则藏于前后腿之间。

这是较为典型的铰链四杆机构，根据四杆机构的构成原理，其最长杆与最短杆长度之和小于或等于其他两杆长度之和都可满足折叠要求，而其中 AB 为最短杆时折叠自由度最好（这是一双曲柄机构）。所以在设计计算时，可按最长杆与最短杆长度之和等于其他两杆长度之和的方式进行，并将 AB 杆设为最短杆、BC 杆设为最长杆，即

$$AB+BC=AD+DC$$

设计时根据功能及结构要求确定 AB、BC、CD 的长度，最后计算出 AD 的长度。

2. 压码式折叠结构

压码式折椅结构如图 5-25 所示，这种折椅由于打开使用时，其折动杆起压住座板的作用，所以称为压码式，通常压码用 2mm 厚钢板冲制。压码式折叠结构紧凑，折叠后前后腿伸出长度差较小，尤其是当前腿宽度取值较宽时（不小于后腿宽度的 2 倍），后腿及座板都可折入前腿内，整个椅子可折叠成一条线，相当美观，而且这种折椅的稳定性和牢固性也比拉条式好。但其设计精度要求高，加工量及加工难度都较大。

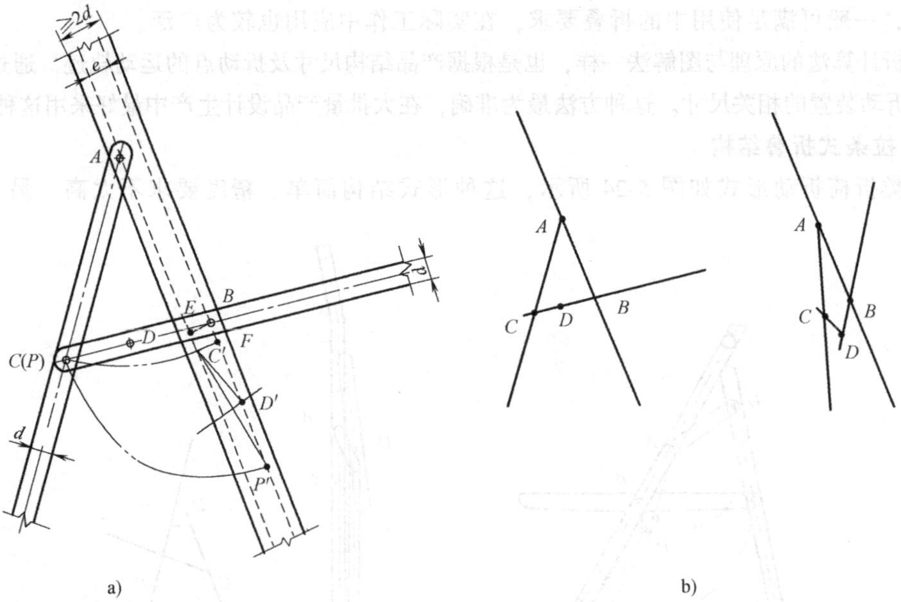

图 5-25　压码式折椅结构

图 5-25 中 A、B、C、D 四点分别为 AB 杆（前腿）、AC 杆（后腿）、BC 杆（座板）及 CD 杆（压码）的铰链轴心，D、C 为两个折动点。设计其折动装置尺寸可用图解法和计算法，设计时可根据功能及结构要求确定 AB、AC、BC 各杆尺寸，再由图解法或分析计算法求出 CD 杆（压码）尺寸及 D 点（折动点）位置。

(1) 图解法 具体作图步骤如图 5-25a 所示。

1) 折叠时，后腿绕 A 点逆时针转入前腿内并与前腿平行，C 点为后腿上的点，所以折叠后转到 C'（以 A 为圆心，AC 为半径画弧交 AC' 于 C'）。

2) 座板则绕 B 点也逆时针转入前腿内与前腿平行，假如座板上的一点 P 在折椅打开时与 C 点重合，折叠后 P 则转到 P'（以 B 为圆心，BC 为半径画弧交 BP' 于 P'）。

3) 连接 $P'C'$，作 $P'C'$ 的垂直平分线交 BP' 于 D'，D' 即为折叠后 D 点的位置，连接 $C'D'$ 即为压码尺寸。

这种方法可用平面几何证明：D 为座板上的一点，折叠后 D' 肯定在 BP' 线上，而 $CD=PD$，则有 $C'D'=P'D'$，所以三角形 $C'D'P'$ 为等腰三角形，作等腰三角形底边 $P'C'$ 的垂直平分线，其与 BP' 的交点即为 D'。

(2) 分析计算法 已知 AB、AC (AC')、BC、e，求 CD。

由图 5-25a 可知，CD 等于 $C'D'$，求出 $C'D'$ 即求出 CD，具体方法如下：

1) 过 B 点作 AC' 的垂线交于 E，过 C' 作 BP' 的垂线交于 F，则 $BE=FC'=e$。

2) 在 $\triangle ABE$ 中，由 $AE^2=AB^2-e^2$ 可求出 AE。

3) 则 $EC'=AC'-AE$，$FP'=BP'-EC'$（因为 $BF=EC'$）。

4) 在 $\triangle C'FP'$ 中，由 $\tan\angle P'=e/FP'$ 可求出 $\angle P'$，而 $\angle FD'C'=2\angle P'$，则 $C'D'=e/\sin 2\angle P'$。

3. 托码式折叠结构

托码式折椅结构如图 5-26 所示，这种折椅由于打开使用时，其折动杆起托住座板的作用，所以称为托码式，通常托码也用 2mm 厚的钢板冲制。其折叠结构比拉条式紧凑，折叠后前后腿伸出长度差也比较小，稳定性和牢固性也比拉条式好，但加工量及加工难度较大，且综合性能比压码式差。托码式折叠结构的设计同样可用图解法和分析计算法，具体方法与压码式类似。

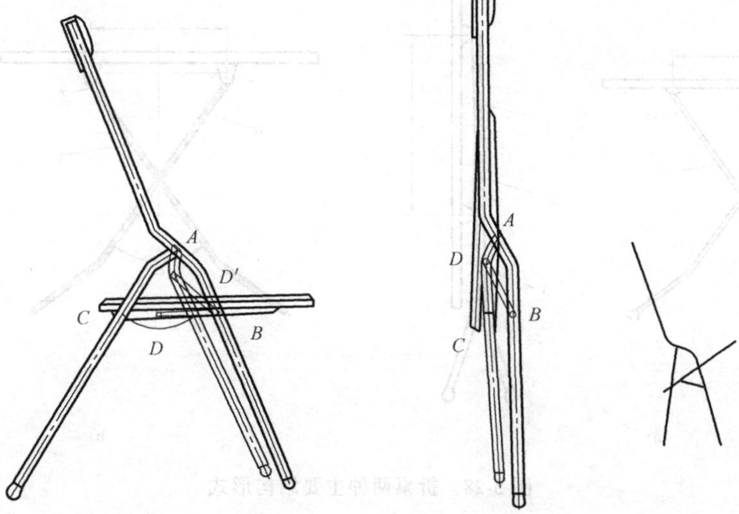

图 5-26 托码式折椅结构

5.5.3 折桌结构形式及折动点技术

折桌及折几即在金属家具中占有相当的比例，也是折叠家具的一个重要类型。

折桌的形式如图 5-27 所示，由桌面、两支撑腿及折动杆等部件构成，在结构处理上两支撑腿都应设置横档来满足支撑强度及稳定性要求。考虑到折叠的需要，两支撑腿有长短腿之分，桌面的一边通过吊面挂件与长腿直接铰接，另一边则通过另一吊面挂件与折动杆铰接，折动杆再与短腿铰接。折几与折桌的结构及折叠原理基本相同，只是尺寸大小有所不同，折几可看作小一号的折桌。

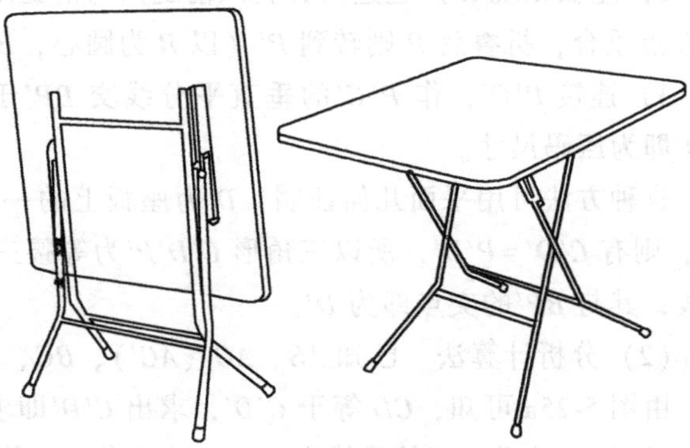

图 5-27　折桌

作为折桌，其折叠或打开时应满足下列基本要求：

1）折桌打开使用时，桌面需保持水平状态，两腿成对称布置。

2）折叠后桌面需垂直于地面，两腿和折动杆应尽量重合或靠拢。

根据上述要求设计的折桌结构主要有两种形式。第一类是吊面挂件同高，支撑腿下部为弯折形式（图 5-28a），横档装于弯折部位，这样折叠后两腿上部可完全重合且处于垂直位置，但横档位置过低影响折桌打开使用时的支撑稳定性。第二类是将横档位置上提，装于支撑腿中间部位（图 5-28b），这种形式支撑强度及稳定性都很好，但由于横档阻碍，两腿不能折至重合位置。这两种结构形式都有应用，但折动点的设计计算有所不同。

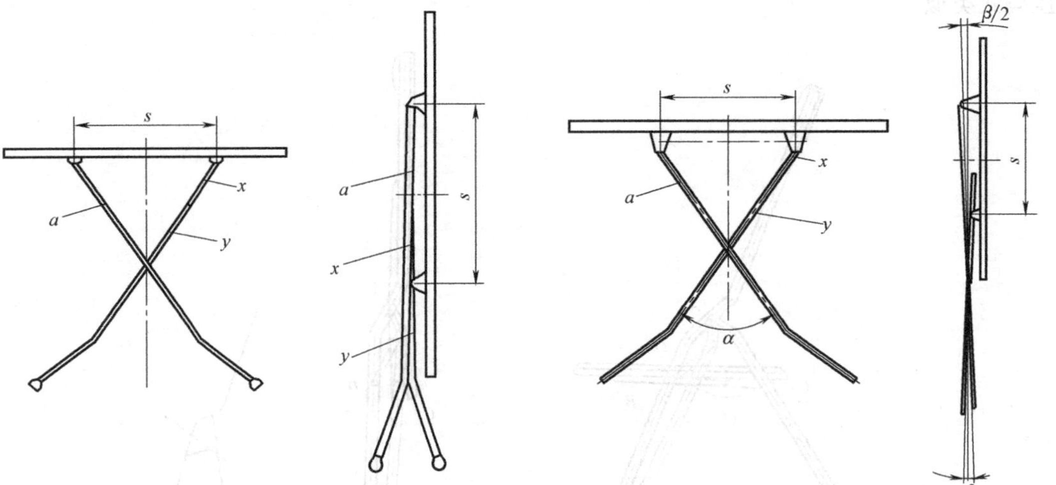

图 5-28　折桌两种主要结构形式

（1）第一种折桌结构折动点设计　如图 5-28a 所示，首先依据桌面尺寸及功能要求，确定长短腿吊面挂件之间的距离 s、长腿上下孔距 a。又连接管孔距为 x，短腿孔距为 y，根据

折叠条件可列方程式

$$\begin{cases}a=x+y\\ s=x+(a-y)\end{cases}$$

解得：$x=s/2$，$y=a-s/2$。

(2) 第二种折桌结构折动点设计　这种结构由于横档阻碍，折叠后两腿不能折至重合位置而留有夹角（β），若此时仍采用同样高度（长度）的吊面挂件，折叠后桌面将无法保持垂直而出现倾斜。为了保证在两腿不能重合的情况下折叠后的桌面处于垂直位置，必须用不同高度（长度）的吊面挂件（如图 5-29）。

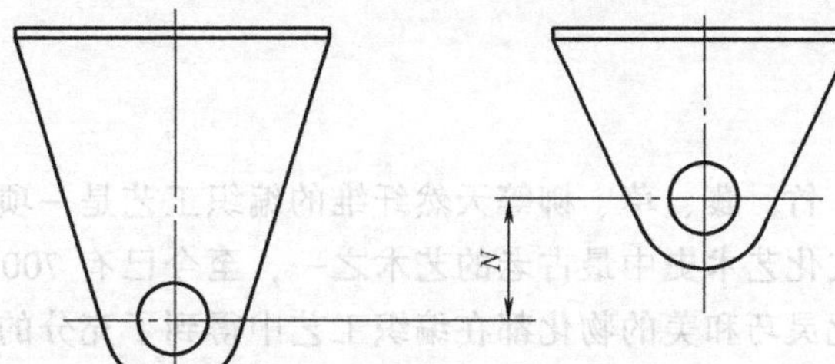

图 5-29　折叠后桌面垂直位置不同高度的吊面挂件

具体设计时，先确定吊面挂件之间的距离 s、长腿上下孔距 a、打开使用时长短腿夹角 α、折叠后夹角 β。根据折叠条件可列方程式

$$\begin{cases}a=x+y-\dfrac{z}{\cos\dfrac{\alpha}{2}}\\ z=a\sin\dfrac{\beta}{2}+(y-x)\sin\dfrac{\beta}{2}\\ s=(a-y)\cos\dfrac{\beta}{2}+x\cos\dfrac{\beta}{2}\end{cases}$$

解得

$$z=\left(2a-\frac{s}{\cos\dfrac{\beta}{2}}\right)\sin\frac{\beta}{2}$$

$$x=\frac{1}{2}\left(\frac{s}{\cos\dfrac{\beta}{2}}+\frac{z}{\cos\dfrac{\alpha}{2}}\right)$$

$$y=a-x+\frac{z}{\cos\dfrac{\alpha}{2}}$$

金属折叠家具尽管结构形式不同，但折叠原理是相同的。

Chapter 6

第6章 竹藤家具结构技术

竹、藤、草、柳等天然纤维的编织工艺是一项具有悠久历史的传统手工艺，也是人类早期文化艺术史中最古老的艺术之一，至今已有7000多年的历史了。人类的早期智慧、手的进化灵巧和美的物化都在编织工艺中得到了充分的体现。今天，在普遍应用高科技的现代社会，人类并没有摒弃这一古老的艺术，反而使其发展更日趋完美。与现代家具的工艺技术和现代材料结合在一起，竹藤家具已成为绿色家具的典范。天然纤维编织家具具有造型轻巧而又独具材料肌理、编织纹理的天然美，有其他材料家具所没有的特殊品质，受到了当代人们的喜爱，尤其是迎合了现代社会“返璞归真”回到大自然的国际潮流，使其拥有了更加广阔的市场。

竹藤家具主要有竹材家具、藤编家具、柳编家具和草编家具，以及现代化学工业生产的仿真纤维材料编织家具，在品种上多以椅子、沙发、茶几、书报架、席子、屏风居多。近年来开始与金属钢管、现代布艺及纤维编织相结合，使竹藤家具更为轻巧、牢固，同时也更具现代美感。

6.1 竹材家具结构

竹子是禾本科常绿植物，生长期短，在我国东南各省都有生长，是一种分布地域较广的速生材。竹茎中空有节，是竹子的成材部位。竹篾是竹茎劈成的薄片，外层质地柔韧，色泽呈青色，称为篾青，里层质地较脆，呈黄色，称为篾黄。我国应用竹茎、竹篾制作各种竹器具年代久远。传统的竹制品从筷子、竹篮等小件到竹棚、竹凉亭等大件都是以手工制作，存在高耗、低效、产品性能稳定性差等问题，加以不能拆装，不便运输，销售地域极为有限。20世纪90年代以来，我国浙江、四川、贵州等地开展了竹集成材的研制，其生产过程是将竹材劈开后，经热水处理、四面刨削、纵横交叉组坯、热压胶合和砂光等多道工序加工而成，因此提高了材料的力学性能。应用竹集成材，可制成竹地板、竹花瓶、竹桌面、竹茶具和各种竹集成材家具。这些竹器具、竹家具，既保留了竹子材色淡雅、纹理顺直的固有特性，又具有材料性能稳定、便于工业化生产的优点，其中有的家具还可以拆装，为扩大销售领域创造了条件。

6.1.1 竹家具的分类

传统的圆竹家具主要由杆状的圆竹构成。今天，随着科学技术的快速发展，竹家具定义的内涵和外延已发生了很大的变化，所以有必要对竹家具进行详细的分类和定义。目前，以竹材为主要原料，按其结构形式可分为圆竹家具、竹集成材家具、竹重组材家具和竹材弯曲胶合家具。

1. 圆竹家具

圆竹家具是指以圆形而中空有节的竹材竿茎作为家具的主要零部件，并利用竹竿弯折和辅以竹片、竹条（或竹篾）的编排而制成的一类家具。其类型以椅、桌为主，其他也有床、花架、衣架、屏风等。在我国，圆竹家具原料资源丰富，成本低廉，生产历史悠久，使用地区广泛，消费者众多。

2. 竹集成材家具

竹集成材家具是在木质家具制造技术的基础上发展起来的，主要利用竹集成材制成各种类型的家具。根据其结构不同又分为竹集成材框式家具和竹集成材板式家具。竹集成材框式家具是指以竹集成材为基材做成框架或框架再覆板、嵌板（以竹集成材零件为基础构成）的一类家具。它既可以做出固定式结构，也可以做成拆装式结构。竹集成材板式家具是指以竹集成材板材为基材做成的各种板式部件，采用五金连接件等相应的接合方法所制成的一类家具。有的以竹集成材的旋切单板材、径面材、弦面材、端面材或它们的组合材作为覆面装饰材料，并将这些材料有意识地运用到不同的家具或不同的家具部件中。由于竹集成材板材幅面大、强度高，因此可加工制成会议桌等大尺寸家具。

3. 竹重组材家具

竹重组材家具，又称重组竹家具，俗称重竹家具。它是以各种竹材的重组材（即重组竹）为原材，采用木制家具（尤其是实木家具）的结构与工艺技术所制成的一类家具。它既可以做成框式结构，也可以做成板式结构；既可以做成固定式结构，也可以做成拆装式结构。通过炭化处理和混色搭配制成的重组竹，其材质和色泽与热带珍贵木材类似，可以作为优质硬木的代用品，用于仿红木家具或制品的制造。

4. 竹材弯曲胶合家具

竹材弯曲胶合家具主要是利用竹片、竹单板、竹薄木等材料，通过多层弯曲胶合工艺制成的一类家具。

6.1.2 竹材家具的骨架结构

骨架竹竿的处理工艺包括弯曲成形、相并加固和端头连接。

1. 弯曲成形

竹竿的弯曲成形有烧弯和锯口弯两种方法。

烧弯是利用竹竿的物理性能，用炉火加温，使竹竿变软并加外力使之弯曲，然后用冷水冷却定型。用蒸汽对竹竿进行加温，也可以使竹竿变软而作弯曲处理。

锯口弯是对不易烧弯的大径竹竿进行弯曲的处理方法，即用手锯在竹竿上锯成一个或多个一定角度的缺口，然后将竹竿弯折，多处弯折便成折线弯曲，如图 6-1 所示。

2. 相并加固

先用篾刀将相并竹竿的接触面修削平整，使相并的竹竿贴合紧密，然后用手钻钻透两个竹竿的竹壁，取竹钉揳入孔内使之固定即可。竹竿相并加固的工艺程序是：先修再并后锯头，如图 6-2 所示。

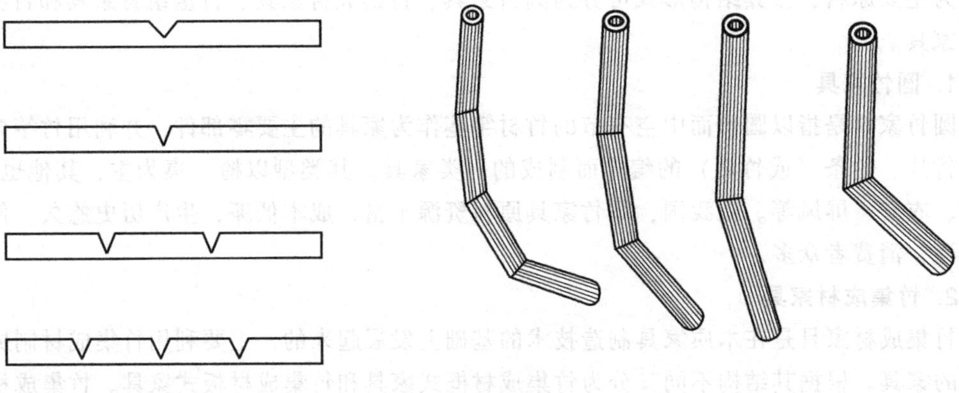

图 6-1　锯口弯

3. 端头连接

将待连接的两个竹竿端头的断面修削平整，另选一截直径与端头空腔内径相等的竹竿作销，销的两头分别插入两个待连接的竹竿端头的空腔内，使之吻合后，再钻两个不同斜向的孔，然后揳入竹钉固定，如图 6-3 所示。

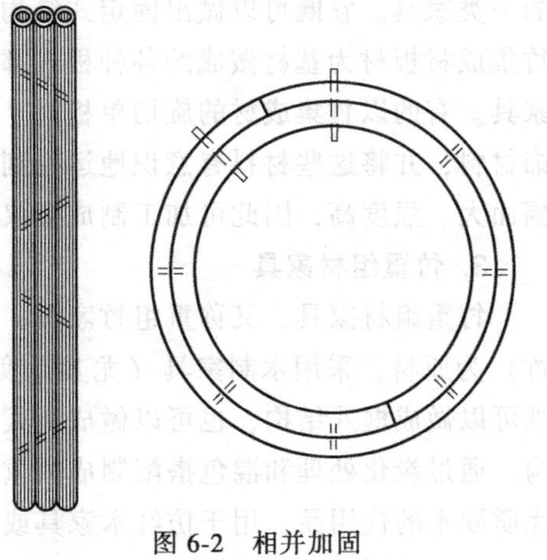

图 6-2　相并加固

6.1.3　竹条板面

在竹家具生产中，用多根竹条并连起来组成一定宽度的面，称竹条板面。竹条板面的宽度一般在 7~20mm 之间，过宽显得粗糙，过窄不够结实。竹条端头的榫有两种：一种是竿榫头；另一种是尖角头。

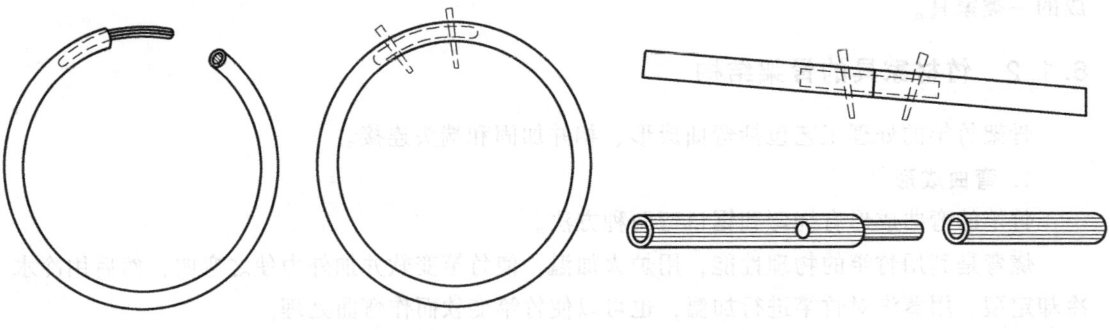

a)　　b)

图 6-3　竹竿端头连接

a）弯曲端头连接　b）直向端头连接

1. 孔固板面

竹条端头是竿榫头或尖角头，在固面竹竿内侧相应地钻间距相等的孔，将竹条端头插入孔内即组成了孔固板面，如图 6-4、图 6-5 所示。

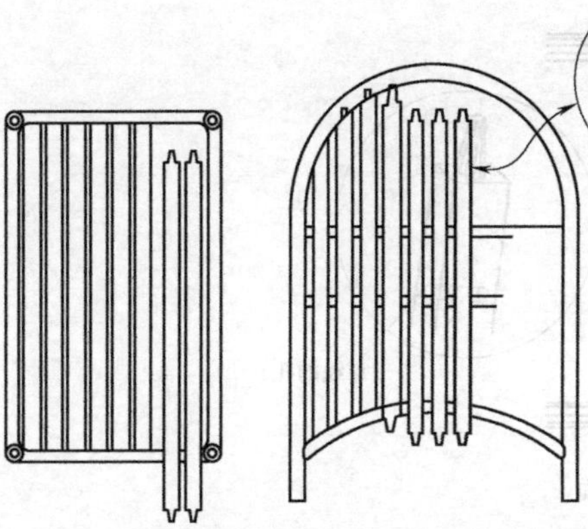

图 6-4 竹条竿榫头固板面

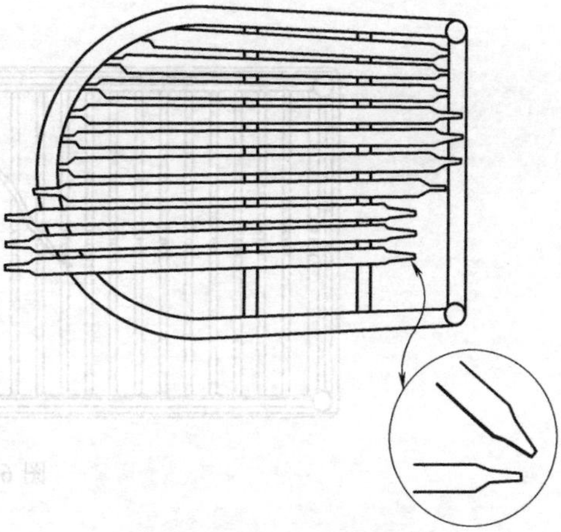

图 6-5 竹条尖角头固板面

2. 槽固板面

竹条密排时端头不作特殊处理，固面竹竿内侧开有一道条形榫槽，如图 6-6 所示。这种方法一般只用于低档的或小面积的板面。

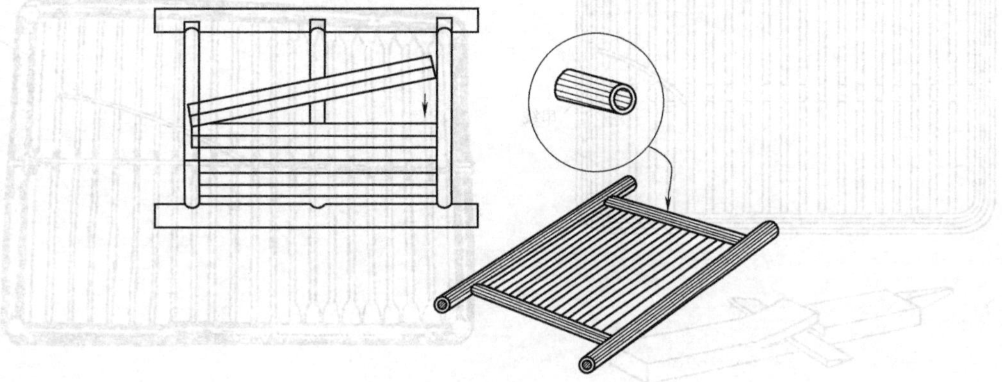

图 6-6 槽固板面

3. 压头板面

固面竹竿是上下相并的两根，因没有开孔和槽，安装板面的架子十分牢固，加上固面竹竿内侧有细长的弯竹衬作压条，因此外观十分整齐干净，如图 6-7 所示。

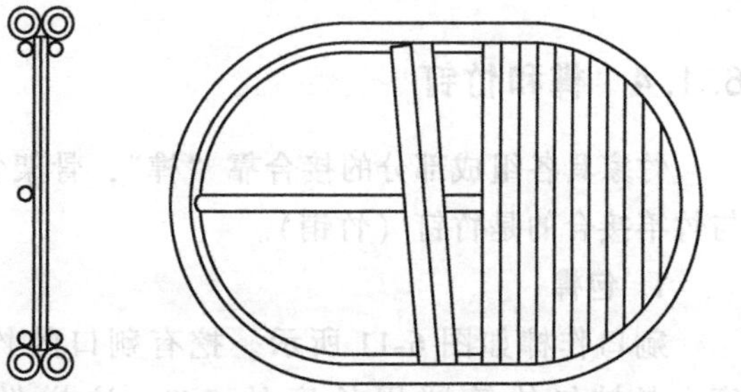

图 6-7 压头板面

4. 钻孔穿线板面

这是穿线（竹条中段固定）与竿榫（竹条端头固定）相结合的处理方法，如图 6-8 所示。

5. 裂缝穿线板面

从锯口翘成的裂缝中穿过的线必须扁薄，故常用软韧的竹蔑片。竹条端头必须固定在固面竹竿上。竹条必须疏排，便于串蔑与缠固竹衬，使裂缝闭合，如图 6-9 所示。

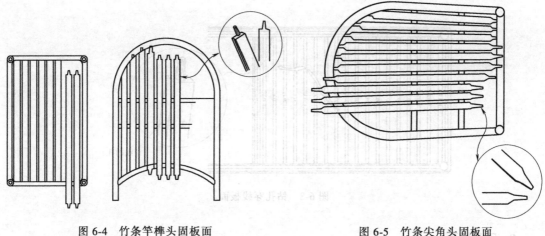

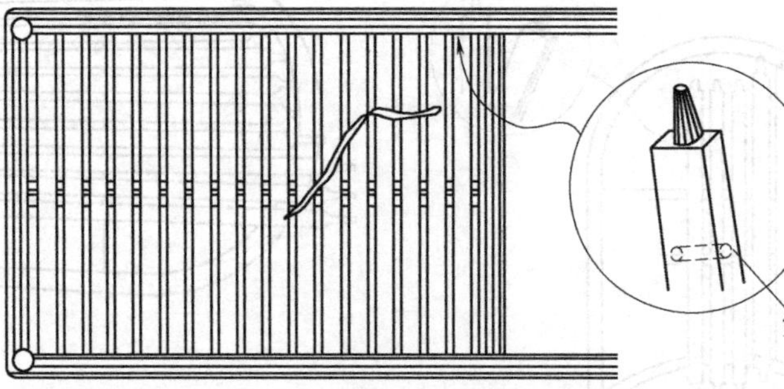

图 6-8　钻孔穿线板面

6. 压藤板面

取藤条置于板面上，与下面的竹衬相重合，再用藤皮穿过竹条的间隙，与竹衬缠扎在一起，使竹条固定，如图 6-10 所示。

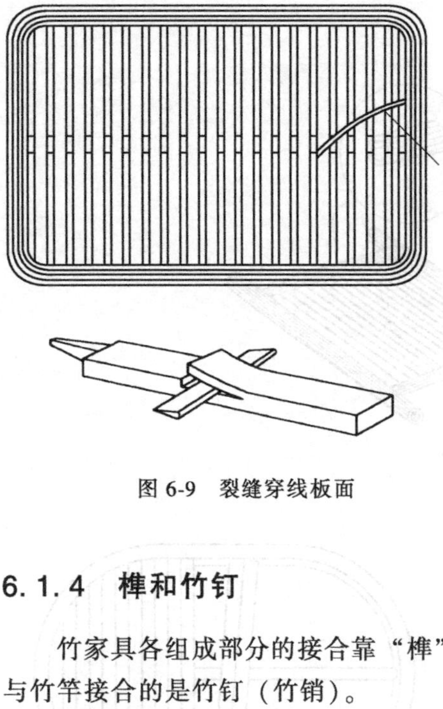

图 6-9　裂缝穿线板面

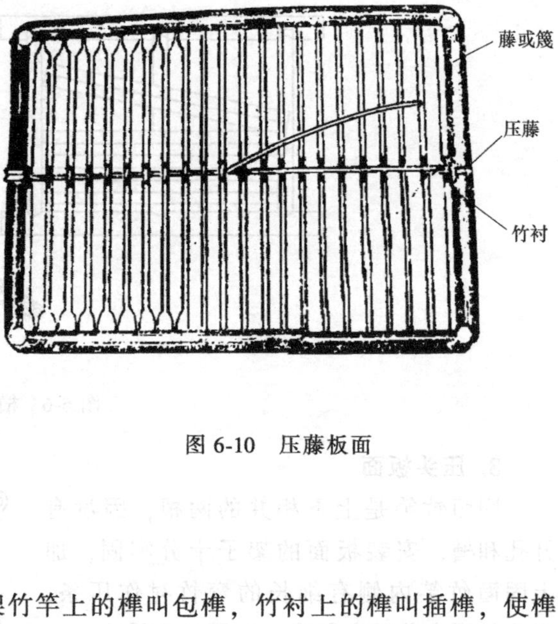

图 6-10　压藤板面

6.1.4　榫和竹钉

竹家具各组成部分的接合靠“榫”，骨架竹竿上的榫叫包榫，竹衬上的榫叫插榫，使榫与竹竿接合的是竹钉（竹销）。

1. 包榫

剜口作榫如图 6-11 所示。挖有剜口的竹竿称为围子竹竿。三方围子剜口包榫的长度，是被包竹竿圆周长度的 5/8，这样做成的包榫，围子竹竿折成的角度为 60°（图 6-12）。四方围子上各剜口的长度，取被包裹竹竿周长的 9/16，围子竹竿折成的角度为 90°（图 6-13）。五方围子上的剜口长度是被包竹竿周长的 1/2，围子竹竿折成的角度为 108°（图 6-14）。六方围子竹竿上的剜口长度是被包竹竿周长的 15/22，围子竹竿折成的角度为 120°（图 6-15）。

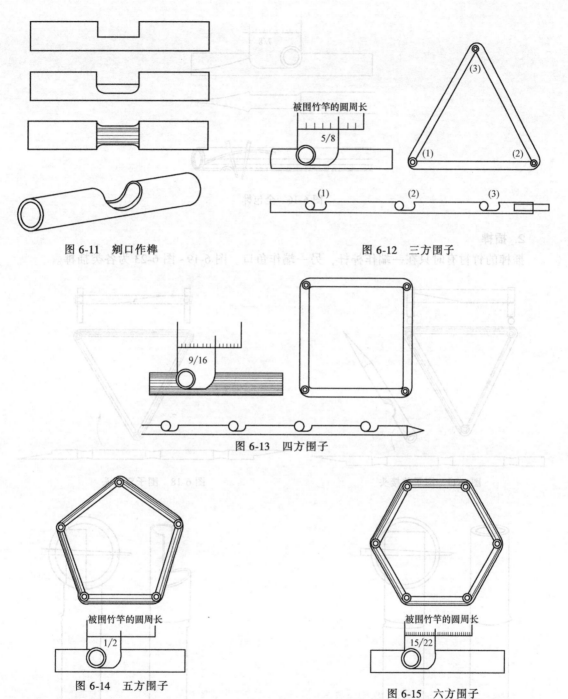

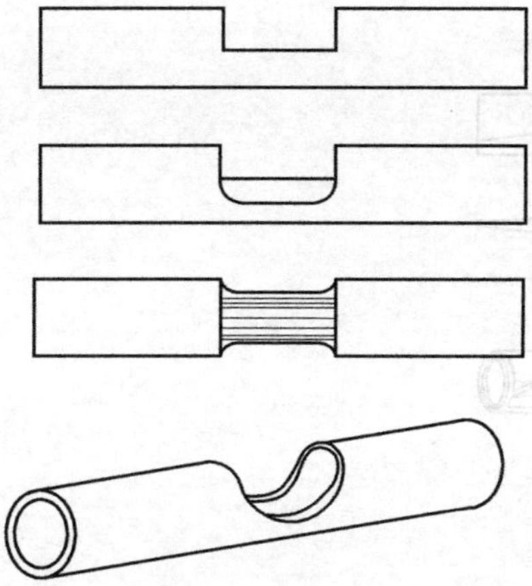

图 6-11　剜口作榫

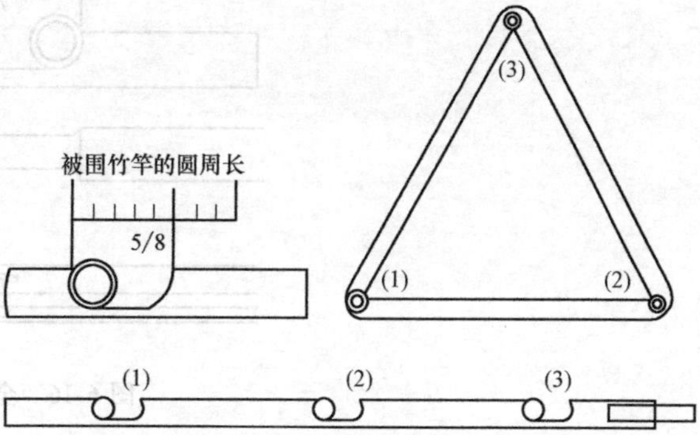

图 6-12　三方围子

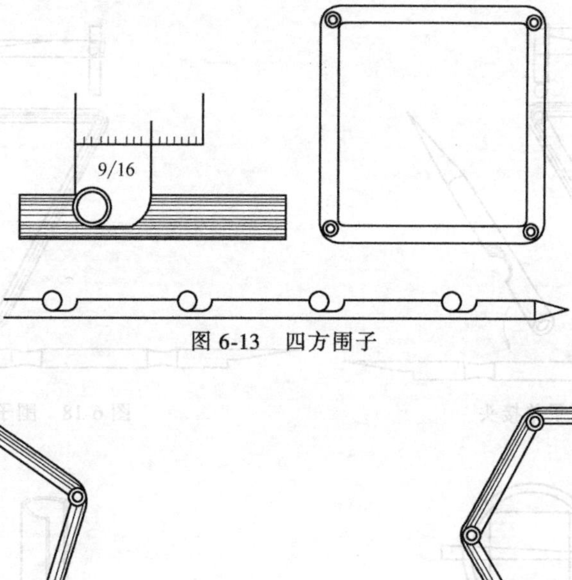

图 6-13　四方围子

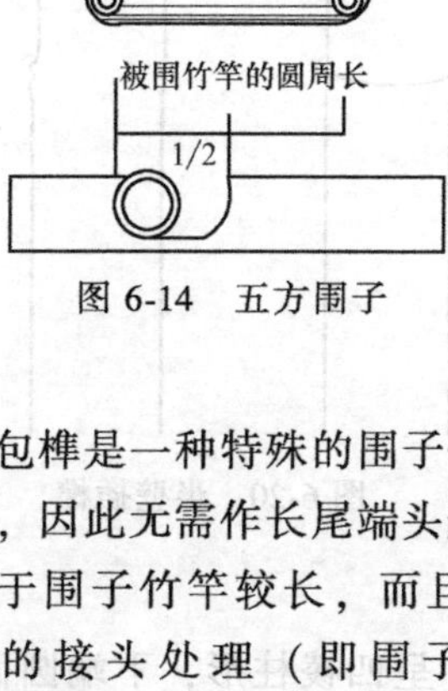

图 6-14　五方围子

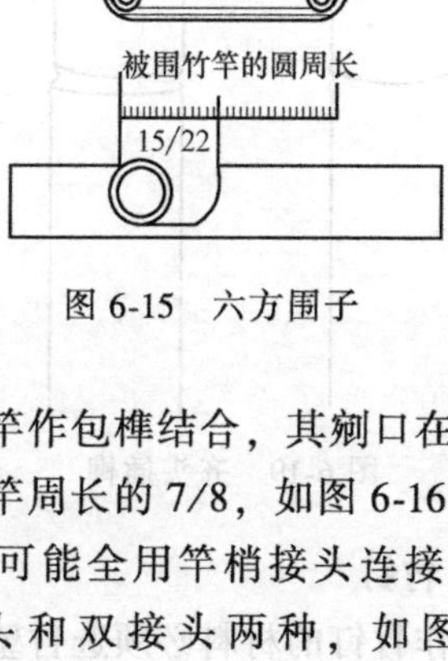

图 6-15　六方围子

全包榫是一种特殊的围子竹竿。它最多只与两根骨架竹竿作包榫结合，其剜口在竹竿端头附近，因此无需作长尾端头连接。它的剜口长度是被包竹竿周长的 7/8，如图 6-16 所示。

由于围子竹竿较长，而且首尾两端粗细不同，因此不可能全用竿梢接头连接，而需作特殊的接头处理（即围子接头）。围子接头分单接头和双接头两种，如图 6-17、图 6-18 所示。

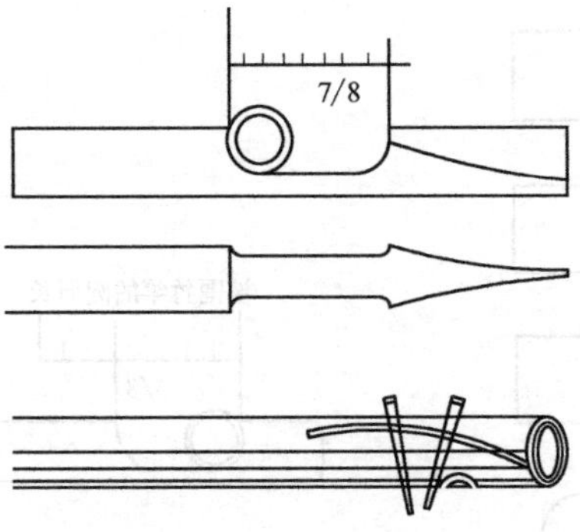

图 6-16　全包榫

2. 插榫

插榫的竹衬有时只在一端作榫杆，另一端作鱼口。图 6-19~图 6-23 为各类插榫。

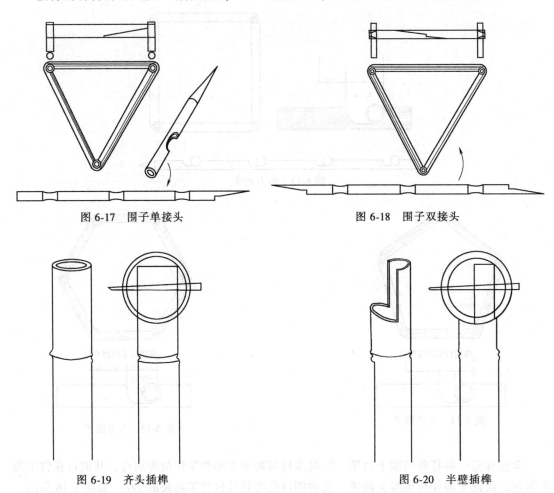

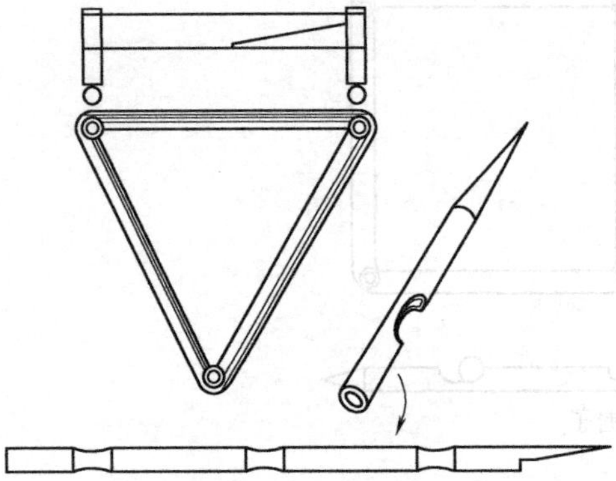

图 6-17　围子单接头

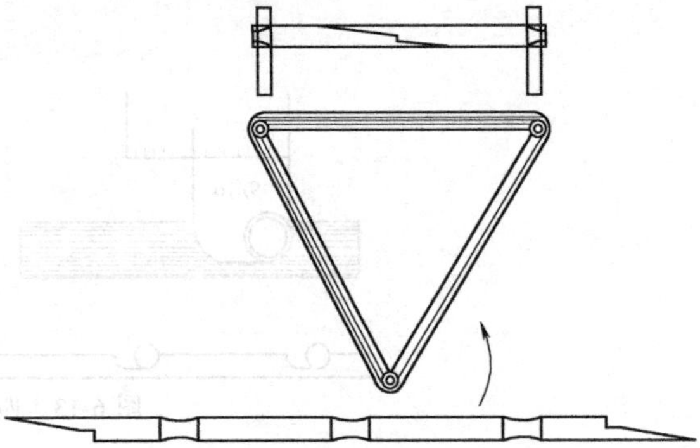

图 6-18　围子双接头

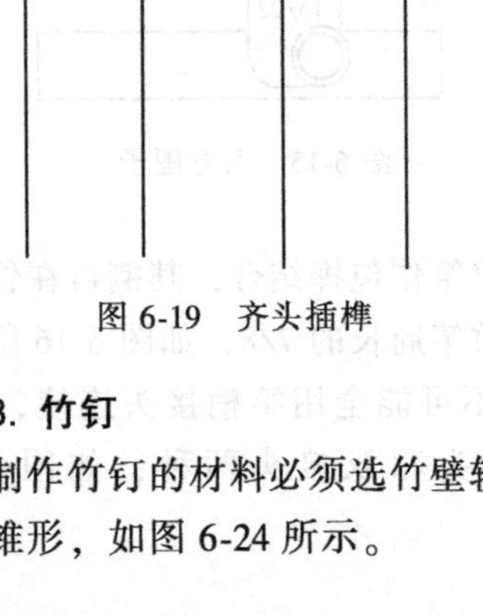

图 6-19　齐头插榫

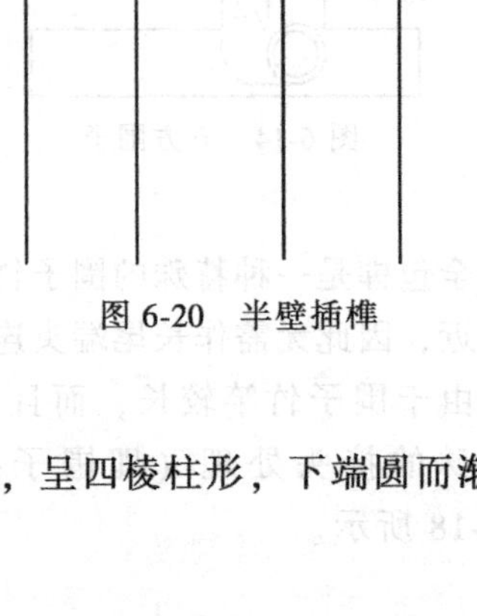

图 6-20　半壁插榫

3. 竹钉

制作竹钉的材料必须选竹壁较厚的干竹。竹钉上端较粗，呈四棱柱形，下端圆而渐细，呈圆锥形，如图 6-24 所示。

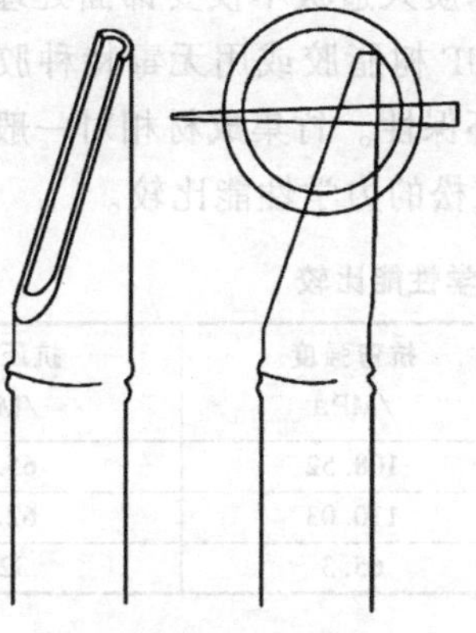

图 6-21　斜口插榫

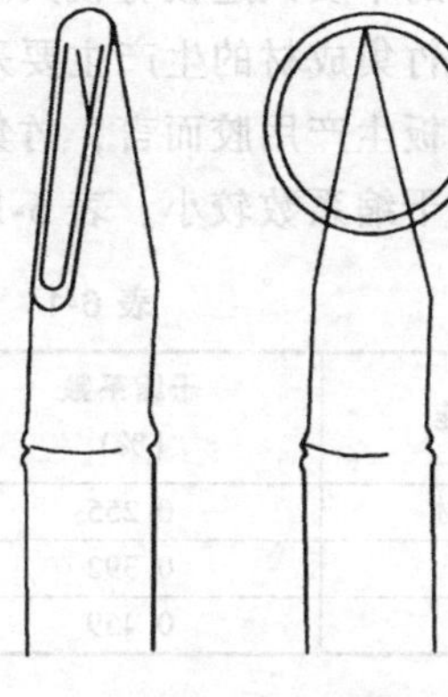

图 6-22　尖头插榫

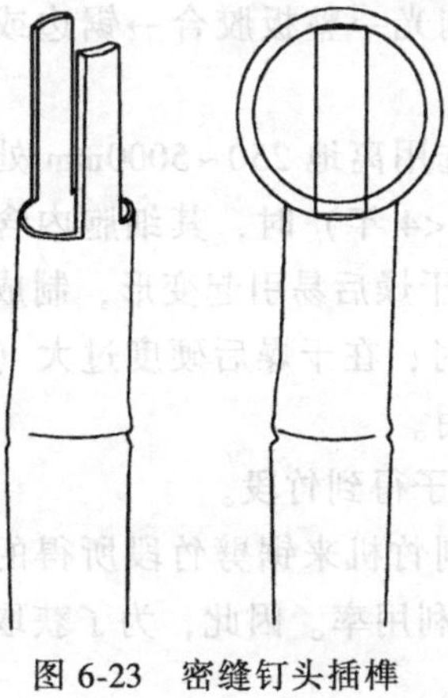

图 6-23　密缝钉头插榫

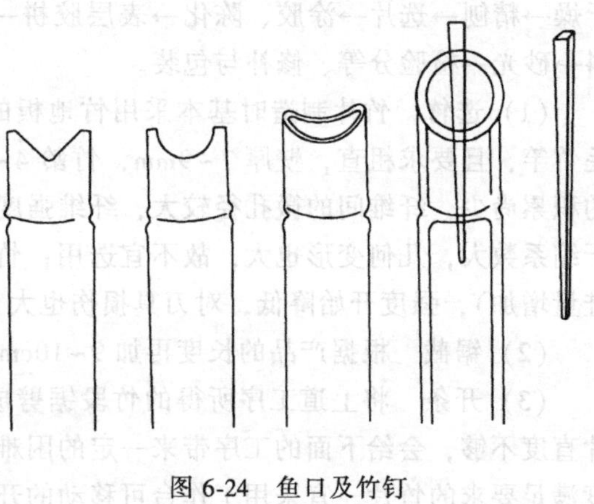

图 6-24　鱼口及竹钉

6.1.5　竹集成材家具结构

竹集成材是一种新型的竹质人造板，是通过以竹材为原料加工成一定规格的矩形竹片，经三防（防腐、防虫、防蛀）、干燥、涂胶等工艺处理进行组坯胶合而成的竹质板方材。根据家具用材的要求特点可设计成以下结构：竹质立芯板材，竹单板（或竹薄木），竹集成材横拼板，竹集成材竖拼板，上层为横拼单板、下层为竖拼单板的双层复合型板，上下表层为竖拼单板、芯层为横拼单板的三层复合型板。竹集成材家具就是用这种竹集成材加工而成的一类新型家具。竹集成材的最小单元为竹片，因此它继承了竹材的物理化学特性，同时又有自身的特点。竹集成材具有竹材收缩率低的特性，在一定程度上改善了竹材本身的各向异性；具有强度大、尺寸稳定、幅面大、变形小、刚性好、耐磨损等特点，并可进行锯截、刨削、镂铣、开榫、钻孔、砂光、装配、各种覆面和涂饰装饰等加工方式；还可以调整产品结构和尺寸，并满足对强度和刚度等方面的要求，来满足不同的使用要求。

竹集成材表面有天然的致密通直的纹理，竹节错落有致，只需铣削加工就可显示出板边缘竹材的天然质感，因此，家具用竹集成材是良好的结构材料，并具有天然的美学要素。此外，其结构的差异，装饰效果也不同，因此这种板的结构对家具的造型有一定的影响，这方面同家具用的木质人造板有较大的差异，因为家具用的木质人造板不仅要饰面处理，更需要包边装饰。竹集成材的生产主要采用低游离甲醛含量的UF树脂胶或用无毒特种胶，相对传统木质人造板生产用胶而言，竹集成材生产用胶更注意环保性。竹集成材相对一般实木的强度较大，且干缩系数较小。表6-1为竹集成材与橡木和红松的力学性能比较。

表6-1 竹集成材与橡木和红松的力学性能比较

力学性能	干缩系数 (%)	抗拉强度 /MPa	抗弯强度 /MPa	抗压强度 /MPa
竹集成材	0.255	184.27	108.52	65.39
橡木	0.392	153.55	110.03	62.23
红松	0.459	98.1	65.3	32.8

1. 竹集成材家具基材制备

典型竹质立芯板材的制作工艺流程为：选竹→锯截→开条→粗刨→蒸煮、三防或炭化→干燥→精刨→选片→涂胶、陈化→表层胶拼→芯层胶拼→芯层刨光→整板胶合→锯边或开料→砂光→检验分等、修补与包装。

（1）选竹　竹片制造时基本采用竹地板的生产工艺工序。选用离地250~5000mm处的毛竹竿，且要求粗直，壁厚7~9mm，竹龄4~6年。竹龄过小（<4年）时，其细胞内含物的积累尚少，纤维间的微孔径较大，纤维强度尚未完全形成，在干燥后易引起变形，制成品干缩系数大，几何变形也大，故不宜选用；竹龄过大（>7年）时，在干燥后硬度过大（含硅量增加），强度开始降低，对刀具损伤也大，故也不宜大量选用。

（2）锯截　根据产品的长度再加9~10cm的加工余量截断竹子得到竹段。

（3）开条　将上道工序所得的竹段锯劈成竹片。由于利用剖竹机来锯劈竹段所得的竹片直度不够，会给下面的工序带来一定的困难，并会降低材料的利用率。因此，为了获取直度满足要求的竹片，宜采用工作台可移动的开片锯来加工生产。

（4）粗刨　修平竹片的内外节，并刨去一层竹青和竹黄，这样水分容易进出竹材壁部，减少精刨机负荷以及干燥装窑体积，缩短干燥时间。

（5）蒸煮　蒸煮的目的是把竹材内的蛋白质、糖类、淀粉类、脂肪以及蜡质等营养物质除掉。完全蒸汽蒸煮时间为6~8h，分常压和加压两种，其中加压蒸煮的压力为0.6~0.8MPa。蒸煮的同时可增加竹片的白度和亮度。此外，蒸煮时可加入防虫剂、防腐剂和防霉剂进行三防处理。

（6）炭化　炭化也是为了把竹材内的营养物质除掉，将竹片在高温、高湿下变成深棕色。炭化的温度为100~105℃，压力为0.3~0.4MPa，时间为3~4h。

（7）干燥　蒸煮处理后的竹片含水率超过80%，达到饱和状态，需要进行干燥处理。竹材的密度较大，为0.8g/cm^{3}左右，且密度分布不均，竹壁外侧密度较内侧大。竹节部分密度局部增大，竹竿的茎部向梢部密度逐渐减小，因此，竹材的干燥比较困难，易产生内部应力，造成翘曲变形。因而，竹片干燥温度不宜过高，一般控制在75℃左右，升温不能太快，要注意窑内干燥温度及空气循环速度。干燥后含水率为7%~9%，竹片只有达到干燥工艺标准要求，制成品才不易变形、开裂或脱胶。

（8）精刨　竹片干燥后要进行精刨以除去竹片的竹青和竹黄，厚度精度保持在±0.2mm之内，刨刀片选用硬质合金刀具。

(9) 选片 选片要求达到两个目的：一是剔除机械加工中不合格的竹片；二是将色泽差异大的竹片分级，变色的要增加调色工序，以淡化竹片的色泽。同一块板材应选用色泽一致的竹片。

(10) 涂胶 采用脲醛树脂胶粘剂，其固含量为60%~65%，黏度为35~50Pa·s，施胶量控制在200g/m左右。也可对脲醛树脂胶粘剂进行改性或使用其他胶种，以增加或提高某些性能。竹片在涂胶后应陈化，其时间应比木质材料的陈化时间长一些（一般为15~20min），这是因为竹材的弦向或径向吸水速率较低。

(11) 表层胶拼 表层材料为竹片横拼板时，竹片径面为胶合面，通过横向胶拼成一定规格尺寸的表层材料。

(12) 芯层胶拼 把色泽较一致并经涂胶陈化后的竹片按青对青、黄对黄排列的弦面作为胶合面，然后按所需要宽度排列，并通过拼板压机胶拼成一定规格尺寸的芯层材料。胶压设备采用蒸汽或高频加热的双向单层压机。

(13) 芯层刨光 胶拼后的芯层材料（芯板）需进行刨光处理，使芯层厚度均匀一致，要求芯层厚度公差为±0.2mm。

(14) 整板胶合 由于竹材的热导率比木质材料略小，因此其热压时间应略长于木质材料，热压温度与木质胶合板相同，热压压力可视竹片的平整度而异，且与压机的操作顺序有关，一般比木质材料稍大。采用热压、温度为100~110℃、多层胶合时，正压压力为1.5~1.8MPa，竖拼时的侧压压力为1~1.5MPa，时间为10~12min。热压后的板坯在冷却过程中易产生变形，需放入冷压机中使之在受约束的情况下冷却定型，以保证板材的平整。

(15) 锯边或开料 冷压后的板坯经开料锯进行纵横向锯边或开料成要求的规格尺寸。

(16) 砂光 用宽带砂光机，对一定规格尺寸（长×宽）板材表面进行磨削加工，以保证板材表面光洁，厚度均匀。

(17) 检验分等、修补与包装 砂光后的板材应进行检验分等和修补，然后再按等级包装入库。

其他竹集成材板方材的制作工艺基本上与竹质立芯板的制作工艺相同。

2. 竹集成材家具典型结构

根据竹集成材家具基材的特点，可开发成两种结构类型的竹家具。一是以榫接合为主的传统家具，造型和结构上类似于传统的硬木家具，这类竹家具基本上可采用实木家具的结构，但在营造框式家具造型效果时，直接通过板面铣型实现，可节约材料和减少工序，降低成本。原实木家具的框架结构是镶嵌式的，而对于竹集成材家具可通过铣削来实现这种框式造型（图6-25）。二是现代板式竹集成材家具，可实现标准型部件化的加工。竹材强度较大，为此，竹集成材板式家具在整体造型上可更为轻巧、简洁、明快。在结构上，基本可采用木质人造板连接方式，但连接件强度要求更高，并宜使用牙距大、牙板宽而利的专用螺钉

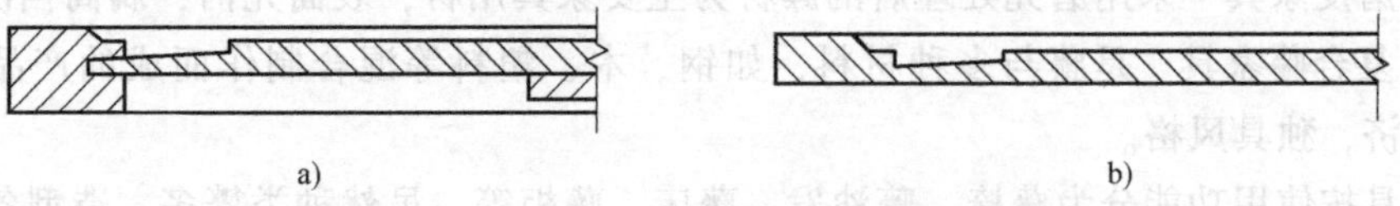

图6-25 竹集成材家具框架结构

a) 实木框架结构 b) 铣型后竹集成材板材框架造型

或硬木自攻螺钉（图 6-26）。

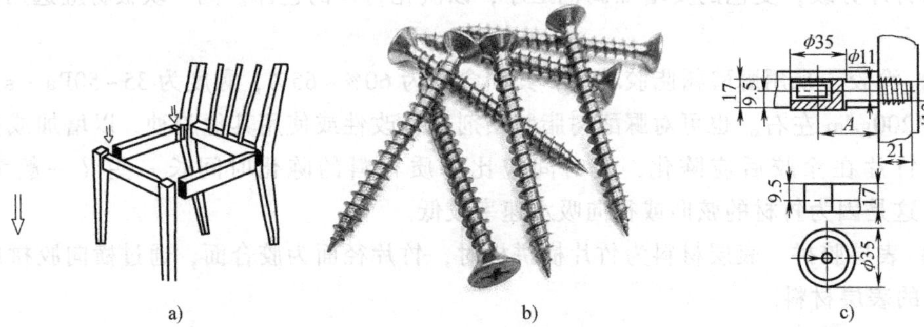

图 6-26　竹集成材家具连接方式
a）插套连接　b）牙距大、牙板宽而利专用螺钉　c）强力连接件

与竹集成材家具相比，传统的圆竹家具机械化程度低，导致其生产效率下降，传统的结构和工艺无法实现系列化、标准化、通用化的大批量生产；而竹集成材家具打破了传统工艺，实现了工业化生产以及家具的模数化组合、延展、可移动，整体设计上崇尚家具天然、朴素、环保的特性。

竹集成材家具的结构可采用的接合方式为胶接合、榫接合、结构连接件接合、竹销（条）竹钉接合以及“32mm 系统”设计胶接合，主要用于竹集成材家具基材自身结构胶合。竹材强度及韧性较好，可做竹钉或作为辅助加固的连接。

6.2　藤材家具结构

藤家具种类繁多，历史悠久，以其结构坚韧、轻巧耐用、色彩柔和、美观实用等特点，深得人们的青睐。现代藤家具采用科学改进的工艺，通过结合人体工程学的现代设计，使得藤家具不仅传统典雅，而且更适合于现代生活，在回归自然的风潮中独树一帜。

藤家具按照材料特点主要分为五种类型：

（1）藤皮家具　以藤皮为主要编织用材的藤家具。藤皮是夏凉清爽冬不寒的中性材料，坚韧耐磨，轻巧透气。

（2）圆芯家具　以圆芯为主要编织用材的藤家具。其造型多变，深受市场欢迎。

（3）原藤枝家具　以原藤色、原枝大小的藤材制作的产品，结实坚固，耐磨耐用，朴实自然。

（4）磨皮家具　采用磨光处理后的藤材为主要家具用材，表面光洁，属高档次藤家具。

（5）复合藤家具　是藤与多种材料，如钢、木、塑料等混合制作而成的产品。这种家具刚柔并济，独具风格。

藤家具按使用功能分为藤椅、藤沙发、藤床、藤柜等，虽然种类繁多，造型各异，但它们的结构多为骨架加藤面编织的形式，其制作工艺也相应地可以分为两大步骤：一是骨架的制作；二是编织藤面。

6.2.1 藤家具的骨架

目前生产的藤家具多数用竹竿做骨架，这是降低生产成本的有效方法，同时又不影响产品的使用强度。但是，某些高级产品或者骨架外露的产品，也要求用藤杆做骨架。

藤骨架的制作有两个步骤，即加热弯曲成形和构件的连接。

1. 加热弯曲成形

弯曲成形以前，首先要将不规则弯扭的原藤矫直，所用的工具为煤油喷灯和矫正棒。矫正时，藤材用火加热使其变软，再用矫正棒成形。还可以用同样的方法将直藤弯曲成特定的形状。为了使几个构件的弯曲形状基本一致，可以先在一块板上画出所需的弯曲形状，沿曲线钉上一排圆钉作为简易的靠模，这是十分有效的，如图 6-27 所示。

制作圆圈形的构件时，也需用同样的方法做出靠模。藤条不需要经火烤，可直接弯成环状嵌入靠模之内，两端削成斜面，用钉接合，如图 6-28 所示。

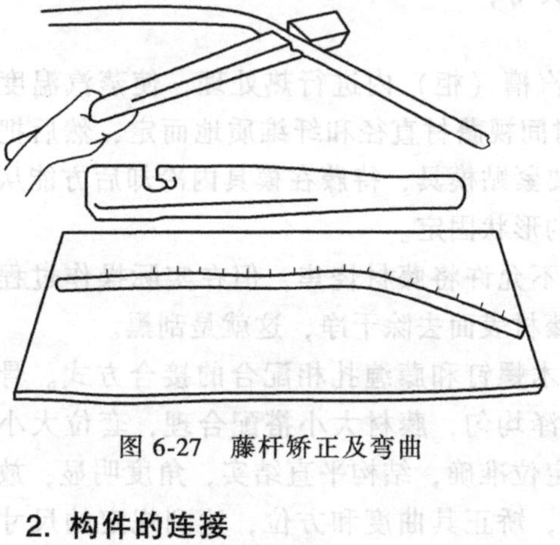

图 6-27 藤杆矫正及弯曲

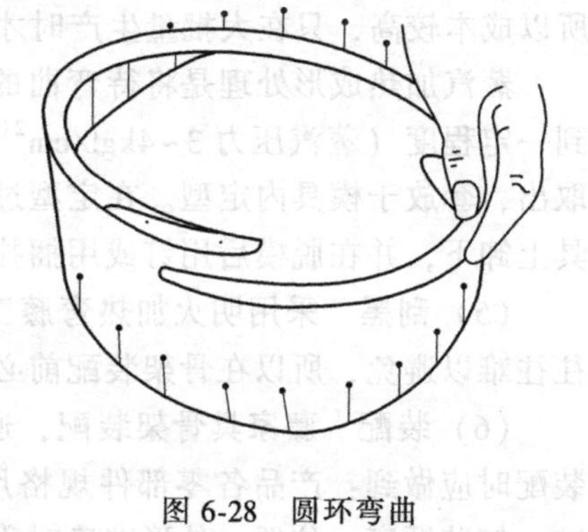

图 6-28 圆环弯曲

2. 构件的连接

因骨架的各连接处都是用藤皮包扎加固的，故在制作骨架时只需用圆钉固定即可。构件呈丁字形连接时，横杆近端头处要预先钻一小孔，以供固定藤皮之用。当构件作十字连接时，在两条藤杆的接合处各锯一缺口，使缺口吻合，加钉，如图 6-29 所示。

3. 藤家具骨架制作

一件藤家具产品，其质量的优劣、外观的拙雅，骨架起关键性的作用。藤家具骨架的制作要经过选料、截料、设定位线、加热成形处理（刮黑）、装配等工序。

（1）选料　藤材有不同的类型，必须根据家具的结构、使用标准和经济价值，进行科学合理的选料，均衡搭配，这样有利于充分、合理地利用藤材。

一般地，应把中、次类藤材放在有覆盖或需着色喷漆的产品上；若是磨皮家具等高档家具，则应选择上等藤材；对于直径在 14mm 以上的中大藤材的使用，要视价值和结构而定，在可粗可细的情况下，宁取细勿取粗。

（2）截料　截料是在选料的基础上进行的。一般地，应按先长后短的原则进行分类，统筹安排截料。裁截下的藤材不允许有斜口、爆裂和毛刺，长度公差为±0. 5mm。

（3）设定位线　形成藤家具的骨架，首先要对产品各零部件的距离、弯曲弧度进行准确测量，并在相应位置做好标记，作为定位的依据。

(4) 加热成形处理　藤家具的加热成形处理有两种方法：明火加热成形处理与蒸汽加热成形处理。

1) 明火加热成形处理　将待弯曲的藤材置于火焰的末端进行烘烤加热，当藤表面出现油性液体时，材质开始变软，立即移离明火，顺势将藤材弯曲成所需的曲度，并保持手的力度 2~3min，使藤冷却定型。在弯曲过程中，用力不宜过大过猛，防止爆裂。为了避免藤材烧黑，要注意加热时必须不断旋转移动藤材，使其受热均匀，避免使用有黑烟的燃料，现在通常采用喷灯。

2) 蒸汽加热成形处理。蒸汽加热成形处理的藤材，其外观、质量均胜于明火加热成形处理的藤材，然而在设备上必须增设锅炉、蒸汽槽、定型模具等，所以成本较高，只在大批量生产时才采用。

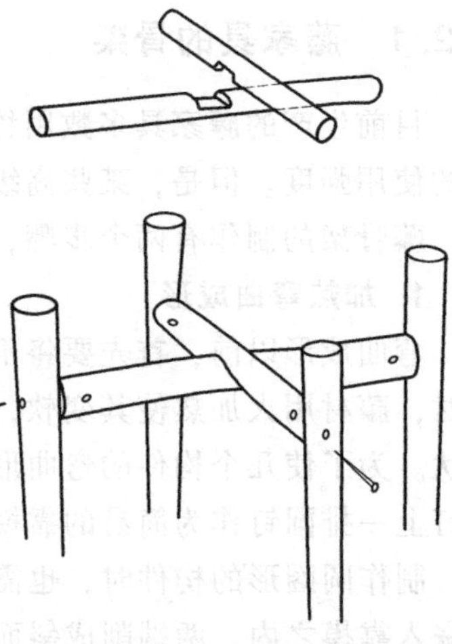

图 6-29　骨架丁字及十字连接

蒸汽加热成形处理是将待弯曲的藤材放进蒸汽槽（柜）内进行热处理，使蒸汽温度达到一定程度（蒸汽压力 $3\sim4\mathrm{kgf/cm^2}$⊖），热处理时间视藤材直径和纤维质地而定，然后把藤取出，套放于模具内定型。在定型过程中，藤材要紧贴模具，待藤在模具内冷却后方能从模具上卸下，并在脱模后用钉或用捆扎方法把原来的形状固定。

(5) 刮黑　采用明火加热弯藤工艺，理论上不允许将藤材烧焦，但在实际操作过程中往往难以避免，所以在骨架装配前必须将烧黑的藤材表面去除干净，这就是刮黑。

(6) 装配　藤家具骨架装配，通常采用钉、木螺钉和藤缠扎相配合的接合方式。骨架装配时应做到：产品各零部件规格尺寸准确，色泽均匀，藤材大小搭配合理，套位大小标准；钉装顺序、位置、外形准确对称，撑位装钉定位准确，结构平直结实，角度明显，放置平稳；对一些形态多变的位置还要进行回火处理，矫正其曲度和方位，达到规定的尺寸和均衡。

藤接口相交的位置不能设在受力的部位，以设在后边为宜。接口长度要求：直线接口常为 12~15cm，半圆形或圆形接口为 6~7.5cm，接口要吻合，以不小于原藤直径的大小为佳。两个或两个以上的接口不要重合在一个部位。钉的使用长度要合理，以能贯穿两藤总厚度的 3/4 或 2/5 为宜，钉口不能凸出，并排的藤要紧密服帖，平滑对称。

磨皮产品要做到光滑，不留青，不留加工痕迹，不爆裂。

6.2.2　藤家具的编织方法

藤家具中藤材的编织不仅关系到产品的功能，而且直接影响产品的外观，因而与骨架制作一样不容忽视。

藤材的编织基本技法包括起编法、接续伸延法、包角法、结束收口法、挑盖法（挑压法）和夹藤缠盖法等。

1. 起编法

起编法可分为穿孔起编法和无孔起编法。

⊖ $1\mathrm{kgf/cm^2}=0.0980665\mathrm{MPa}$。

（1）穿孔起编法 适用于编织有孔部位，操作方法是右手持藤皮，反面朝左穿过孔，左手食指将穿入孔的藤皮头正面朝外按在待缠的骨架上，再用左手将藤皮正面朝外，由左至右缠绕，并盖压紧密孔与藤皮头，如图 6-30 所示。这种方法多用于扎局部交接位，藤工称之为扎“过马”。

（2）无孔起编法 右手持藤皮反面朝外，放置在待缠骨架上，左手按住藤皮头，右手拇指和食指扭转藤皮，使藤皮正面朝外，用钉紧固藤皮反扭处，而后由左向右缠住并盖住钉头和藤皮头，如图 6-31 所示。

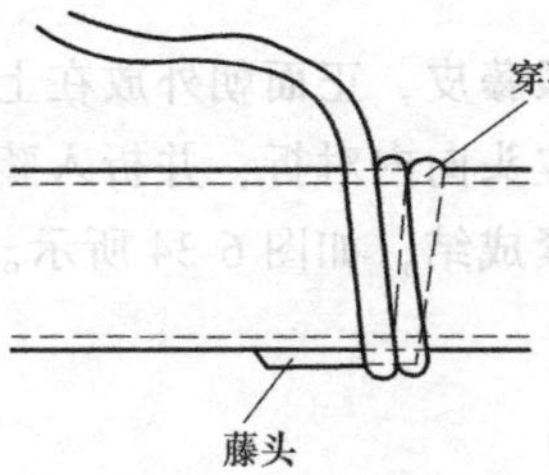

图 6-30 穿孔起编法

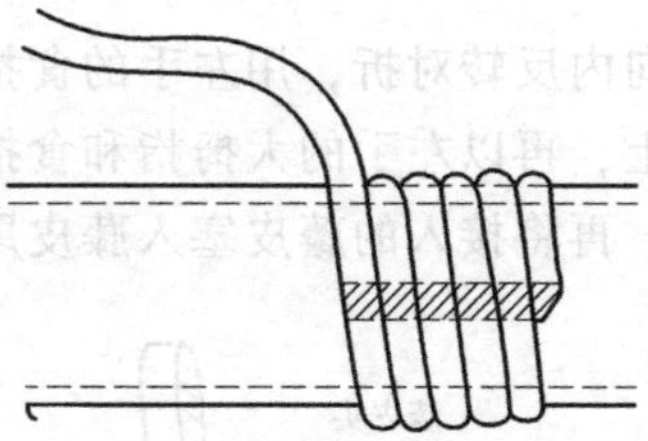
图 6-31 无孔起编法

2. 接续伸延法

接续伸延法是指一根藤皮快缠完了，用另一根藤接续，或一根藤断了，接上另一根，以便继续操作，又叫接口。这种方法可分为以下三种：

（1）头尾同边接续伸延法 当一根藤皮快缠完时，左手食指按住藤皮尾，右手取一根藤皮，反面朝外，藤皮头朝着待缠方向，从藤皮尾的反面插进去，再用左手的中指按住交叉处，右手的拇指与食指同时扭藤皮头和藤皮尾，使藤皮头的正面和藤皮尾的反面朝外，互换位置，再用左手将藤皮折转到藤皮头一边，左手按住，右手再缠藤皮，盖住藤皮头和藤皮尾，如图 6-32 所示。

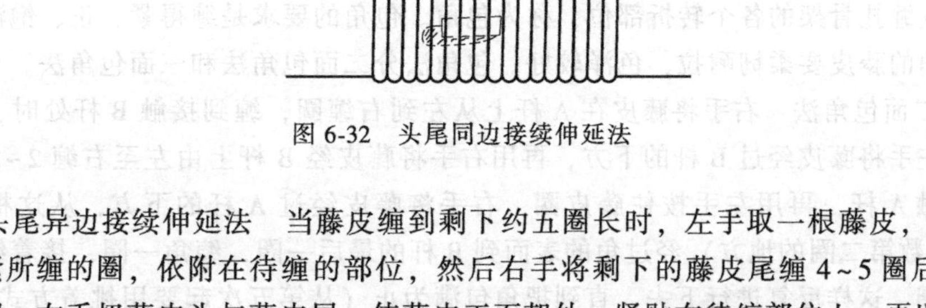

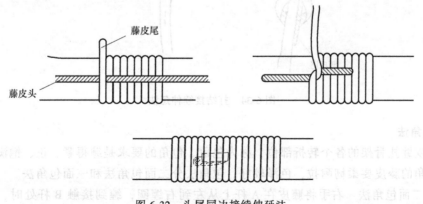

图 6-32 头尾同边接续伸延法

（2）头尾异边接续伸延法 当藤皮缠到剩下约五圈长时，左手取一根藤皮，反面朝外，藤皮头靠紧所缠的圈，依附在待缠的部位，然后右手将剩下的藤皮尾缠 4~5 圈后，以左手按住藤皮圈，右手扭藤皮头与藤皮尾，使藤皮正面朝外，紧贴在待缠部位上，再以右手继续缠圈盖住藤皮尾。这种方法头、尾都藏在里面，所以表面平整光滑，如图 6-33 所示。

（3）打结接续伸延法 常用于编织家具的靠背、座板等部位。操作方法是将快缠完的

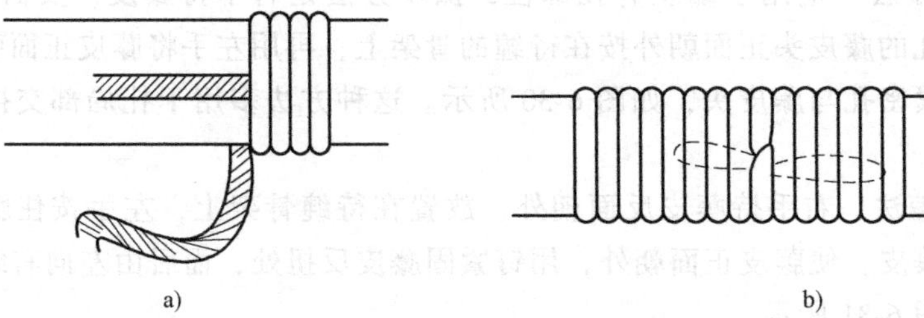

图 6-33　头尾异边接续伸延法

藤皮尾向内反转对折，用左手的食指、拇指夹紧，右手取一根藤皮，正面朝外放在上述对折藤皮尾上，再以左手的大拇指和食指捏住交叉处，右手将藤皮头向内对折，并折入藤皮尾的折扣内，再将接入的藤皮塞入藤皮尾的折扣内，而后互相拉紧成结，如图 6-34 所示。

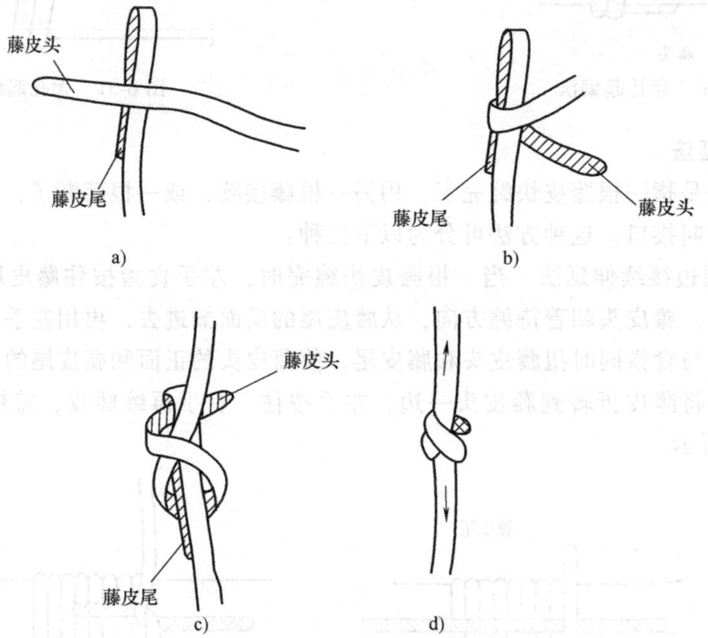

图 6-34　打结接续伸延法

3. 包角法

用藤皮缠扎骨架的各个转折部位，称为包角。包角的要求是缠得紧、正、饱满，不要露骨架。包角的藤皮要柔韧耐拉，色泽较好。包角法分二面包角法和三面包角法。

（1）二面包角法　右手将藤皮在 A 杆上从左到右缠圈，缠到接触 B 杆处时，右手按住藤皮圈，左手将藤皮经过 B 杆的下方，再用右手将藤皮经 B 杆上由左至右缠 2~3 圈，最后一圈要接触 A 杆，再用左手按住藤皮圈，右手将藤皮经过 A 杆的下方，从这根杆的左侧（大约在倒数第二圈的地方）经过角的表面到 B 杆的最后一圈，缠角一圈，接着缠与这个圈相对的一圈，这样反复进行下去，直到把角包满为止（从第五次起要用挑盖方式进行），如图 6-35 所示。

（2）三面包角法　首先从角开始由下至上缠圈，缠到接触座板围时，左手按住藤皮圈，

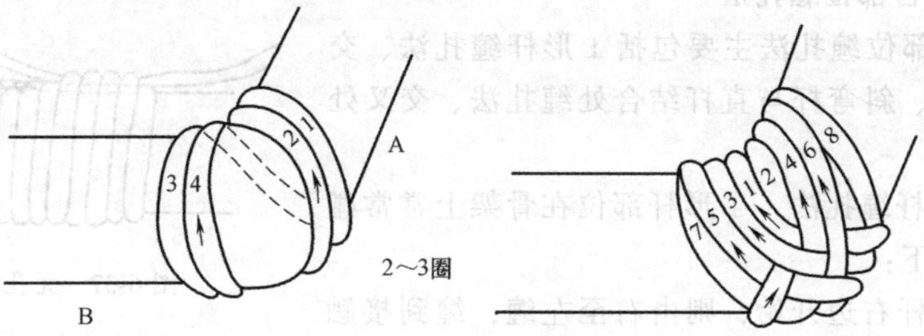

图 6-35　二面包角法

右手将藤皮经过脚的后方和座板前围的下方，再用右手在座板前围上由左至右缠 3～4 圈，最后一圈要紧挨着脚。接着用左手按住藤皮圈，右手将藤皮经过脚的后方和座板左围的下方，在座板左上缠两圈，然后按照图上数字的顺序和箭头所示，依次缠藤皮，但从缠第六个圈起，要按图中所表示的挑、盖方式把角包满，如图 6-36 所示。

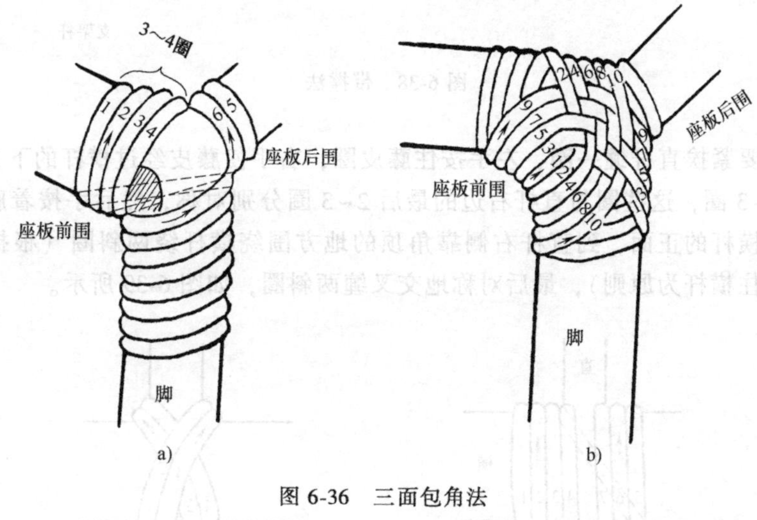

图 6-36　三面包角法

4. 结束收口法

结束收口是编织结束时应理顺的最后一道做法，可分为穿孔收口法和无孔收口法。

(1) 穿孔收口法　当藤皮缠到孔边收口时，左手按住最后缠的几圈，右手将藤皮穿过孔，接着倒松四圈，右手按住放松的圈，左手将藤皮下面朝外，盖一挑三地穿过放松的四圈，然后把倒松的四圈和藤皮尾一一拉紧，用小钉在最后一圈上钉固压口，使之牢固，截去多余藤皮。

(2) 无孔收口法　当一个部位缠完时，左手按住最后缠的几圈，倒松四圈，将藤皮尾正面朝外从最末一圈开始，穿过倒松的四圈，然后把倒松的四圈和藤皮尾一一拉紧，用小钉在最后一圈上钉固压口，使之牢固，截去多余藤皮，如图 6-37 所示。

5. 带撑法

撑子在骨架中起支撑骨架和增强美观的作用。撑子的种类较多，有横撑、直撑、拱撑、变撑等。在缠藤皮过程中，用藤皮把撑子与骨架固定在一起缠紧，称为带撑子。操作方法是当藤皮缠到接触撑子时，就通过带撑孔缠若干圈，将原来带撑子藤皮遮住，如图 6-38 所示。

6. 异形结合部位缠扎法

异形结合部位缠扎法主要包括⊥形杆缠扎法、交叉杆的缠扎法、斜弯杆与直杆结合处缠扎法、交叉处缠扎法。

(1) ⊥形杆缠扎法　⊥形杆部位在骨架上常常碰到，其缠法如下：

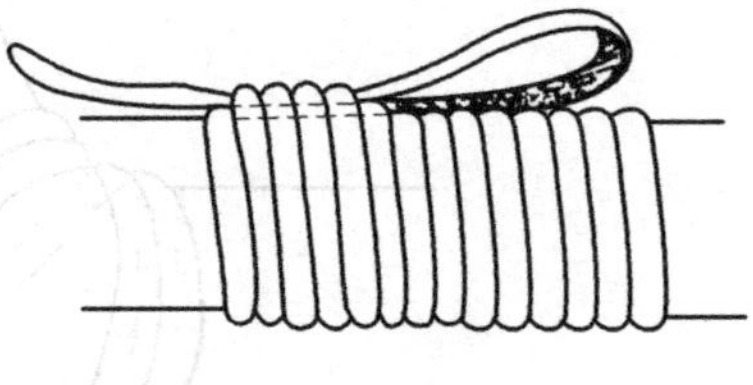

图 6-37　无孔收口法

如果从直杆右边开始，则由右至左缠，缠到接触直杆的地方，要紧挨直杆缠一圈，左手按住藤皮圈，右手使藤皮经过横杆的下方，再用右手由左至右缠 2~3 圈，这些圈与直杆右边的最后 2~3 圈分别对称，然后手按着藤皮圈，右手将藤皮斜缠过横杆的正面，到直杆右侧靠角顶的地方围绕横杆绕两斜圈（根据具体情况来决定，以能包住横杆为原则），最后对称地交叉缠两斜圈，如图 6-39 所示。

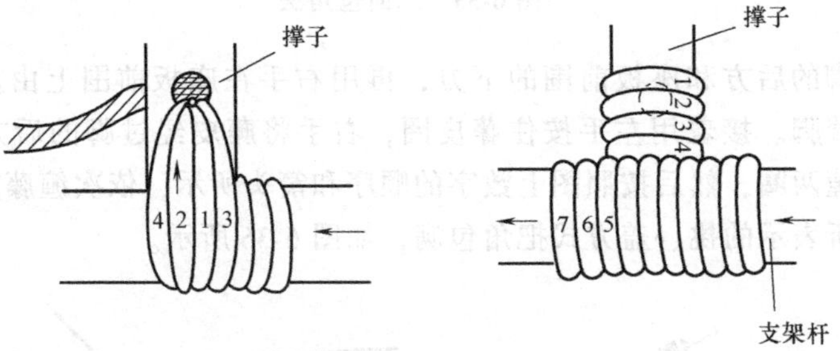

图 6-38　带撑法

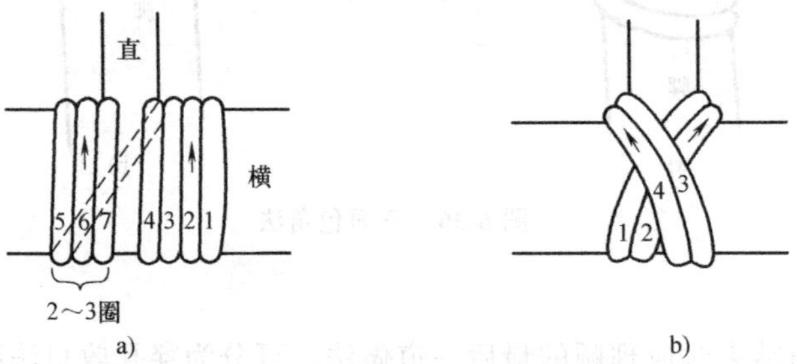

图 6-39　⊥形杆缠扎法

(2) 交叉杆的缠扎法　首先用右手将藤皮在两杆之间围绕钉住两杆的杆子缠一圈，左手的大拇指压住藤皮头，右手将藤皮围绕交叉处缠 4~5 圈，再在两杆之间与原藤皮头相反的方向围绕钉子缠 2~3 圈。在绕圈时，左手的大拇指和食指、中指在交叉的两侧按住缠好的圈，右手将藤皮按图中 8、9 所示的路线缠扎、拉紧，截去剩余藤皮，如图 6-40 所示。

(3) 斜弯杆与直杆接合处的缠扎法　首先把藤皮头由 B 杆的反面至正面穿过带撑孔，并伏折于 B 杆待缠部位上，左手按住藤皮头，右手将藤皮按照图 6-41a 中 1、2、…、13 等所表示的路线交错缠圈，再将藤皮从 B 杆上孔的下孔部位开始按照图 6-41b 中 14、15、…、17 所表示的路线围绕 B 杆缠圈，藤皮缠到接合处时，立即按 18、19、…、25 等所表示的路线围绕 A 杆交错缠圈，最后结尾于 A 杆的外侧面。

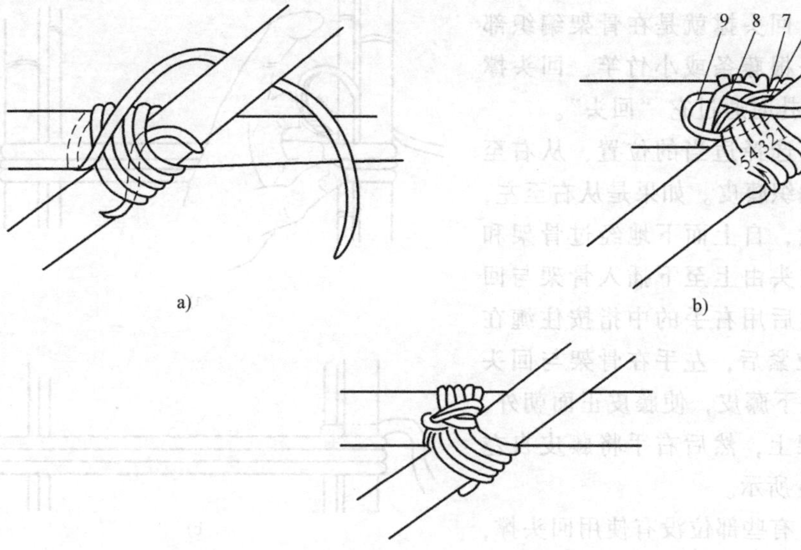

图 6-40 交叉杆的缠扎法

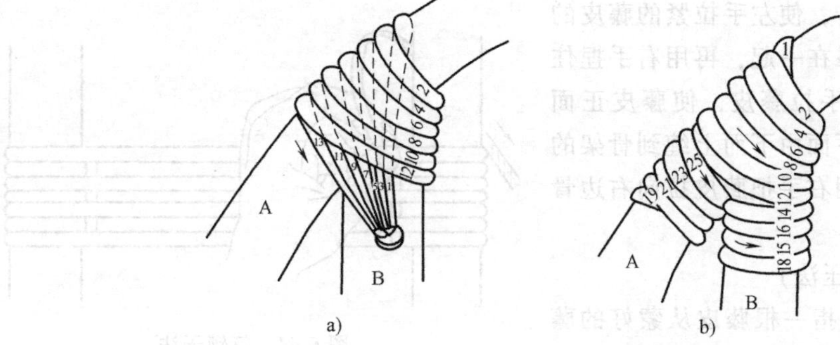

图 6-41 斜弯杆与直杆接合处的缠扎法

（4）交叉处的缠扎法 首先把藤皮头反面朝外，放在 B 杆待缠的部位上，然后左手按住藤皮头，右手将藤皮扭成正面朝外，由右至左沿着图中未标号的箭头所表示的路线缠圈，盖住藤皮头，缠到两杆分离处，沿着图中 1、2、…、12 等所表示的路线缠成“8”字形（每到两杆的交角内要将藤皮按顺时针方向扭转 180°），接着沿着 13 所示的路线围绕 A 杆缠一圈收尾，如图 6-42 所示。

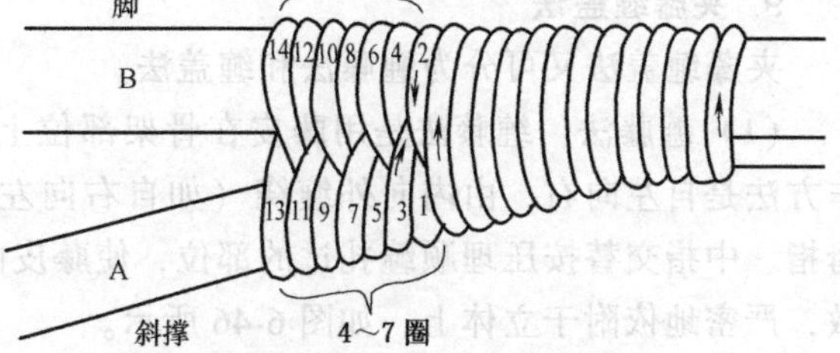

图 6-42 交叉处的缠扎法

7. 回头撑法和打锁子法

生产藤皮制品，藤皮的一端必须在骨架上缠扎固定方可进行编织。回头撑法和打锁子法就是使藤皮固定在骨架上的两种常用方法。

(1) 回头撑法　回头撑就是在骨架编织部位内侧的上方钉的一根藤条或小竹竿，回头撑的主要作用是藤皮缠扎时通过它“回头”。

根据部位形状，选择适当的位置，从右至左（或从左至右）编织藤皮。如果是从右至左，则用左手将藤皮蒙紧，自上而下地经过骨架和回头撑，右手将藤皮头由上至下插入骨架与回头撑构成的间隙，然后用右手的中指按住缠在回头撑上的藤皮，拉紧后，左手在骨架与回头撑构成的间隙处扭一下藤皮，使藤皮正面朝外，并由下而上缠在骨架上，然后右手将藤皮自左至右蒙紧，如图 6-43 所示。

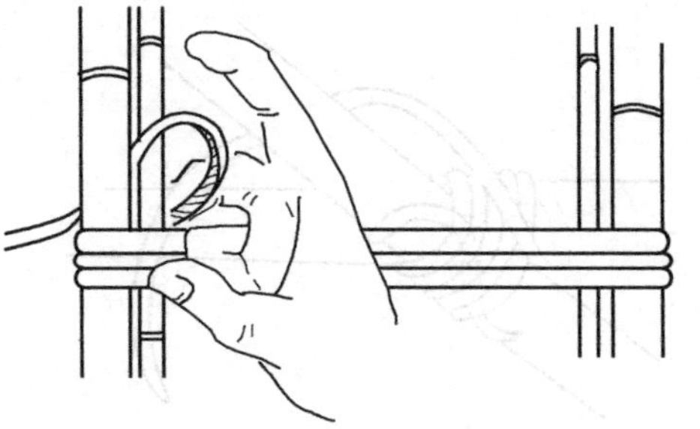

a)

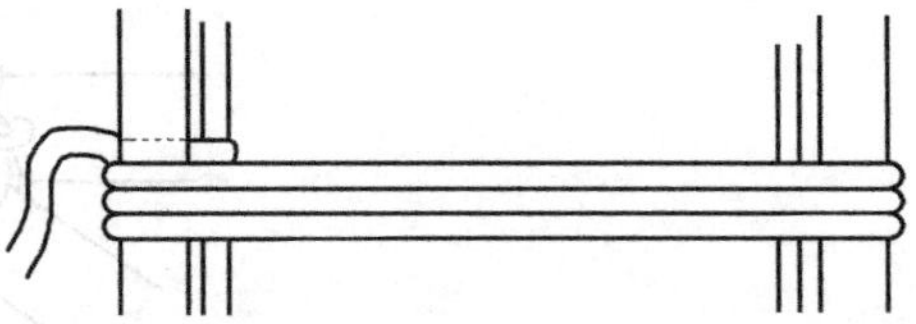

b)

图 6-43　回头撑法

(2) 打锁子法　有些部位没有使用回头撑，必须利用骨架使藤皮回头，这就需要打锁子。如自右至左蒙藤皮，就用左手把藤皮蒙到右边骨架上，从上至下绕骨架缠一圈，当藤皮到了骨架部位内侧并接近表面时，右手把藤皮正面朝自己，从上一次蒙的藤皮的间隙处通过，并用左手拉紧藤皮，右手在锁子口处将前一次蒙的藤皮稍微向前翻转，使左手拉紧的藤皮的反面与其垂直、紧靠在一起，再用右手捏住（图 6-44），然后左手拉藤皮，使藤皮正面朝外，从左边骨架下面由下而上缠到骨架的左外侧上，接着换用右手把藤皮拉向右边骨架上。

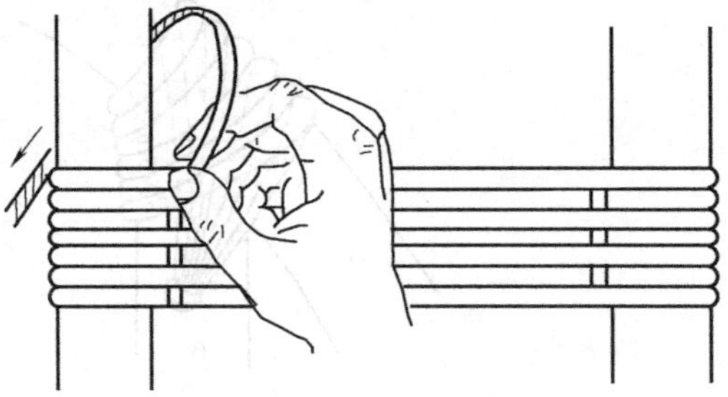

图 6-44　打锁子法

8. 挑盖法（挑压法）

所谓“挑”，是指一根藤皮从蒙好的藤皮下面穿过，已蒙好的藤皮被“挑”起。所谓“盖”，是指一根藤皮从蒙皮上面通过，把蒙好的藤皮“盖”在下面，因此“盖”也可看成压。“挑”和“盖”都是对蒙好的藤皮而言，先蒙好藤皮，再用挑子和渡针进行挑、盖，把藤皮编织起来。

挑盖法方式很多，如挑一盖一、挑一盖二、挑二盖二、挑一盖五、挑三盖三等，如图 6-45 所示。挑几盖几可以根据具体情况酌情采用。

9. 夹藤缠盖法

夹藤缠盖法又可分为缠藤法和缠盖法。

(1) 缠藤法　缠藤法是用藤皮在骨架部位上绕圈缠紧，缠骨架部分不外露的方法。操作方法是自左向右，由内向外缠绕（如自右向左的则从外往内），右手绕藤皮，左手食指、拇指、中指交替按压理顺缠扎过的部位，使藤皮的纹理均匀密实、平滑顺直，不起泡，不松散，严密地依附于立体上，如图 6-46 所示。

(2) 缠盖法　在对藤皮家具的某些部位编织藤皮时，常用到缠盖法，是指在缠藤皮时

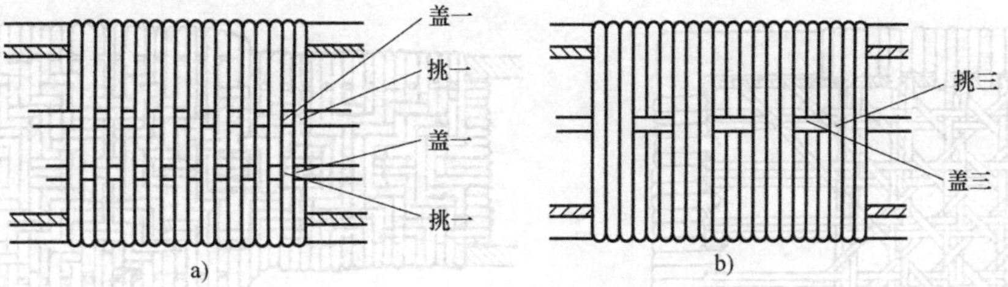

图 6-45 挑盖法
a) 挑一盖一法 b) 挑三盖三法

固定夹藤，便于下道工序穿带引孔，并留空一步，以求突出主藤、夹藤。此方法多用于制作通透花样和通透图案的艺术部位。所谓“缠”，就是用藤皮缠住夹藤；所谓“盖”，就是指藤皮从夹藤与主藤（即骨架）之间穿过去，使夹藤盖住藤皮。缠盖法有多种，主要依据产品的式样和藤皮的宽窄而定，如缠一盖一、缠一盖二、缠一盖三等，如图 6-47 所示。

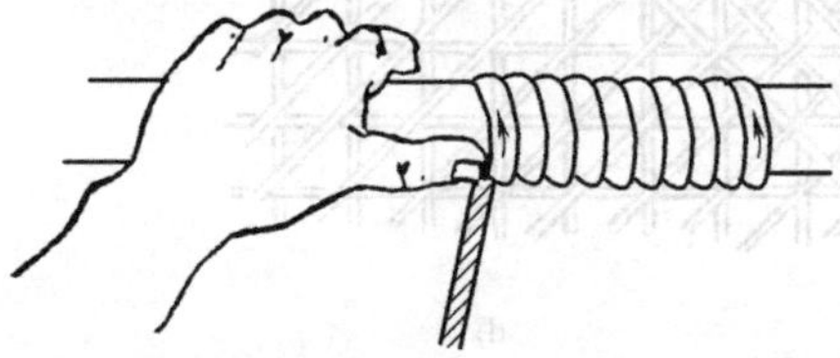

图 6-46 缠藤法

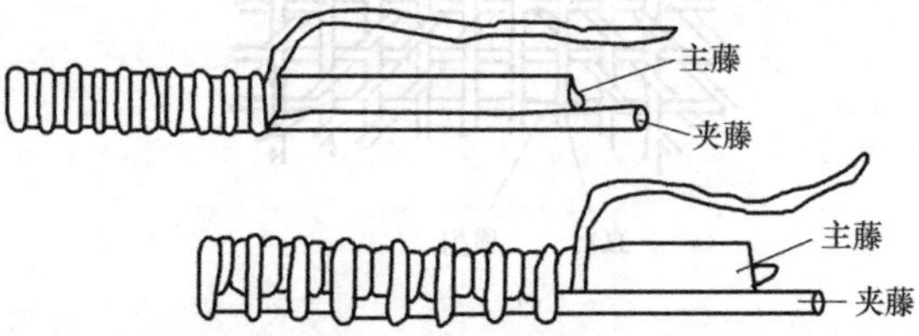

图 6-47 缠盖法（缠一盖二法）

6.2.3 藤芯编织法

藤芯是藤条剥去皮后的芯材，是藤家具上广泛应用的材料。在目前的生产中，也有采用成本低的柳条来代替藤芯的。

藤芯家具的编织都是依附于骨架上，而骨架的交接部位均要利用藤皮缠扎固定。藤芯编织的操作法与藤皮编织法基本相同，通常是以“挑一压一”做法为主。

挑一压一编织法与藤皮的编织法完全相同，但由于藤芯是圆形的，故应注意使径向藤芯保持在一条直线上。这种挑压法，又因改变径向和横向藤芯的排列数量而变化出多种式样来。如绳编法：径向藤芯以双股按一定间距疏排，横向芯以二根为一组，一挑一压，上下交错。绳编法可以密编，也可以疏编。

藤芯编织的收边有两类：一类是直接用径向藤芯做边；另一类是用藤杆和藤皮做成边缘。

6.2.4 藤家具编织图案

在藤家具上编织图案，不但可以增加产品的美观，而且能够提高产品的强度，使产品坚固耐用。藤家具常见的图案编织有五种：四方眼（骰子眼）、八角眼、菱形眼、三角眼和棋盘花（人字纹方阵形图案。）这些图案可以用于编织家具靠背、座面、扶手、前屏围子等部位，如图 6-48 所示。

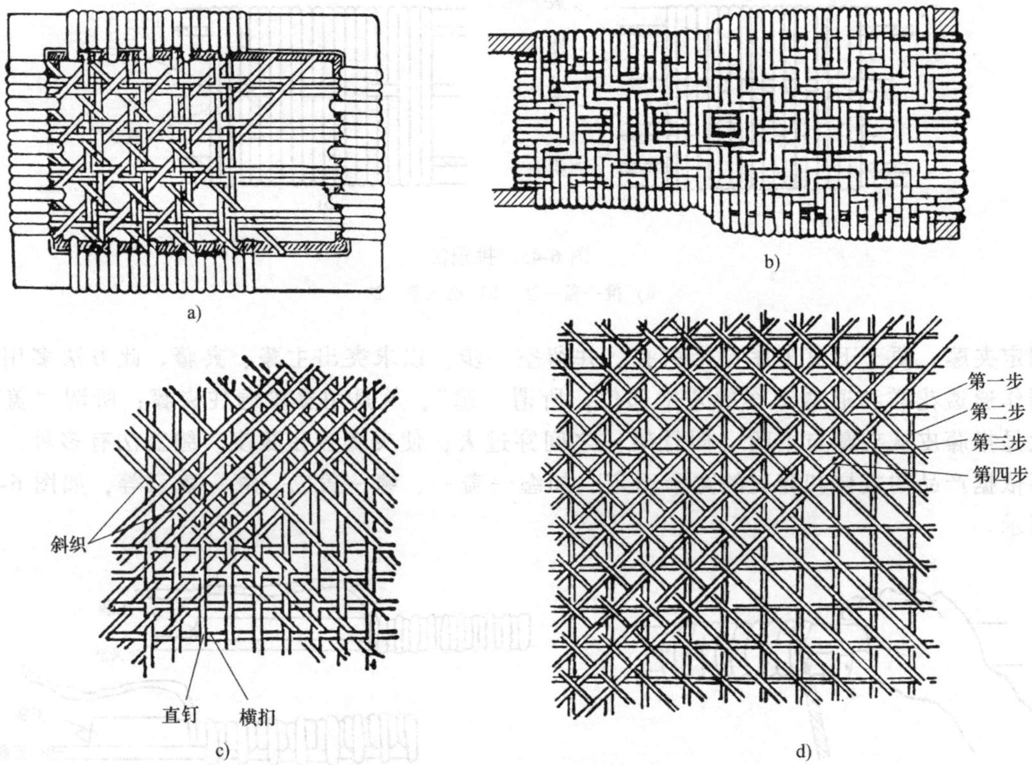

图 6-48　常用藤家具编织图案

a）八角眼图案中的织斜筋　b）棋盘花的花心　c）菱形眼图案中从左下至右上织斜筋　d）三角眼图案中从左下至右上织斜筋

6.2.5　藤家具的表面涂饰处理

为了防潮、防腐，避免磨损，便于清洁，同时赋予产品和谐的色泽和更优美的造型，藤家具装配、编织后，通常要对其进行表面涂饰处理。

由于藤材制备时，可以根据制品对色彩的要求作漂白或染色处理，因此，藤家具的用漆以透明漆为宜，以保持藤材更自然的色泽。其表面涂饰的工序、设备、漆种与木家具、竹家具相类似，这里不再赘述。

参考文献

[1] 王恺. 木材工业实用大全：家具卷 [M]. 北京：中国林业出版社，1999.

[2] 唐开军. 家具设计技术 [M]. 武汉：湖北科学技术出版社，2000.

[3] 胡景初，戴向东. 家具设计概论 [M]. 北京：中国林业出版社，2011.

[4] 程瑞香. 室内与家具设计人体工程学 [M]. 北京：化学工业出版社，2008.

[5] 张齐生. 中国竹材工业化利用 [M]. 北京：中国林业出版社，1995.

[6] 彭亮. 家具设计与制造 [M]. 北京：高等教育出版社，2008.

[7] 陈祖建. 家具设计常用资料集 [M]. 北京：化学工业出版社，2008.

[8] 谭守侠，周定国，等. 木材工业手册：上、下册 [M]. 北京：中国林业出版社，2007.

[9] 吴智慧. 木质家具制造工艺学 [M]. 北京：中国林业出版社，2004.

[10] 上海家具研究所. 家具设计手册 [M]. 北京：中国轻工业出版社，1989.

[11] 吴智慧，袁哲，李吉庆. 竹藤家具制造工艺 [M]. 北京：中国林业出版社，2009.

[12] 《家具设计》编写组. 家具设计 [M]. 北京：中国建筑工业出版社，1985.

[13] 全国焊接标准化技术委员会. 焊缝符号表示法：GB/T 324—2008 [S]. 北京：中国标准出版社，2008.